高等教育BIM“十三五”规划教材

韩风毅　总主编

结构设计BIM应用与实践

隋艳娥　袁志仁 | 主编

齐　际 | 副主编

化学工业出版社

·北京·

《结构设计BIM应用与实践》共分为7章，以钢筋混凝土框架-剪力墙结构和钢结构为主线，主要介绍了Revit 2018的基本知识；使用Revit 2018建立项目样板和新建项目的具体操作步骤；建筑基础设计概要与建模，梁、墙、板、柱、楼梯的设计概要与建模；Revit 2018与PKPM、盈建科、广联达等软件进行数据交换以及结构分析的方法与具体操作；图纸创建以及打印的具体操作。本书可供高等院校土木工程、工程造价、建筑工程、工程监理、工程力学等专业的本科生和大专生作为教材使用，还可供结构设计专业技术人员参考阅读。

图书在版编目（CIP）数据

结构设计BIM应用与实践/隋艳娥，袁志仁主编.
—北京：化学工业出版社，2019.3
高等教育BIM“十三五”规划教材
ISBN 978-7-122-33397-1

Ⅰ.①结… Ⅱ.①隋… ②袁… Ⅲ.①建筑设计-计算机辅助设计-应用软件-高等学校-教材 Ⅳ.①TU201.4

中国版本图书馆CIP数据核字（2018）第269440号

责任编辑：满悦芝 石 磊　　文字编辑：吴开亮
责任校对：王鹏飞　　装帧设计：关 飞

出版发行：化学工业出版社（北京市东城区青年湖南街13号 邮政编码100011）
印　　装：三河市延风印装有限公司
787mm×1092mm 1/16 印张11 字数246千字 2019年5月北京第1版第1次印刷

购书咨询：010-64518888　　售后服务：010-64518899
网　　址：http://www.cip.com.cn
凡购买本书，如有缺损质量问题，本社销售中心负责调换。

定　　价：35.00元

丛书序

2015年6月，住房和城乡建设部印发《关于推进建筑信息模型应用的指导意见》(以下简称《意见》)，提出了发展目标：到2020年年底，建筑行业甲级勘察、设计单位以及特级、一级房屋建筑工程施工企业应掌握并实现BIM技术与企业管理系统和其他信息技术的一体化集成应用。在以国有资金投资为主的大中型建筑以及申报绿色建筑的公共建筑和绿色生态示范小区新立项项目勘察设计、施工、运营维护中，集成应用BIM的项目比例达到90%。《意见》强调BIM的全过程应用，指出要聚焦于工程项目全生命期内的经济、社会和环境效益，在规划、勘察、设计、施工、运营维护全过程中普及和深化BIM应用，提高工程项目全生命期各参与方的工作质量和效率，并在此基础上，针对建设单位、勘察单位、规划和设计单位、施工企业和工程总承包企业以及运营维护单位的特点，分别提出BIM应用要点。要求有关单位和企业要根据实际需求制订BIM应用发展规划、分阶段目标和实施方案，研究覆盖BIM创建、更新、交换、应用和交付全过程的BIM应用流程与工作模式，通过科研合作、技术培训、人才引进等方式，推动相关人员掌握BIM应用技能，全面提升BIM应用能力。

本套教材按照学科专业应用规划了6个分册，分别是《BIM建模基础》《建筑设计BIM应用与实践》《结构设计BIM应用与实践》《机电设计BIM应用与实践》《工程造价BIM应用与实践》《基于BIM的施工项目管理》。系列教材的编写满足了普通高等学校土木工程、地下城市空间、建筑学、城市规划、建筑环境与能源应用工程、建筑电气与智能化工程、给水排水科学与工程、工程造价和工程管理等专业教学需求，力求综合运用有关学科的基本理论和知识，以解决工程施工的实践问题。参加教材编写的院校有长春工程学院、吉林农业科技学院、辽宁建筑职业学院、吉林建筑大学城建学院。为响应教育部关于校企合作共同开发课程的精神，特别邀请吉林省城乡规划设计研究院、吉林土木风建筑工程设计有限公司、上海鲁班软件股份有限公司三家企业的高级工程师参与本套教材的编写工作，增加了BIM工程实用案例。当前，国内各大院校已经加大力度建设BIM实验室和实训基地，顺应了新形势下企业BIM技术应用以及对BIM人才的需求。希望本套教材能够帮助相关高校早日培养出大批更加适应社会经济发展的BIM专业人才，全面提升学校人才培养的核心竞争力。

在教材使用过程中，院校应根据自己学校的BIM发展策略确定课时，无统一要求，走出自己特色的BIM教育之路，让BIM教育融于专业课程建设中，进行跨学科跨专业联合培养人才，利用BIM提高学生协同设计能力，培养学生解决复杂工程能力，真正发挥BIM的优势，为社会经济发展服务。

韩风毅

2018年9月于长春

前　言

随着BIM（建筑信息模型）技术的快速发展和基于BIM技术的工具软件的不断完善，BIM技术正逐渐成为中国工程界人士共识的发展方向。BIM技术突破了传统设计方法的瓶颈，采用三维参数化的设计理念，以一种全新的方法定义三维模型，使得工程项目从方案、扩初设计、施工图到施工以及后期运营维护的全过程效率得到了大幅提升。BIM技术作为业主方、设计方、施工方协同的重要技术手段，可以大大提高工程质量和建造效率，并引领建筑行业达到一个新高度。

目前各高校正在积极开展BIM协同毕业设计，将先进的BIM技术应用于结构教学，使传统的课程更加形象生动。这打破了传统高校专业设置，以项目为核心，体验BIM在工程项目中的全过程应用，实现“一处修改，处处更新”的效果，从而最大限度地减少重复性的建模和绘图工作，减少项目设计方案变更中的失误，提高工程师的工作效率。同时应用BIM设计能在施工前对建筑结构进行更精确的可视化，从而使相关人员在设计阶段早期做出更加明智的决策。

本教材以某一钢筋混凝土框架-剪力墙结构和某一钢结构为实例，详细介绍了Revit 2018软件以及Revit 2018软件与其他BIM软件的数据交换。

本教材授课对象为土木工程、工程造价、建筑工程、工程监理、工程力学等专业的本科和大专学生。

书中采用简单、典型的工程实例模型；内容完整、贯穿始终，方便初学者体验结构建模、结构分析的全过程；操作步骤详细，图文并茂，便于学生理解；包含了实用性的操作技巧，方便学生快速掌握。通过对BIM技术的了解，读者在建筑结构设计中就能够全面地模拟和分析出结构设计方案，并构建出相应的一体化数字模型；然后通过其他结构设计软件来全面地分析建筑结构的性能，通过各项数据的交换，得出在现实环境中建筑结构的实际情况；在结构分析的过程中，就能够发现在设计过程中存在的缺陷和不足，以便及时优化和纠正，保证整体的设计质量。

本教材共分为7章，主要内容如下：第1章介绍Revit 2018的一些基本知识；第2章介绍如何用Revit 2018建立项目样板以及如何新建项目；第3、4章以钢筋混凝土框架-剪力墙结构为实例，详细介绍建筑基础设计概要与建模，梁、墙、板、柱、楼梯的设计概要与建模；第5章以钢结构为实例，详细介绍钢柱、钢梁、楼板、节点、钢桁架的设计与建模；第6章介绍Revit 2018如何与PKPM、YJK（盈建科）、广联达等软件进行数据交换以及结构分析；第7章介绍了图纸创建以及打印的相关内容。教材第1、2章由齐际完成，第3、4、5章由袁志仁、齐际共同完成，第5、7章由隋艳娥、齐际完成，第 6 章由袁志仁完成（其中 6.2、6.5 小节由梁铭贤完成），李胜楠、赵允坤、耿玮、富源为本书提供了工程案例，并整理了部分图稿。全书由隋艳娥负责统稿。

限于编者水平，书中若有不足和疏漏，请广大读者批评指正，以便再版修订和完善。

编　者

2018 年 12 月

目 录

第1章
Revit 2018基本知识

本章要点

Revit 软件的功能和相关概念

Revit 的用户界面及基本操作

族的概念及应用

协同设计的两种类型及实现要点

1.1 Revit 2018介绍

Revit 2018是Autodesk公司的产品，是BIM技术的核心建模软件之一。Revit 2015之前分为Architecture、Structure、MEP三个软件，从2015版开始，三个软件合并到一起，统称Revit。Revit文件不能向下兼容（即低版本软件不能打开高版本的文件）。

Revit 2018在结构专业增加了很多新功能：

① 更多钢结构连接。Steel Connections for Revit附加模块已添加了100多种新的钢结构连接详图。

② 钢结构连接支持自定义框架族。为更好地整合结构连接，Revit能分析自定义框架图元并生成该图元的结构剖面几何图形参数。

③ 钢结构连接后可更加便利地通过内部框架图元进行部署。

④ 连接中的钢图元优先级。指定钢结构连接中的主要图元以及次要图元的顺序。

⑤ 结构剖面几何图形属性。“类型属性”对话框和“族类型”对话框可为结构框架图元创建预制几何图形的参数进行编组，还添加了其他参数，以便在放置连接时更好地定义结构剖面形状并帮助分析自定义框架图元。

⑥ 自由形式混凝土对象中的钢筋放置。可以将钢筋放置在具有复杂几何图形（例如弯曲桥墩和屋顶板）的混凝土图元中。

⑦ 多项钢筋分布改进功能。为提高详细设计的工作效率，可沿曲面（包括自由形式对象）分布多个钢筋集。

⑧ 已导入混凝土图元中的钢筋放置。可以强化从sat文件或InfraWorks导入的混凝土图元。

⑨ 三维视图中的图形钢筋约束。可在三维视图中使用图形钢筋限制编辑器，使用画布中的工具以更精确地放置钢筋。

1.2 相关术语

1.2.1 项目与项目样板

在Revit当中所创建的三维模型、设计图纸和明细表等信息都被存储在rvt文件当中，这个文件被称为项目文件。在建立项目文件之前，需要有项目样板来做基础。项目样板的功能相当于 AutoCAD 当中的 dwt 文件，其中会定义好相应的参数，比如度量单位、尺寸标注样式和线型设置等。在不同的样板中，包括的内容也不相同。如绘制结构模型时，需要选择结构样板。在项目样板当中会默认提供一些框架梁、框架柱、楼板等族库，以便在实际建立模型时快速调用，从而节省制作时间。Revit 还支持自定义样板，可以根据专业及项目需求有针对性地制作样板，以方便日后的设计工作。

项目：单个设计信息数据库。项目文件包含了某个建筑的所有设计信息（从几何图形到构造数据），项目文件的扩展名为 . rvt。其组成如图 1.1 所示。

项目样板：提供项目的初始状态，项目样板文件的扩展名为 . rte。

模型图元：代表建筑的实际三维几何图形，如墙、柱、梁、楼板等。Revit 按照类别、族和类型对模型图元进行分级，如图 1.2 所示。

基准图元：协助定义项目范围，如轴网、标高和参照平面。

视图图元：只显示在放置这些图元的视图中，对模型图元进行描述或归档，如尺寸标注、标记和二维详图。

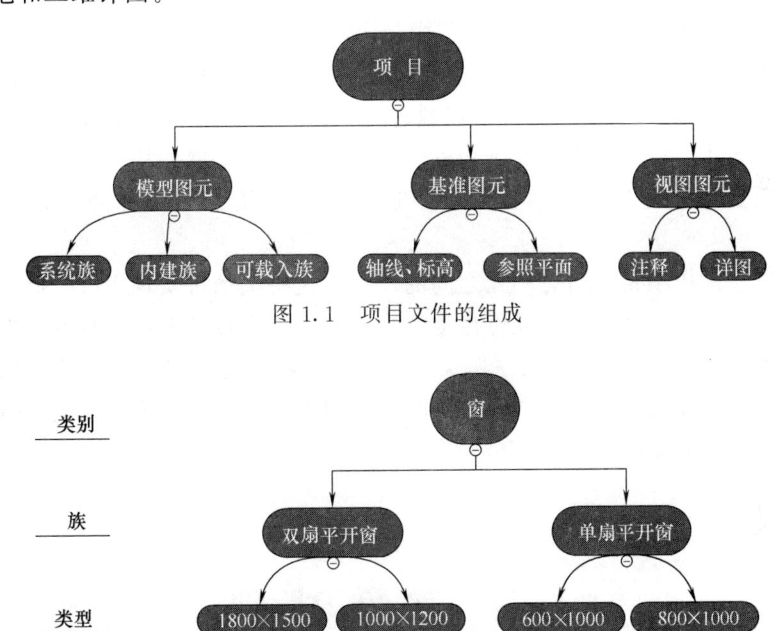

图 1.1 项目文件的组成

图 1.2 模型图元分级

1.2.2 族与族样板

族是组成项目的构件，同时也是参数信息的载体。族根据参数（属性）集的共用、使用上的相同和图形表示的相似来对图元进行分组。一个族中不同图元的部分或全部属性可能有不同的值，但是属性的设置（其名称与含义）是相同的。例如，“混凝土梁”作为一个族可以有不同的截面尺寸和混凝土强度。族可分为系统族、内建族、可载入族。

族：基本的图形单元被称为族，族的扩展名为 . rfa。

可载入族：使用族样板在项目外创建的 rfa 文件可以载入项目中，具有参数可自定义的特征，因此可载入族是用户最经常创建和修改的族。

系统族：已经在项目中预定义并只能在项目中进行创建和修改的族类型（如墙、楼板等）。它们不能作为外部文件载入或创建，但可以在项目和样板之间复制和粘贴或者传递系统族类型。

内建族：在当前项目中新建的族，它与之前介绍的“可载入族”的不同之处在于，“内建族”只能存储在当前的项目文件里，不能单独存成 rfa 文件，也不能用在别的项目文件中。

族样板：定义族的初始状态。族样板文件的扩展名为 .rft；主要针对可载入族，在新建族的时候需要选择不同的族样板。

1.2.3 参数化

参数化设计是 Revit 的核心内容，其中包含两部分内容：一部分是参数化图元；另一部分是参数化修改。参数化图元是指在设计过程当中，调整图元的某些信息时（如一面墙的高度或者框架梁的截面），都可以通过其在内部所添加的参数来进行控制；而参数化修改是指当我们修改了其中某个构件的时候，与之相关联的构件也会随之发生相应的变化，避免了在设计过程中数据不同步造成的设计错误，从而大大提升了设计的效率。

参数化建模是指项目中所有图元之间的关系，这些关系可实现 Revit 提供的协调和变更管理功能。这些关系可以由软件自动创建，也可以由设计者在项目开发期间创建。

在数学和机械 CAD 中，定义这些关系的数字或特性称为参数，因此该软件的运行是参数化的。该功能为 Revit 提供了基本的协调能力和生产率优势：无论何时在项目中的任何位置进行任何修改，Revit 都能在整个项目内协调该修改。

1.3 软件基础

1.3.1 Revit 2018 系统要求

Revit 2018 计算机系统的入门级配置如下：

操作系统：Microsoft Windows 7 SP1 64 位；Microsoft Windows 8.1 64 位；Microsoft Windows 10 64 位。

CPU 类型：单核或多核 Intel Pentium、Xeon 或 i 系列处理器或支持 SSE2 技术的 AMD 同等级别处理器。建议尽可能使用高主频 CPU。Autodesk Revit 软件产品的许多任务要使用多核；执行近乎真实照片级渲染操作需要多达 16 核。

内存：4GB RAM。

视频显示：1280×1024 真彩色显示器。

显卡：基本显卡——支持 24 位色的显示适配器；高级显卡——支持 DirectX 11 和 Shader Model 3 的显卡。

硬盘空间：5GB 可用磁盘空间。

浏览器：Microsoft Internet Explorer 7.0（或更高版本）。

连接：Internet 连接，用于许可注册和必备组件下载。

1.3.2 界面及菜单

安装好 Revit 2018 之后，可以通过双击桌面上的快捷方式图标来启动 Revit 2018，或者在 Windows 开始菜单中找到 Revit 2018 程序，如图 1.3 所示。

Revit 2018 的工作界面分为“应用程序菜单”“快速访问工具栏”“信息中心”“选项栏”“属性选项板”“项目浏览器”“状态栏”“图元控制栏”“绘图区”和“功能区”等部分，如图 1.4 所示。

单击“文件”可以打开“应用程序下拉菜单”，展开如图 1.5 所示，其中包含有“新建”“打开”“保存”和“导出”等基本命令。在右侧默认会显示最近打开过的文档，选择文档可快速打开。当需要某个文件一直保留在最近使用文档中时，可以单击文件名右侧的图钉图标将其锁定。

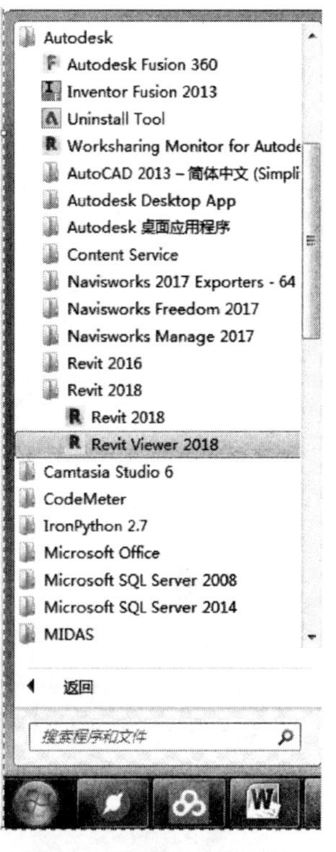

图 1.3 启动 Revit 2018

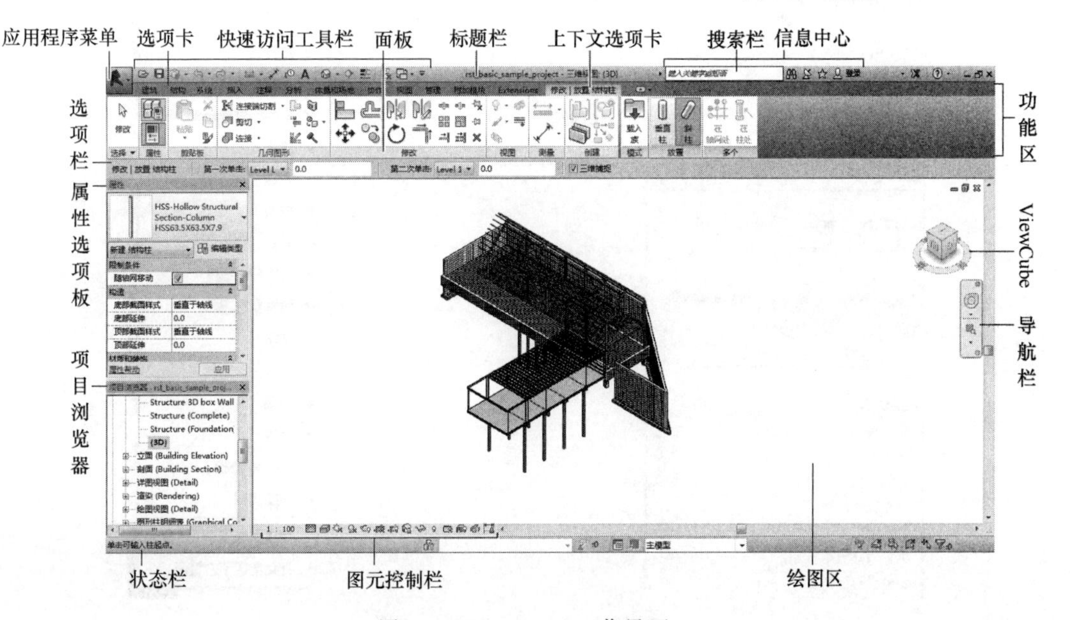

图 1.4 Revit 2018 工作界面

快捷键："Alt＋F"

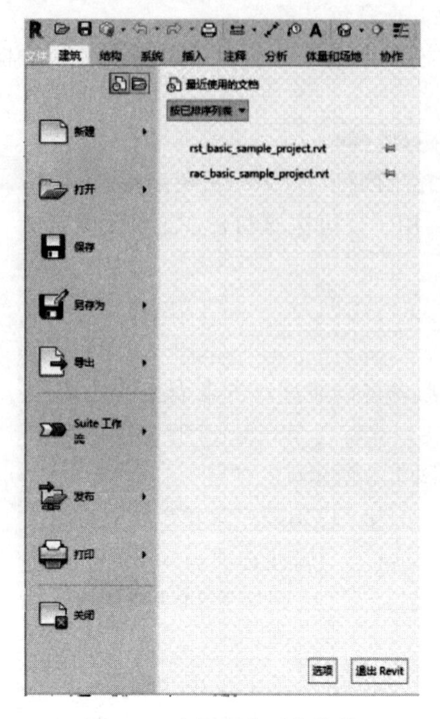

图 1.5　应用程序下拉菜单

自定义快速访问工具栏放置有常用的命令按钮，如图 1.6 所示。点击最右侧的按钮，在下拉菜单中可以添加和隐藏命令。

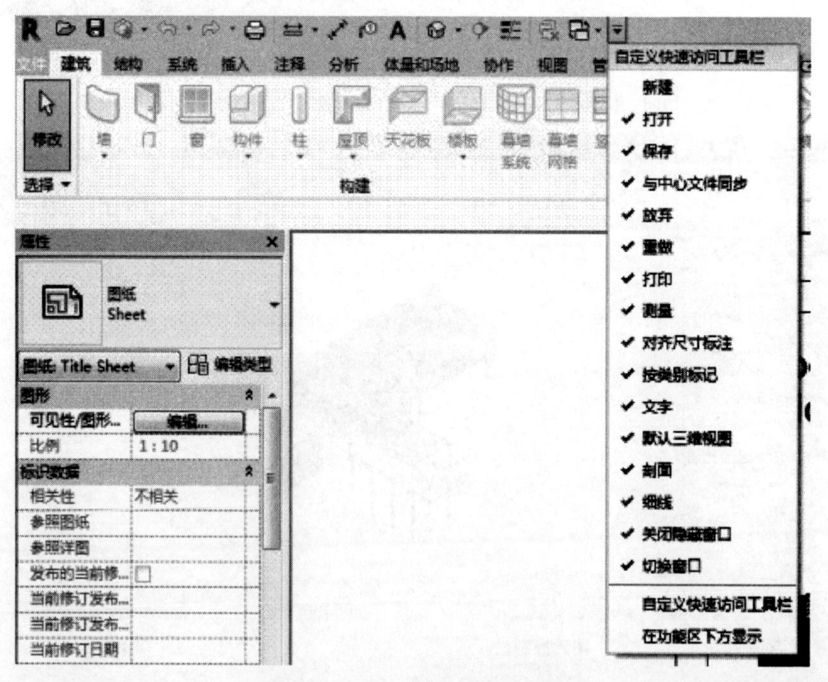

图 1.6　自定义快速访问工具栏

信息中心位于界面上方，如图 1.7 所示，包含搜索栏、通信中心、收藏夹等选项。对于初学者而言，它是一个非常重要的部分，可以直接在检索框中输入所遇到的软件问题，Revit 将会检索出相应的内容。如果购买了 Autodesk 公司的速博服务，还可通过该功能登陆速博服务中心。个人用户也可以通过申请的 Autodesk 账户，登陆自己的云平台。

图 1.7　信息中心

选项栏位置在功能区下方，当使用命令或选定图元时，会显示出相关的选项。例如当用户使用梁命令时，如图 1.8 所示。要将选项栏移动到 Revit 窗口的底部（状态栏上方），应在选项栏上单击鼠标右键，然后单击“固定在底部”。

修改 | 放置 梁　放置平面: 标高 : Foundatic　结构用途: <自动>　三维捕捉　链

图 1.8　选项栏

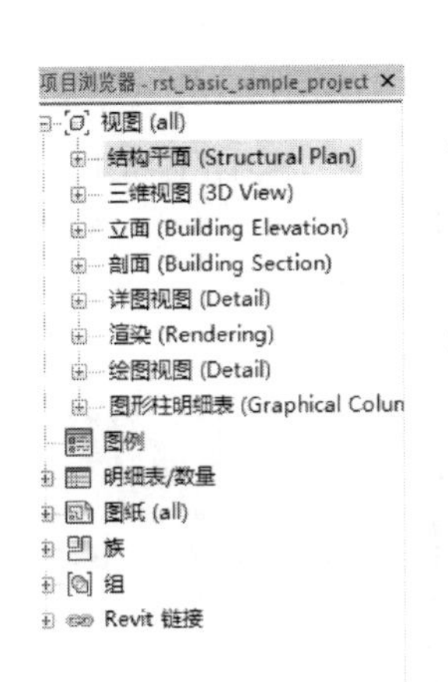

图 1.9　项目浏览器（一）

项目浏览器显示当前项目中所有视图、图例、明细表/数量、图纸、族、组、Revit 链接及各组成部分的逻辑关系，如图 1.9 所示。点击节点将展开下一级内容，右键点击相应内容可进行复制、删除、重命名、选择全部实例、编辑族等相关操作。

属性面板，如图 1.10 所示，显示了不同图元或视图的类型属性和实例属性参数。当选定了图元时，属性栏会显示该图元的实例属性，用户可以更改相关属性。

点击“类型选择器”，在下拉菜单中可调整图元类型。

用户也可以点击“编辑类型”选项，在弹出的类型属性对话框中，如图 1.11 所示，编辑图元所属类型的类型属性。

状态栏位于用户界面的左下方，使用当前命令时，状态栏左侧会显示相关的一些技巧或者提示。例如，调用一个命令（如“旋转”），状态栏会显示有关当前命令的后续操作的

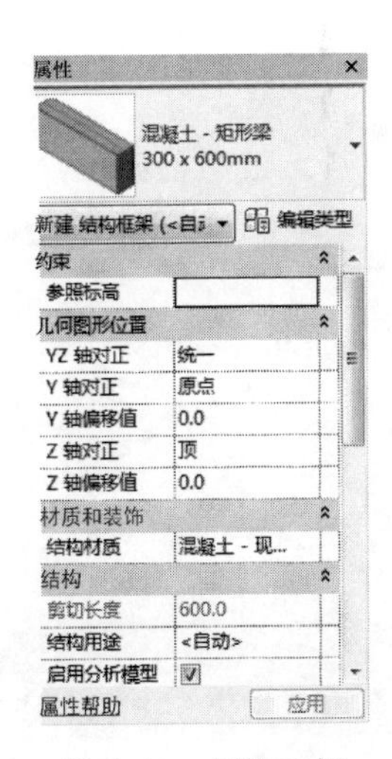

图 1.10　属性面板

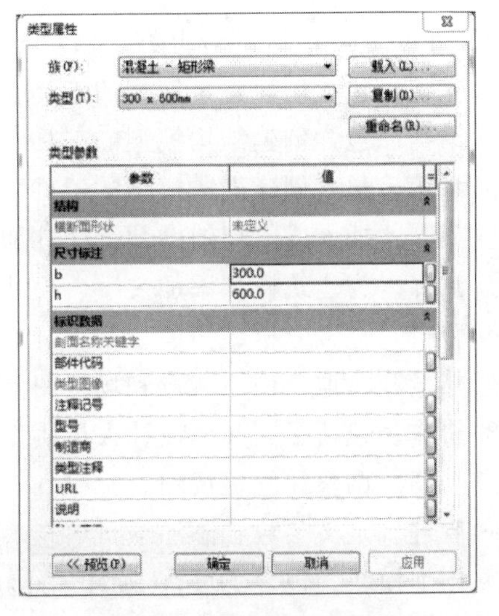

图 1.11　类型属性对话框

提示，如图 1.12 所示。在图元或构件被选择而高亮显示时，状态栏会显示族和类型的名称。

图 1.12　状态栏

图元控制栏位于窗口的底层，包括了图元控制的相关工具，如图 1.13 所示。

图 1.13　图元控制栏

图 1.14　导航栏

从左至右依次是：比例、详细程度、视觉样式、关闭日光路径、关闭/打开阴影、裁剪/不裁剪视图、显示/隐藏裁剪区域、临时隐藏/隔离、显示隐藏的图元、临时视图属性、显示/隐藏分析模型、显示/关闭显示约束。

导航栏如图 1.14 所示，位于界面右侧，包含导航控制盘、缩放两部分。

功能区与选项卡如图 1.15 所示，是用户调用工具的界面，集中了 Revit 中的操作命令。

图 1.15　功能区与选项卡

选项卡位于功能区的最上方，从左至右各选项卡功能如下。

① 建筑。包含创建建筑模型的工具。

② 结构。包含创建结构模型的工具。

③ 系统。包含创建设备模型的工具。

④ 插入。插入或管理辅助数据文件如 CAD 文件、外部族。

⑤ 注释。为建筑模型添加文字、尺寸标注、符号等注释。

⑥ 分析。包含分析结构模型的工具等。

⑦ 体量和场地。创建体量和场地图元。

⑧ 协作。包括了同其他设计人员协作完成项目的工具。

⑨ 视图。调整和管理视图。

⑩ 管理。定义参数、添加项目信息、进行设置等。

⑪ 附加模块。包含了可在 Revit 中使用的外部安装工具。

⑫ 修改。对模型中的图元进行修改。

1.3.3 视图控制

(1) 项目浏览器 “项目浏览器”在实际项目当中扮演着非常重要的角色。项目开始以后，创建的图纸、明细表和族库等内容，都会在“项目浏览器”中体现出来。在Revit中，“项目浏览器”用于管理数据库，其文件表示形式为结构树，不同层级下对应不同内容，看起来非常清晰，如图1.16所示。

如果创建的模型类型不同，或建模阶段不同，Revit也会有不同的“项目浏览器”组织形式。将鼠标移动到“视图”上单击鼠标右键，选择“浏览器组织”命令。用户可以根据实际需要进行“编辑”“新建”等操作，如图1.17所示。

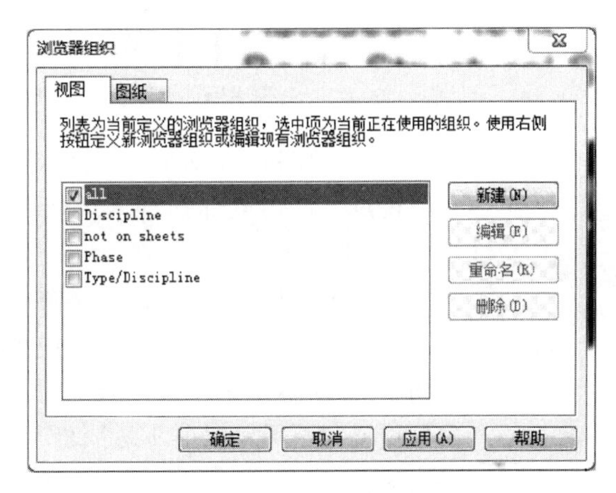

图1.16 项目浏览器（二）

图1.17 浏览器组织

(2) 视图导航 Revit提供了多种导航工具，可以实现对视图进行“平移”“旋转”和“缩放”等操作。使用鼠标结合键盘上的功能键或使用Revit提供的“导航栏”都可实现对视图的操作，分别用于控制二维及三维视图。

键盘结合鼠标的操作有以下6种方式：

① 打开Revit当中自带的结构样例项目文件，单击快速访问工具栏中的“主视图”按钮 切换到三维视图。

② 按住“Shift”键，同时按下鼠标滚轮可以对视图进行平移操作。

③ 直接按下鼠标滚轮，移动鼠标可以对视图进行平移操作。

④ 双击鼠标中键或滚轮，视图返回到原始状态。

⑤ 将光标放置到模型上的任意位置向上滚动滚轮，会以当前光标所在的位置为中心放大视图，向下滚动滚轮缩小。

⑥ 按住“Ctrl”键的同时按下鼠标滚轮，上下拖拽鼠标可以放大或缩小当前视图。

(3) 导航栏 默认在绘图区域的右侧，如图1.18所示。如果视图中没有“导航栏”，可以执行“视图”→“用户界面”→“导航栏”菜单命令，将其显示。点击“导航栏”

当中的“导航控制盘”按钮◎，可以打开导航控制盘，如图 1.19 所示。

将鼠标指针放置在“缩放”按钮上，这时该区域会高亮显示，单击控制盘消失，视图中出现绿色球形图标◎，表示模型中心所在位置。通过上下移动鼠标，可实现视图的放大与缩小。完成操作后，松开鼠标左键，控制盘恢复，可以继续选择其他工具进行操作。

视图默认显示为全导航控制盘。软件本身还提供了多种控制盘样式供用户选择。在控制盘下方单击三角按钮，会打开样式下拉菜单，如图 1.20 所示。全导航控制盘包括其他样式控制盘当中的所有功能，只是显示方式不同，用户可以自行切换体验。

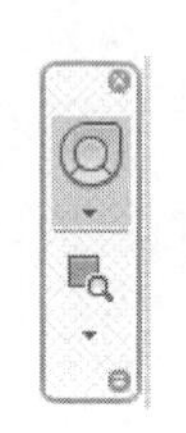

图 1.18　导航栏

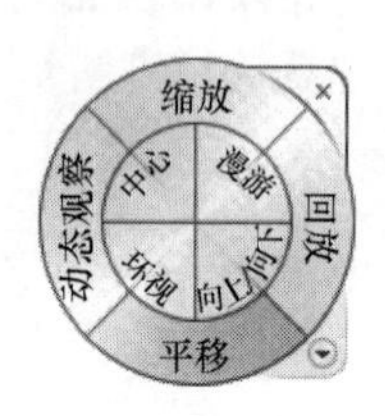

图 1.19　导航控制盘

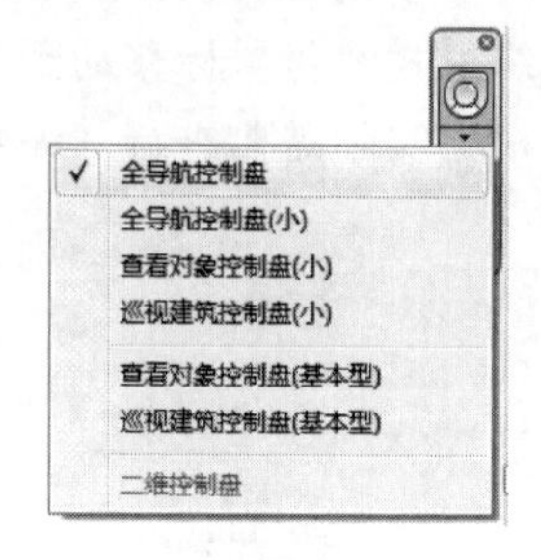

图 1.20　样式下拉菜单

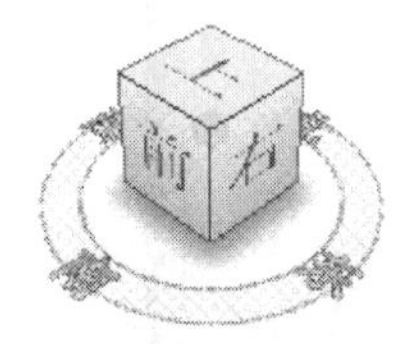

图 1.21　ViewCube 视图立方体

(4) 使用 ViewCube　可以很方便地将模型定位于各方向和轴测图视点。使用鼠标拖拽 ViewCube，还可以实现自由观察模型，如图 1.21 所示。

单击“应用程序菜单”图标，然后单击“选项”命令，打开“选项”对话框，在该对话框中可以对 ViewCube 工具进行设置，如图 1.22 所示。其中可以设置的选项包括 ViewCube 大小、显示/屏幕位置和不活动时的不透明度等。

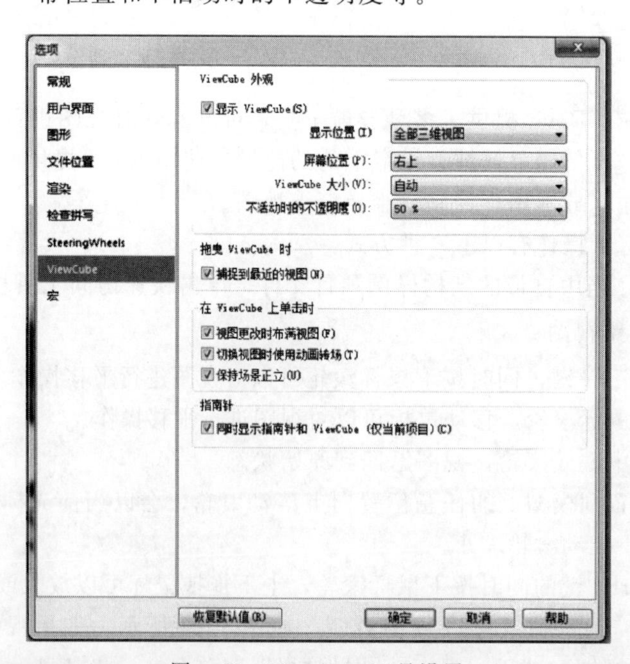

图 1.22　ViewCube 工具设置

1.4 协同设计概要

大部分工程项目需要多个工程师协作才能完成。Revit 软件提供了两种协同方法：一种是基于工作集的协同方法；一种是基于链接模型的协同方法。基于工作集的协同方法是一种较能体现 BIM 优势的协同方法，但是，当工程项目较大时，使用基于工作集的协同的方法会受计算机硬件条件的限制而影响工作效率，给工程师带来一定的不便。而基于链接模型的协同方法在管理上相对灵活，受计算机硬件条件限制较小。因此，如何结合目前常用的计算机硬件条件，选择合适的协同方法，是 BIM 实践中需要解决的问题。

对于结构专业，在 BIM 实践中还需关注计算模型与 Revit 模型的信息交互问题。实现计算模型与 Revit 模型一体化是结构 BIM 发展的目标，然而目前尚没有软件能完全实现计算模型与 Revit 模型的统一。如何在现有条件下，实现计算模型与 Revit 模型的协同，减少模型错漏，是结构专业 BIM 实践应解决的问题。

1.4.1 基于工作集的协同

(1) 工作集协同的优点 基于同一中心文件以工作集的形式进行协同设计，本地模型可随时同步到中心文件，方便查阅或调用其他工程师的工作成果。

单人使用工作集可以通过控制图形的显示来提高工作效率。

通过工作共享，本地与云端都保留了项目文件，可以增强项目文件的安全性。

(2) 工作集协同的缺点 项目规模大时，中心文件非常大，使得工作过程中模型反应很慢，降低工作效率。

工作集在软件层面实现比较复杂，Revit 软件的工作集目前在性能稳定性和速度上都存在一些问题，特别是在软件的操作响应上。

(3) 工作集协同的适用性 一般来说，工作集适用于规模较小（项目在 2 万平方米以内，总图纸数量不超过 100 张），设计人员不超过 5 个，且同一个专业内仅有一个设计人员的情况。当工程规模较大、参与人员较多时，建议采用链接式的协同方式。

(4) 工作集协同的操作 工作集协同的大致操作流程如下：

① 在局域网内选定工程项目的服务器，设定可进行读写操作的服务器路径。

② 将项目的 Revit 初始文件复制到服务器，并以“项目名称＋中心文件”命名，如“某办公楼＋中心文件 .rvt”。为避免频繁更改中心文件的名称，命名时应避免使用日期。项目负责人打开中心文件，完成中心文件工作集的创建。具体操作如下。

打开文件后，在 Revit 界面上点击“协作”→“工作集”→“工作集 1”，如图 1.23 所示。

点击“协作”后会出现选择项，软件提示“您希望如何协作?”可以选择“在网络内协作”或者“使用云协作”，如图 1.24 所示。

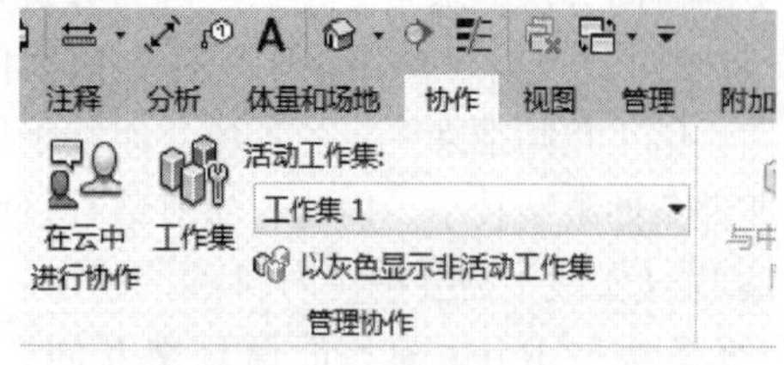

图 1.23　协作工作集

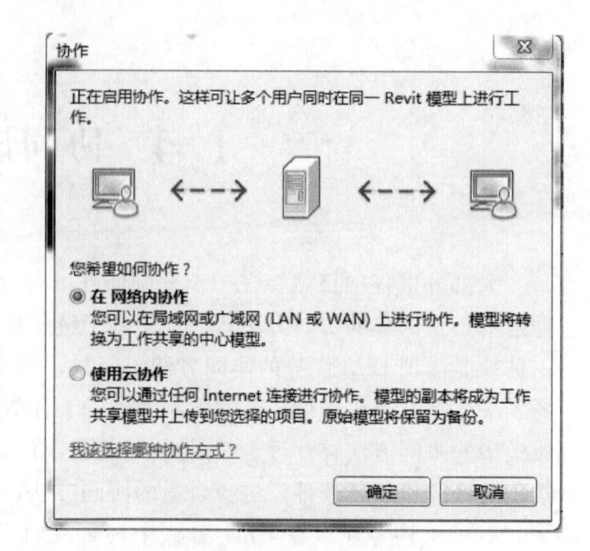

图 1.24　协作选择

使用 Collaboration for Revit（C4R）服务以在云中与其他项目团队成员同时创建 Revit 模型。如果已连接到 Internet，可以针对云中存储的模型进行协作。从 Revit 启动“协作”后，系统会自动启用工作共享，并将 Revit 模型上传到项目，在计算机上创建本地缓存的版本。如果使用 Collaboration for Revit 在先前工作共享的 Revit 模型上进行协作，要遵循上述同样的过程，工作集已经启用时除外。如果未连接到 Internet，可以使用基于服务器的工作共享就局域网内的模型进行协作。

软件创建了两个基础工作集——“共享标高和轴网”和“工作集 1”，如图 1.25 所示。

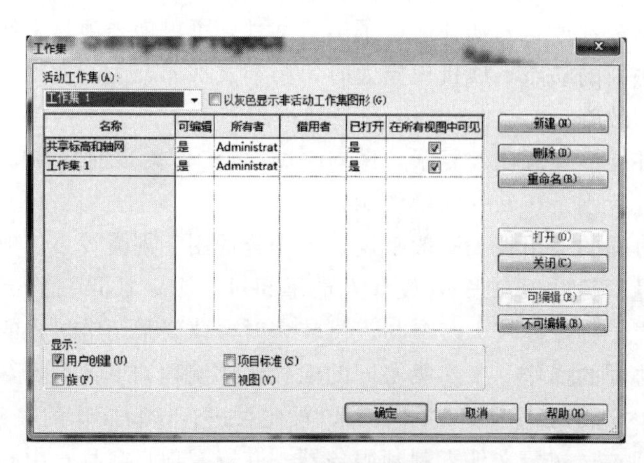

图 1.25　新建工作集

③ 参与项目的工程师在“选项”→“常规”中设定好各自的 Revit 用户名，如图 1.26 所示。

④ 创建本地文件。建议将中心文件拷贝至本地文件夹，而不是通过“另存为”的方式，建议以“项目名称＋用户名＋日期”格式命名，如“某办公楼＋QJ＋20180305”。

图 1.26 “常规”选项的 Revit 用户名设置

⑤ 参与项目的工程师分别建立自己的工作集，不要占用别人的工作集。具体操作如下。

点击“协作”→“工作集”，进入工作集对话框，点击“新建”按钮，新建工作集，并以自己的名字命名工作集，如图 1.27 所示。

名称	可编辑	所有者	借用者	已打开	在所有视图中可见
共享标高和轴网	是	administrat		是	☑
其他	是	administrat		是	
建筑	否	建筑LXT		是	☑
水暖	否	水暖TBQ		是	☑
电气	否	电气LY		是	☑
结构	否	结构QJ		是	☑

图 1.27 项目参与者建立自己的工作集

⑥ 项目参与者各自在自己的本地文件中编辑模型，由于将所有工作集的“可编辑”属性都改为“否”，项目参与者可以自由编辑同步后为被编辑过的构件，若要编辑的某构件被其他人员编辑过，则需要其他参与人员将文件同步到中心文件后才可以进行编辑。

若用户“结构 QJ”要编辑的某个构件被“建筑 LXT”编辑过，则“结构 QJ”编辑该构件时，会弹出警告框，同时用户“建筑 LXT”会收到软件发的编辑请求。批准后，用户“结构 QJ”会收到“请求被允许”的通知。获得批准后，用户“结构 QJ”可以自由地对该构件进行编辑。

(5) 工作集协同的注意事项

① 工作集协同的工作模式是建立中心模型（中心文件），中心模型存储项目中所有工作集和图元的当前所有权信息，并充当该模型所有修改的分发点。所有用户都应保存各自的中心模型本地副本，在该工作空间项目本地进行编辑，然后与中心模型进行同步，将其所做的修改发布到中心模型中，以便其他用户可以看到他们的工作成果。

② 在项目工作共享启动后，项目的设置需要考虑到多人及多文件交互的需要，项目中成员的软件版本应保持高度一致，否则会导致软件兼容性问题。

③ 打开服务器上的中心文件时，应使用初始界面上的“打开”按钮打开，不使用双击的方式打开。

“打开”按钮打开时不勾选“从中心分离”和“新建本地文件”。由于“新建本地文件”是默认勾选的，要注意取消勾选该项，如图 1.28 所示。

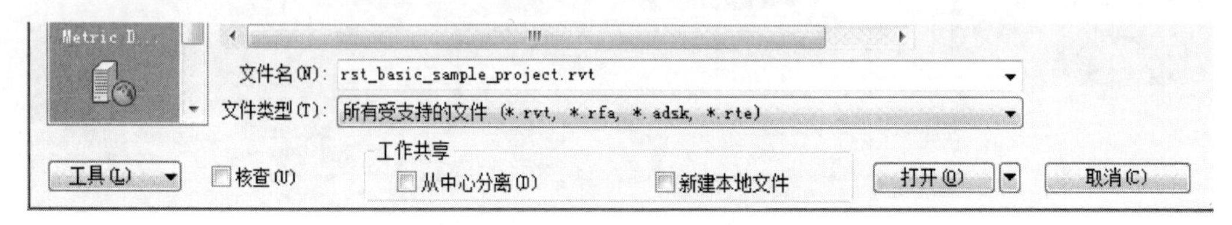

图 1.28　打开服务器上的中心文件

④ 由于将所有用户的“可编辑”属性都设成“否”，所以同步中心文件即视为放弃借用的图元，因此，同步后编辑过的图元重新处于“无主”的状态，其他用户都可以自由地对该构件进行编辑。这样做虽然为工作带来了一定的便利性，但也造成了一定的权责混乱。项目参与人在进行构件编辑时应注意不能无故编辑其他人的构件，特别是其他专业的构件。

⑤ 参与项目的工程师在建立工作集前要设好自己的 Revit 用户名，避免用户名出现“Administrator”的情况。

⑥ 项目设计的过程中不建议本地文件与中心文件脱离。当遇到回家加班等需要将本地文件拷贝回家的情况时，临时脱离中心文件是危险的。原则上团队中只能有一名工程师把本地文件与中心文件脱离，以免工作冲突。回家后提示找不到中心文件，可强制占用所有权限进行工作，回单位后重新同步并放弃所占用的权限。如多名工程师同时脱离中心文件进行编辑并出现构件冲突，则自动以最后同步的为准。

⑦ 中心文件不可重命名或移动路径，否则所有本地文件要重新连至新的中心文件。当中心文件损坏时，可将一个本地文件拷贝至原中心文件的路径，代替原有中心文件。

⑧ 如需要把与中心文件相邻的本地文件变成独立文件，打开本地文件时勾选“从中心分离”，另存即可，如图 1.29 所示。

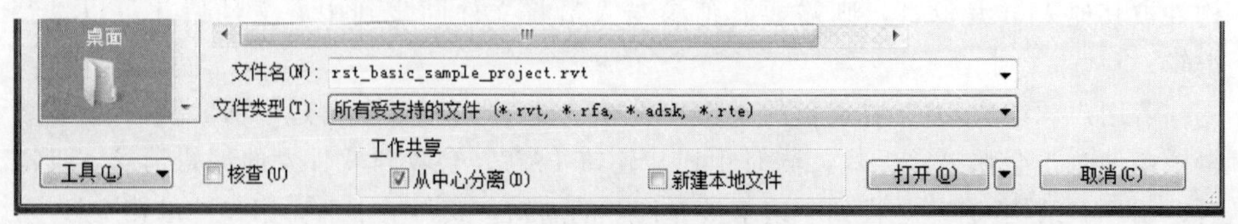

图 1.29　打开本地文件时勾选“从中心分离”

1.4.2 多专业文件链接协同

(1) 链接式协同的优点 无须建立中心文件，各部分独立一个模型文件，单个模型文件的数据量不大。

不受局域网影响，各模型文件相对独立，工作不受计算机域名、计算机权限控制，管理相对灵活。

(2) 链接式协同的缺点 链接式的协同没有中心文件，本质上还是多对多的协同方式，与传统的协同方式类似，没有体现 BIM 的优势。

链接的模型部分不能进行结构分析。

(3) 链接式协同的适用性 项目在 2 万平方米以上，专业内部存在 2 个以上设计人员的情况下，宜采用链接式的协同方式；项目在 5 万平方米以上，需在专业间分拆项目后采用链接协同方式；体量较大的工程若采用基于工作集的协同，那么建立的中心文件过于庞大，受计算机硬件的限制，适合采用链接式的协同。

链接式的协同与传统的协同方式相类似，需要团队成员间熟练的相互配合，适合于契合度较高的团队。

(4) 链接式协同的操作 项目链接的基本操作方法如下。

① 选定链接的基础文件，各个工种都在这个基础文件上建模，确保各成员基于同个坐标系、楼层、轴网来工作，方便后期链接时的定位。

② 点击“插入”命令面板中的“链接 Revit”命令，如图 1.30 所示，在弹出的对话框选择要链接到主体文件的链接文件，链接进来的模型定位方式应选择“自动-原点到原点”。

图 1.30 “插入”命令面板

③ 链接文件载入到主体文件中，链接文件的“基点”与主体文件的“基点”对齐。

④ 若出现原点不对位的情况，使用“移动”命令移动链接文件，将其移动到正确的位置，并采用“管理”命令面板中的“发布坐标”功能，如图 1.31 所示，记录该位置，链接位置会作为位置信息返回到链接文件中。Revit 中发布坐标的操作较为烦琐，且容易出错，因此，建议在各专业建模前应先确定好协同方式，若确定采用基于链接的协同方式，应根据操作步骤①事先确定链接的基础文件，从而保证项目中所有模型都基于相同的原点建模。

⑤ 绑定链接。选择链接进来的模型，并点击“修改 | RVT 链接”→“绑定链接”，如图 1.32 所示，进行链接模型的绑定。绑定之后，外部链接的 Revit 项目文件将以“组”的形式内置到当前的项目文件中。需要注意的是，进行绑定链接操作时，软件会要求选择绑定的图元和基准，如图 1.33 所示，此时，如果不勾选“标高”（或“轴网”），则绑定后链接模型的“标高”（或“轴网”）将被删除；若勾选了“标高”，链接模型的标高会合并到原模型中，并自动重新排号；若勾选了“轴网”，链接模型的轴网会合并到原模型的轴网中，影响范围不改变。链接模型可以通过绑定链接转换为“组”，

“组”也可以通过链接操作转换为“外部链接”，如图 1.34 所示。

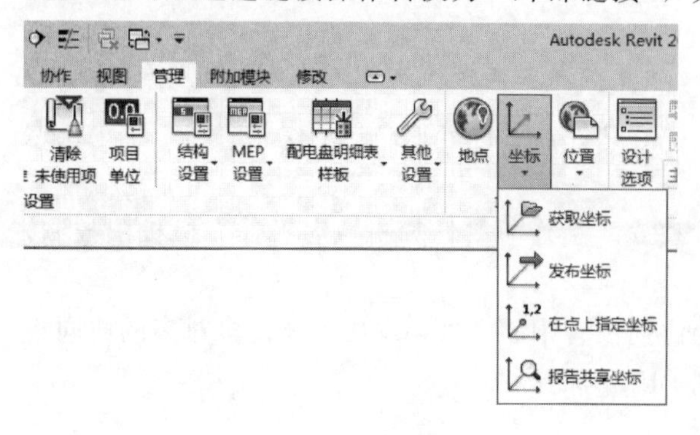

图 1.31 发布坐标

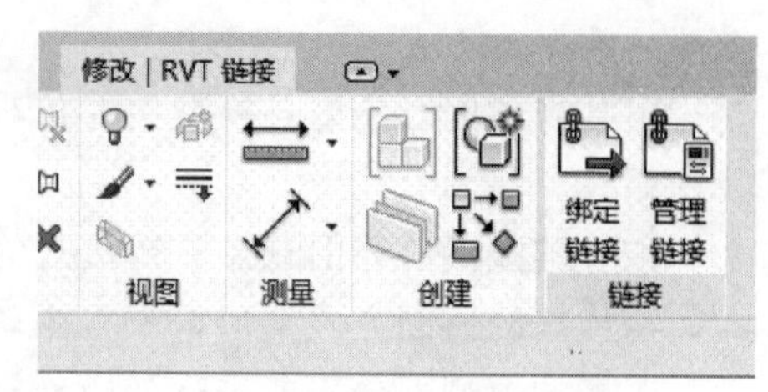

图 1.32 绑定链接

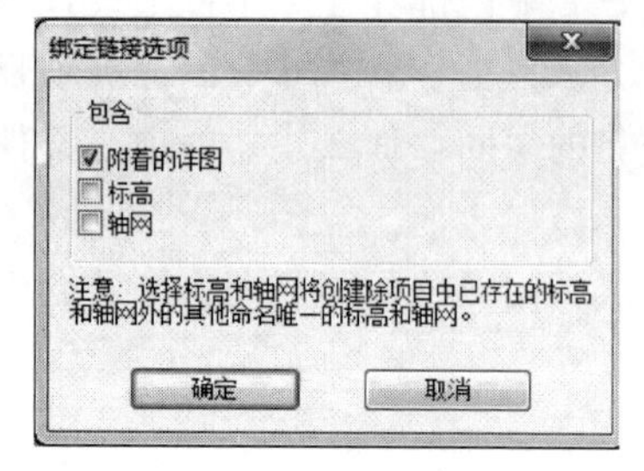

图 1.33 绑定链接选项

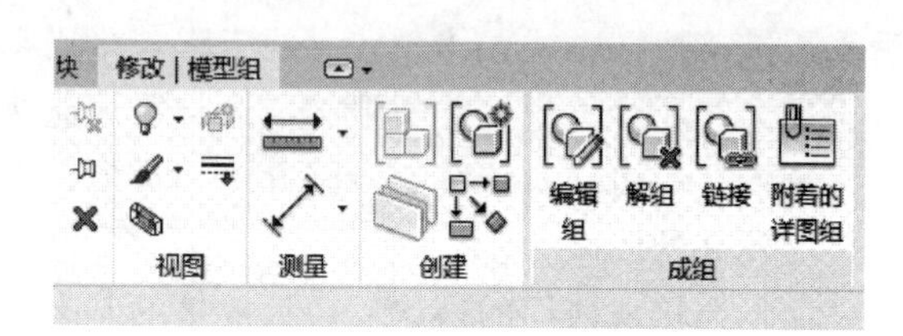

图 1.34 “组”与“外部链接”

(5) 链接式协同的注意事项

① 链接到项目的模型可通过视图显示功能控制模型的可见性并进行构件碰撞检查。一般情况下，链接进来的模型不能进行编辑，必要时也可通过绑定链接并解组的方式进行解组编辑，但该过程是不可逆的，因此不建议采用该方法。需要对链接过来的模型进行修改时可通过编辑链接原模型后重新链接进来。

② 在“管理链接”命令面板中可以选择参照类型为“覆盖”，如图 1.35 所示，或者“附着”，如图 1.36 所示。若参照类型为“覆盖”，那么当链接模型的主体链接到另一个模型时，将不载入该链接模型，这是默认设置；若参照类型为“附着”，那么当链接模型的主体链接到另一个模型时，将显示该链接模型。可以简单地理解为：“覆盖”类型的链接不被嵌套显示，“附着”类型的链接可以被嵌套显示。假设一个工程地下室、裙房、塔楼分开建模，裙房模型链接了塔楼的模型，参照类型为“覆盖”，形成一个“裙房+塔楼”的模型，之后，在地下室模型中链接了裙房的模型，那么，在地下室模型中是不能看到塔楼模型的；若参照类型为“附着”，那么地下室模型就能看到塔楼模型。

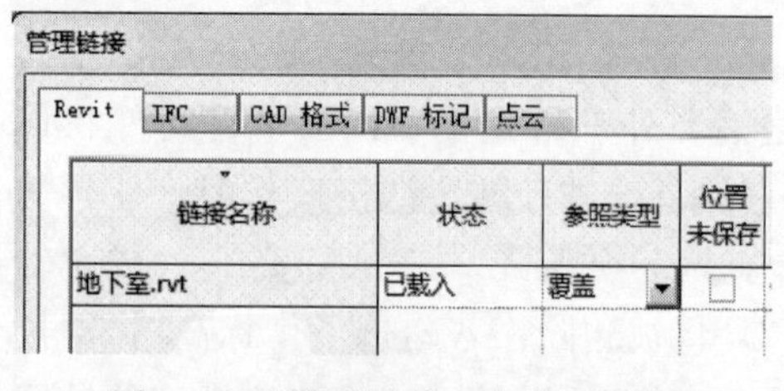

图 1.35 “管理链接”命令面板中选择参照类型—覆盖

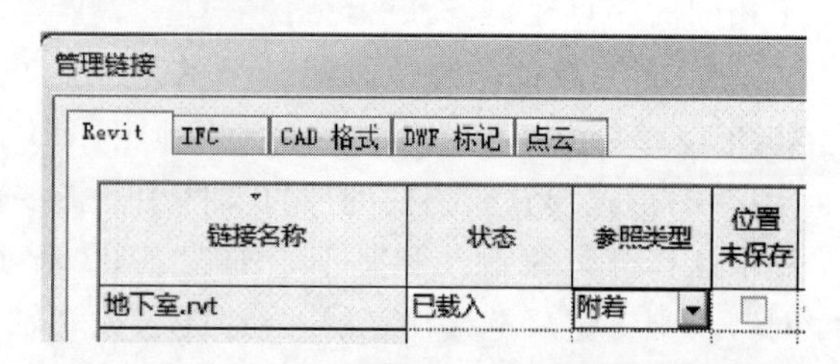

图 1.36 “管理链接”命令面板中选择参照类型—附着

③ 第一次载入时必须使用“自动-原点到原点”，而不能采用“自动-中心到中心”。因为“自动-中心到中心”方法的“中心”位置其实是整个模型的三维中心，使用“自动-中心到中心”方法载入的模型，其三维中心与主体模型的三维中心相对齐，因而通常情况下载入的模型在竖直方向上会有错动。而采用“自动-原点到原点”的方式，能保证模型图元保持原来的标高。

④ 各专业模型建议都在建筑 Revit 模型的基础上进行建模，以保证各专业链接在一起时位置的准确性。

⑤ 单体模型有拆分的，建议先建立一个附带轴网的定位文件，然后各个拆分部分都在这个定位文件的基础上进行建模，保证各个部分链接时位置能对上，减少链接模型时的协调成本。

⑥ 结构专业 Revit 模型建议与建筑专业 Revit 模型采用同一个轴网文件，方便链接时的定位。从结构软件导入的模型无法实现这一点，建议新建一个空的结构文件，链接建筑模型（或者项目公用的轴网模型）进行定位，建立竖向构件的 Revit 模型，取得定位点，然后导入 YJK 中，完善结构计算模型。此后再导回 Revit 模型时能识别到初始的定位点。

第2章 项目样板与创建新项目

本章要点

个性化样板文件的编辑与定制

项目文件的创建

2.1 项目样板文件

2.1.1 创建样板文件

Revit 样板是新建 Revit 文件的基础。Revit 虽自带有各个专业的基本样板文件，但未能满足本地化的要求，需结合本公司的建模及制图标准进行完善，因此 Revit 样板是公司 BIM 标准的重要组成部分。样板设置不但影响设计成果的标准化表达，而且对设计的效率与图面表达的质量也有极大影响，因此，一般来说，应在公司层面制作各专业的基本样板文件，并且持续积累完善。

对于结构专业来说，Revit 样板文件的设置与其他专业相比有共同之处，也有许多特殊的地方，本章将系统介绍如何制作一个完整的个性化的结构专业样板文件。

制作完成的样板文件可以放到硬盘的固定位置，然后把路径添加到 Revit 的“文件位置”处，这样启动 Revit 或者新建文件时，就可以直接选择该样板。添加路径的步骤为点击 Revit 界面左上角的大图标，在菜单面板的右下角点“选项”图标，如图 2.1 所示。在项目样板文件列表中添加所需样板。注意 Revit 只保留前五个样板文件的直接显示，选择样板文件新建项目如图 2.2 所示。

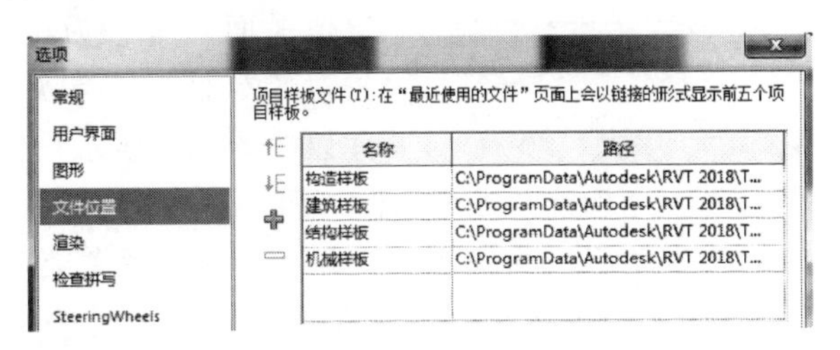

图 2.1 添加路径的步骤

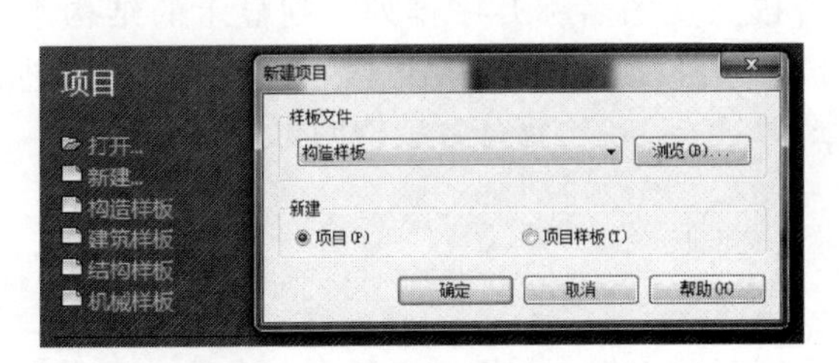

图 2.2 选择样板文件新建项目

2.1.2 视图类型与浏览器组织

浏览器组织决定了 Revit 视图及图纸列表的排列方式，其中图纸基本上按图号排列，因此这里主要考虑视图排列方式。其成组及排序有多种方式，如图 2.3、图 2.4 所示。

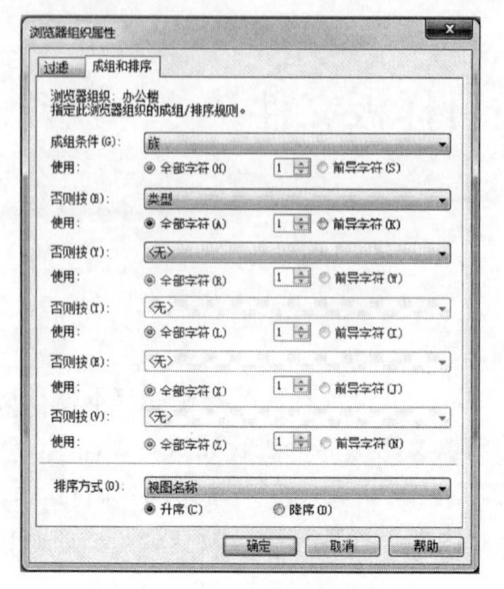

图 2.3　浏览器组织属性

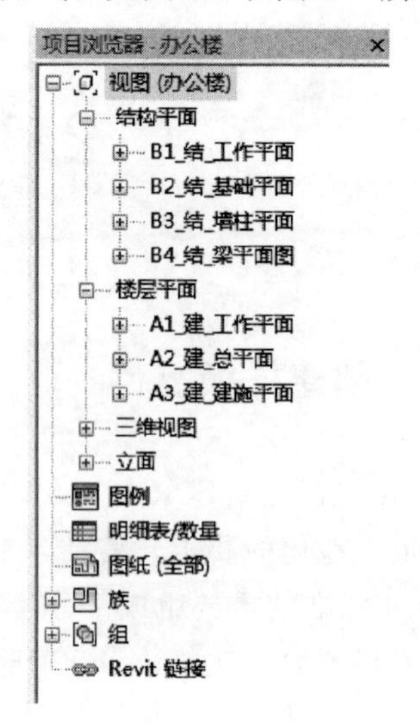

图 2.4　组织后的项目浏览器

浏览器组织操作步骤：浏览器上鼠标右键单击“视图”→选择“浏览器组织 B”→“成组和排序”。

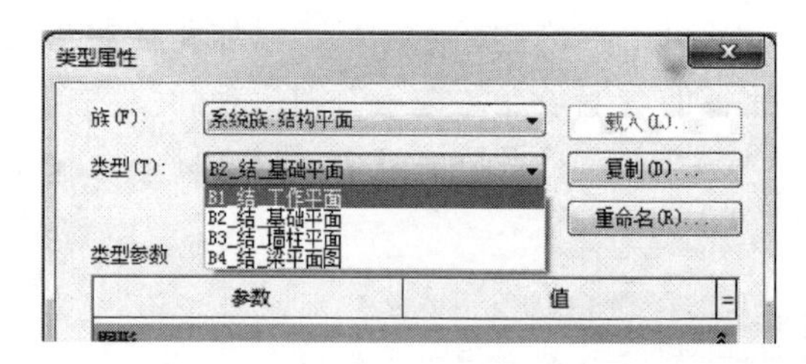

图 2.5　按专业习惯进行视图归类

成组条件按视图的“族”和“类型”属性成组，避免树状结构分级太多难以查找，同时按照专业习惯的视图分类进行归类，如结构专业的“梁平面”“墙柱定位平面”等。为了实现这个目的，要先对各专业的各类视图建立相应的类型，建议按图 2.5 所示设置。

视图类型创建操作步骤：结构视图类型属性（图 2.5）→“复制”→输入视图类型名称如“B1 _ 结 _ 工作平面”→“确定”→重复复制，并输入新的视图类型平面，创建结构视图类型 →主菜单选择“视图”→“平面视图”→“结构平面”→在“类型”下拉框中选择结构视图类型 →创建楼层结构视图并修改视图名称。

这里的排序方式若按照视图名称升序排列，则显示的结构平面从 B1～B4 升序排列；也可将排序方式按标高降序排列，这样可使浏览器里的平面视图与实际楼层的上下关系对应（如 B2 排在 B1 上方），比较符合结构的思维习惯。

2.1.3　单位

单位的设置位于“管理”面板，如图 2.6 所示，分为“公共”及“结构”等专门类别的各种单位设置，按制图标准及表达习惯设置即可。

单位设置操作步骤：主菜单“管理”→“项目单位”。

需注意的是这里除了影响输入单位，还影响标注的图面表达。如长度的单位符号设为“无”，在格式栏即显示“[mm]”，中括号表示该单位不显示。其他如面积（“m^2”）则显示单位。

图 2.6　单位的设置

另外需注意角度、面积、体积等单位应设为精确至小数点后 2 位，才能满足精度要求。

2.1.4　文字样式

对于结构专业来说，需注意钢筋符号的输入。由于上面所说的原因，Revit 无法按 CAD 的方法解决钢筋符号输入，为了解决这个问题，Autodesk 发布了一款名字就叫“Revit”的 TrueType 字体。安装该字体后，Revit 可添加一个新的文字类型，设为“Revit”字体，输入时分别用“$、%、&、#”四种字符代表钢筋符号“A、B、C、D”，该字体其余的英文及数字字符为 Arial 字体，中文字符则为宋体，如图 2.7 所示。

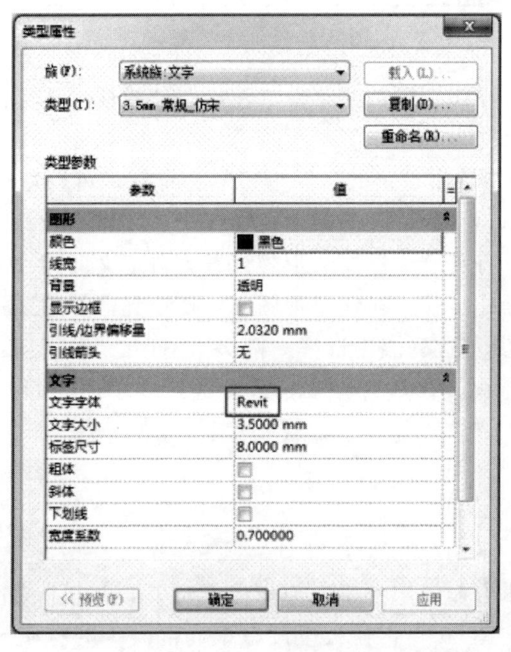

图 2.7　Revit 文字字体

文字样式设置操作步骤：主菜单“注释”→“文字”面板，左键单击右下角的斜箭头。

2.1.5 尺寸标注样式

尺寸标注样式同样通过修改系统族类型的参数进行设置，按公司标准预设常用类型即可。一般尽量将尺寸标注样式设为与天正的样式接近，如图 2.8 所示。

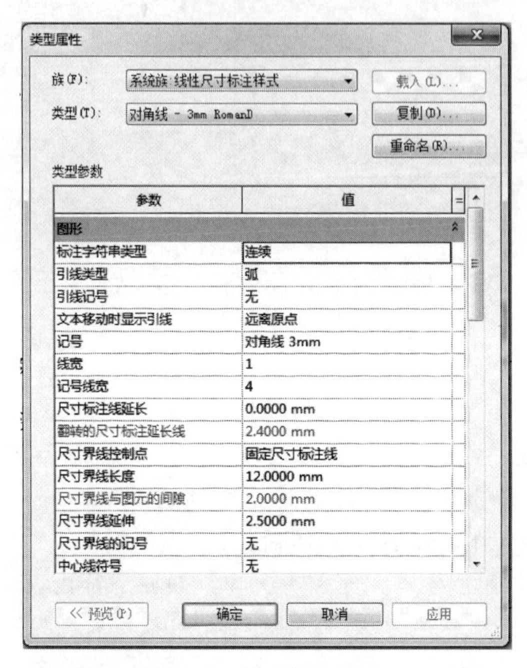

图 2.8　尺寸标注样式

尺寸标注样式设置操作步骤：主菜单“注释”→“线性尺寸标注样式”面板，左键单击面板标题正下方的黑箭头。

在 Revit 尺寸类型参数中“记号”属于记号标记族，可以通过自定义族的方式添加需要的“记号标记族”，然后该自定义“记号标记族”就会出现在尺寸标注的“记号”属性下拉列表中，可以将其尺寸标注的记号设置为自定义的族。

箭头样式设置的操作步骤：在任意视图中，切换到“管理”选项卡，项目设置中有一项“其他设置”，在其下拉列表中选择“箭头”，打开“系统族：箭头”对话框，可以根据需要对现有的“箭头族”进行修改，或者通过复制命令新建自定义的“箭头族”，如图 2.9 所示。

2.1.6 材质

各个专业均应将本专业常用材质设为模板。对于结构专业来说，钢筋混凝土与混凝土是使用最多的材质，Revit 自带模板里没有钢筋混凝土的材质，混凝土的材质命名也不符合习惯，建议修改，如图 2.10 所示，将钢筋混凝土与素混凝土区分开，并按所用

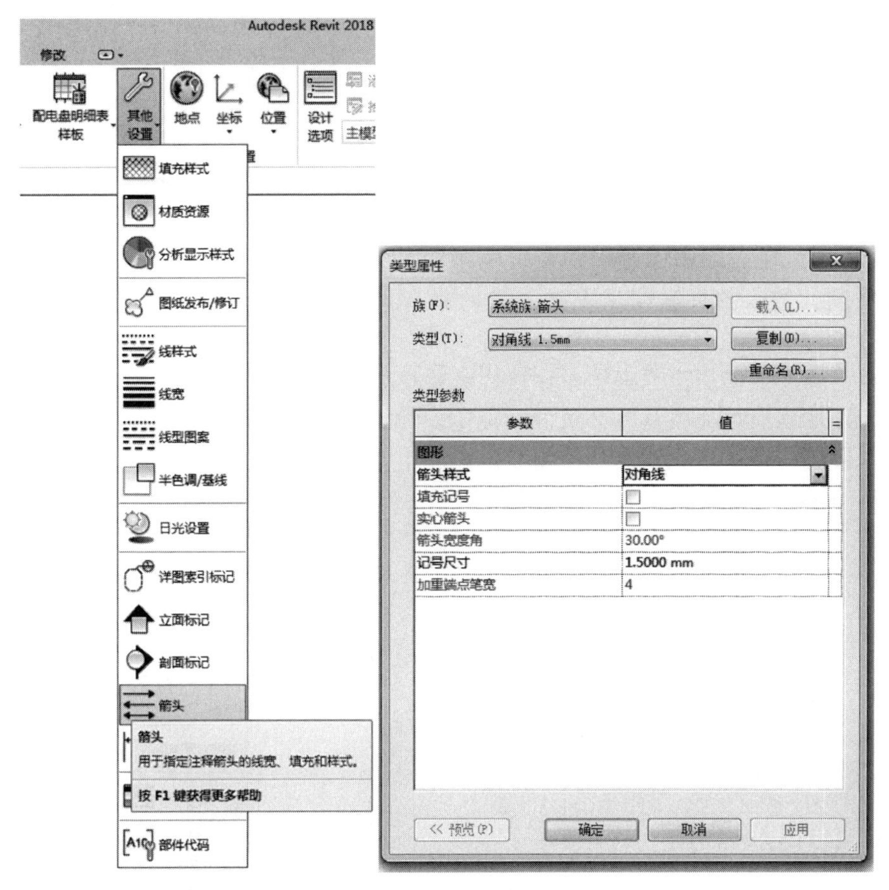

图 2.9　箭头样式设置

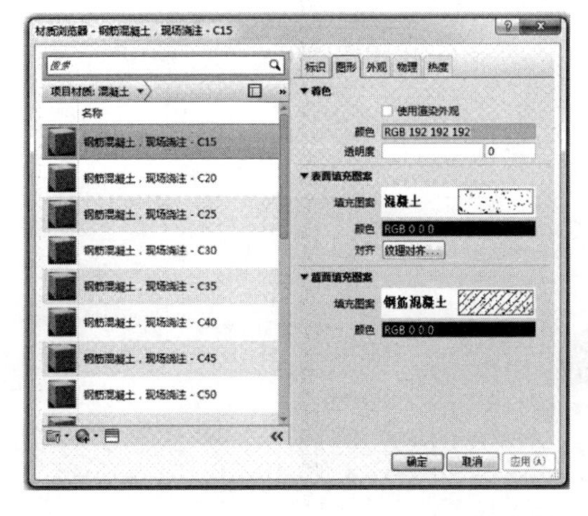

图 2.10　材质浏览器

混凝土强度等级分别设定材质。

材质设置操作步骤：主菜单“管理”→“设置”面板→“材质”→“搜索”栏填入材质名称，回车确认即可列出搜索结果→如有需要的材质则在搜索结果中选择，否则需复制、新建材质或者导入材质→单击材质浏览器右下角的右箭头，可扩展材质设置面板，打开“标识、图形、外观、物理、热度”设置面板。

其中“钢筋混凝土”与“素混凝土”两种材质没有定强度等级，作为通用的材质类型使用。关于混凝土强度等级的设定，以往用 AutoCAD 设计时一般在图纸说明中进行统一的规定，特殊的部位再进行局部标注，基于 BIM 的设计则需考虑模型的构件信息表达，以及模型传递给后续应用（如工程算量）的需要，因此在设计模型交付时，结构构件的混凝土强度等级应在构件信息中体现（体现在材质信息上是最直接的方式）；但在前期设计过程中，可笼统地使用“钢筋混凝土”与“素混凝土”两种通用材质，辅以图纸说明来表达，目的是方便设计过程的修改，结构方案定型之后再进行细分。

材质具体的设置需注意根据专业表达需要设置其图面表达方式，一般需对“表面填充图案”及“截面填充图案”分别进行设定，如图 2.10 所示，根据表达习惯对钢筋混凝土及素混凝土截面填充图案分别作规定。其中“钢筋混凝土”填充样式并非 Revit 自带，可由 AutoCAD 中导入。

2.2 新建项目文件

2.2.1 图名及图框

图名、图框是公司标准的基本设置，需要在 Revit 里制作相应的族，并载入模板文件中。图名常用的有标准图名、详图图名等样式，需分别制作视图标题族。

公司 LOGO 和图框可以通过 CAD 导入，导入的时候应该注意 CAD 图标的比例。如图 2.11 所示。

图 2.11 CAD 导入 LOGO

导入图框操作步骤：准备 CAD 图框，如 A1 标准图框，带公司 LOGO 等必要信息，比例为 1∶1（注意要把 CAD 图按 1∶100 设置的图框缩小），记住存放位置，进入 Revit 中，主菜单“文件”→“新建”→“族”→选择族样本文件，一般选择 Revit 默认的族样本文件“标题栏”子目录下“A1 公制 . rfa”→单击“打开”进入族文件创建→主菜单“插入”→“导入 CAD”→选择准备好的“A1 标准图框 . dwg”文件，在导入选项中指定导入单位为“毫米”→单击“打开”即可。加入必要的项目参数之后，即可保存新建图框族文件至 Revit 存放族库的目录下。

2.2.2 标高的绘制和修改

Revit 中一个标高对应一个楼层，创建一个标高即创建了一个楼层平面。一般情况下楼层平面视图的属性由操作人员进行定义，其定义的规程不同，可见性也不尽相同。因为结构层标高为建筑标高减去面层，所以结构模型中除了“复制监视”建筑标高外，还要建立结构标高，如图 2.12 所示。图中 F2-A 表示 2 层建筑标高，F2-S 表示 2 层结构标高，两者相差为面层厚度。

复制建筑标高的操作步骤：链接建筑 Revit 模型文件到结构模型中，主菜单“协作”→“坐标”面板，“复制/监视”中“选择链接”→单击链接进来的建筑模型文件→在左上角弹出的“复制/监视”上下文选项卡中单击“复制”→在选项栏中选中“多个”→在建筑模型上选择建筑标高→在选项栏中单击“完成”→最后在“复制/监视”上下文选项卡单击“√”完成标高的复制。

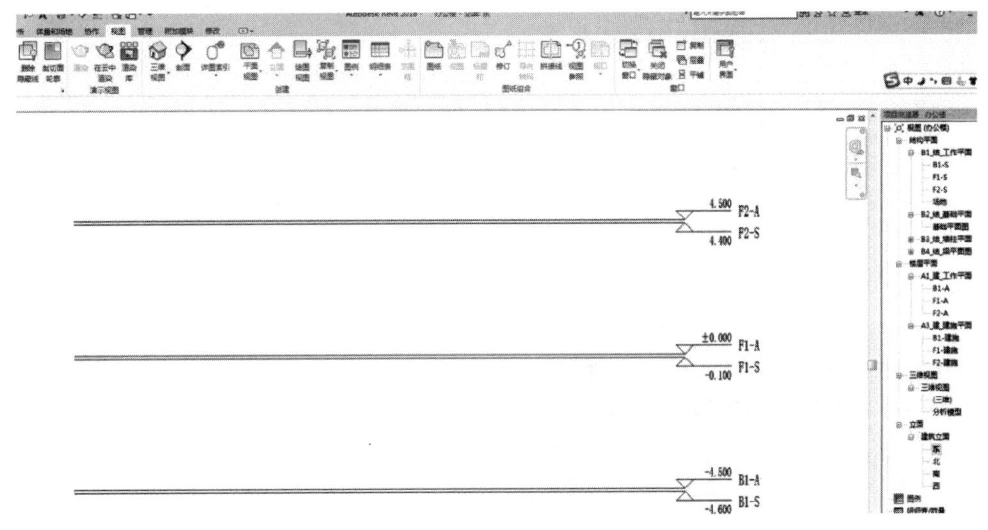

图 2.12　结构标高与建筑标高

Revit 中，标高命令只能在立面视图和剖面图中使用。选中标高，点击数值，可以修改标高，如图 2.13 所示。在属性栏中，编辑“约束”中“立面”的数值，也可修改标高，如图 2.14 所示。在属性栏类型选择器中，可以修改标高的样式共有三种：上标头、下标头、正负零标高，如图 2.15 所示。

新建标高后可以通过点击“视图”选项卡→“平面视图”→“结构平面”生成结构平面视图，如图 2.16 所示。

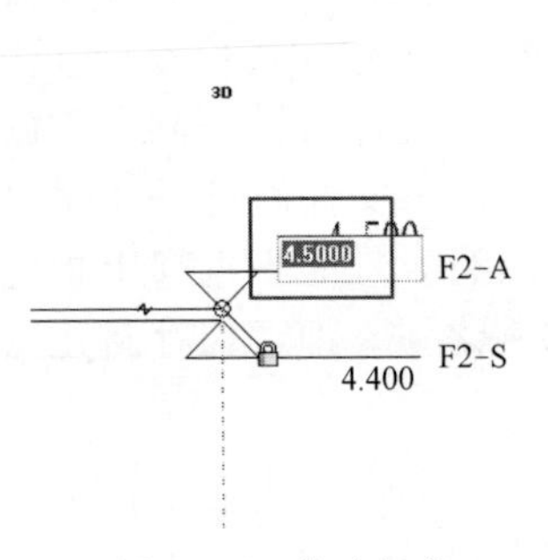

图 2.13　修改标高

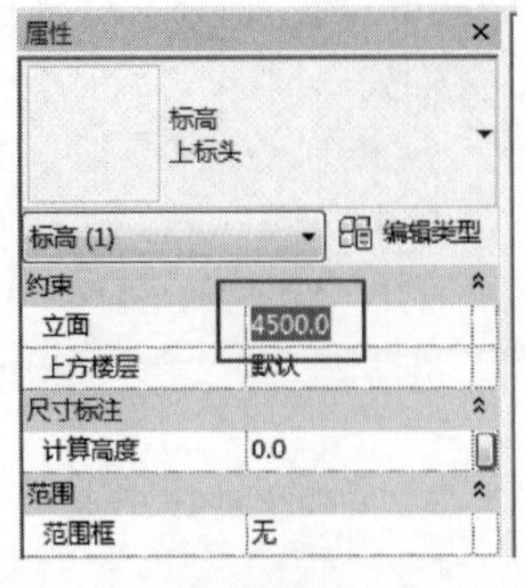

图 2.14　通过属性栏修改标高

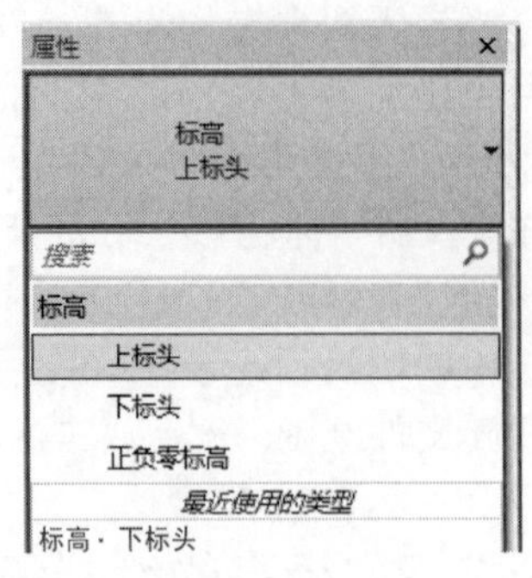

图 2.15　标高样式

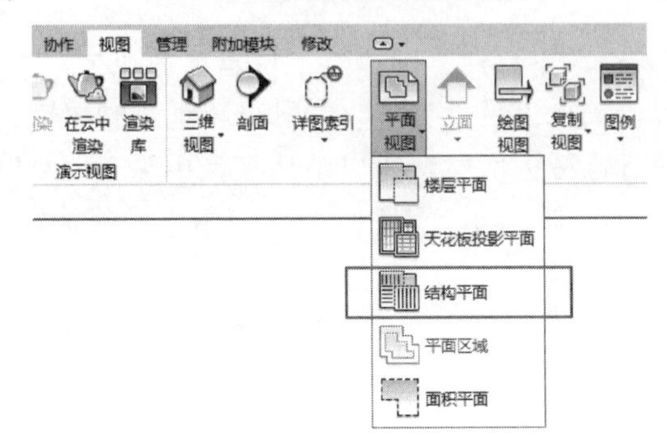

图 2.16　生成结构平面视图

2.2.3　轴网的绘制和修改

轴线建立操作步骤："结构"选项卡→"基准"面板→"轴网"，如图 2.17 所示。

图 2.17　轴网绘制选项卡

在绘图区域绘制一条轴线，勾选或取消勾选标头附近的方框可以显示或隐藏轴网标号，按住鼠标左键拖动轴网线两端的圆圈，可以改变轴网长度，如图 2.18 所示。

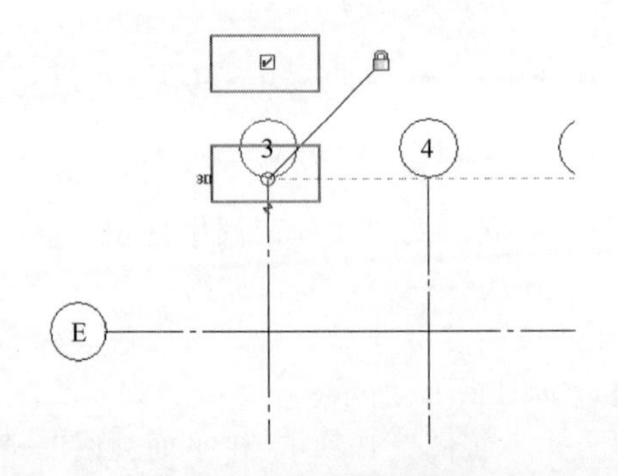

图 2.18　改变轴网长度

当存在多根轴线时，选中一根轴线后，会出现一个锁形图标，同时会出现一条对齐的虚线，用鼠标拖动轴线端点，所有轴线会同步移动，如图 2.19 所示。点开锁型图标，用鼠标拖动轴线端点，则只能移动选定轴线。

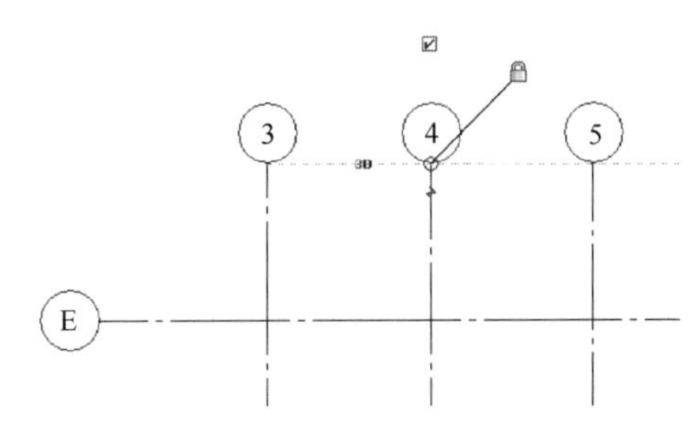

图 2.19　锁定轴线端点

遇到轴网标头重叠时，可通过“添加弯头”修改轴网标头的位置。选中轴线后，在标头位置会有一个折断线形状节点，即“添加弯头”，点击后轴号位置就可以通过拖动弯折处的小圆点进行调整，如图 2.20 所示。

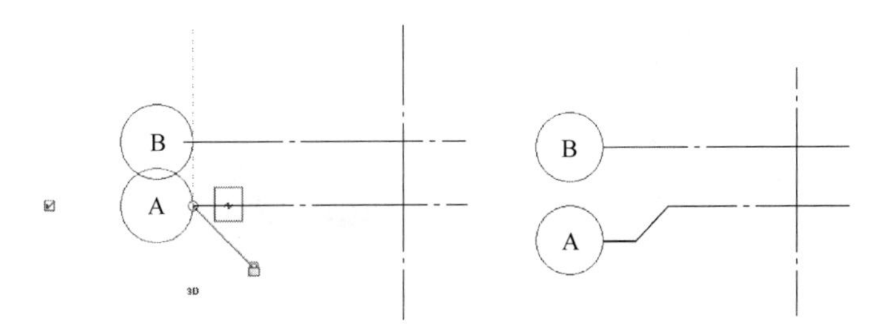

图 2.20　通过“添加弯头”修改轴网标头的位置

第3章 基础与地下室的设计与建模

本章要点

简要介绍建筑结构基础设计

基础建模的方法

基础族的建立

地下室结构设计简介

地下室结构建模的方法

3.1 建筑结构基础设计概要

3.1.1 基础分类

基础是建筑底部的结构构件，承托上部结构的荷载并将之传递到建筑地基。根据地基是否经过处理，分为天然地基和人工地基；而根据基础的埋深不同，可分为浅基础（埋深不超过 4m）和深基础（埋深大于 4m）。由于深基础开挖土方量大，一般来说工程造价也高，故基础应优先选用天然地基上的浅基础。

按材料来分，基础可分为砖基础、毛石基础、灰土基础、混凝土基础、毛石混凝土基础和钢筋混凝土基础。

按构造类型来分，基础可分为条形基础、单独基础（独立基础）、联合基础（柱下条形基础、柱下十字交叉基础、筏形基础、箱形基础）。

按是否利用天然地基承载力来分，基础可分为天然地基上的扩展基础和桩基础。

3.1.2 扩展基础设计与构造

(1) 单独基础、条形基础和十字交叉基础 扩展基础利用天然地基承载力承托上部结构，并确保不产生影响上部结构正常使用的沉降与变形。单独基础、条形基础、联合基础由于底面积小，一般多应用于层数较少的结构。当多层框架房屋的地基条件较好（土层均匀、承载力高）时，可采用柱下单独基础；当荷载较大或地基比较软弱时，多层框架房屋常采用柱下条形基础以提高基础的承载能力、刚度和整体性，以减少地基的不均匀沉降；当采用柱下条形基础仍不能满足强度或刚度要求时，可采用十字交叉基础。

地基条件较好时，多层砌体结构一般采用墙下条形基础，混凝土剪力墙结构在荷载不大且地基条件较好时，也可采用墙下条形基础。

(2) 筏形基础与箱形基础 当房屋层数较多或地基较软弱时，可采用筏形基础和箱形基础。筏形基础以整个房屋下大面积的片筏与地基接触，可分散上部结构的基底压力以传递较大的上部荷载。筏形基础可以做成梁板式或者板式。板式筏基厚度大、用料多、刚度相对较小，但施工方便，实际工程中使用较多；梁板式筏基则折算板厚小、混凝土用料省（钢筋并不节省）、刚度较好，然而施工麻烦、工序繁多，一般需做成梁上翻的形式，至少需要浇筑两次才能完工，且用于地下室底板时需处理上翻梁之间的地面。

箱形基础是在筏板上增设顶板和内外壁组成刚度很大的空间盒子，用于筏板刚度难以满足要求、上部结构对地基不均匀变形敏感的基础。它具有比上述各种基础都强很多的刚度和整体性。姑且不论混凝土与钢材的用量，由于内部存在数量众多且间距较小的混凝土隔板，箱形基础形成的地下室空间狭小，难以利用，故近年采用箱形基础的建筑越来越少。考虑上部结构刚度与地基基础的共同作用，多数观点认为筏形基础也可获得足够的刚度。

(3) 柱下钢筋混凝土独立基础构造

① 独立基础的外形尺寸。轴心受压基础的底板平面一般采用正方形，偏心受压基础的底板平面一般采用矩形，其长边与短边之比不宜大于 3，其边长宜为 100mm 的倍数。基础高度按受冲切承载能力和柱内纵向钢筋在基础内的锚固长度的要求确定，一般为 100mm 的倍数。阶梯形基础的每阶高度宜为 300～500mm，阶数可按下列规定采用：$h<500$mm时为一阶；h 为 500～900mm 时为两阶；$h>900$mm 时为三阶，阶梯形基础的外边线应在自柱边算起的 45°线以外，如图 3.1 所示，一般要求基础台阶宽高比应小于或等于 2.5。锥形基础的边缘高度不应小于 200mm，如图 3.2 所示。锥形基础顶面的坡度可根据浇灌混凝土时能保持基础外形的条件确定，一般情况不宜大于 1∶3。

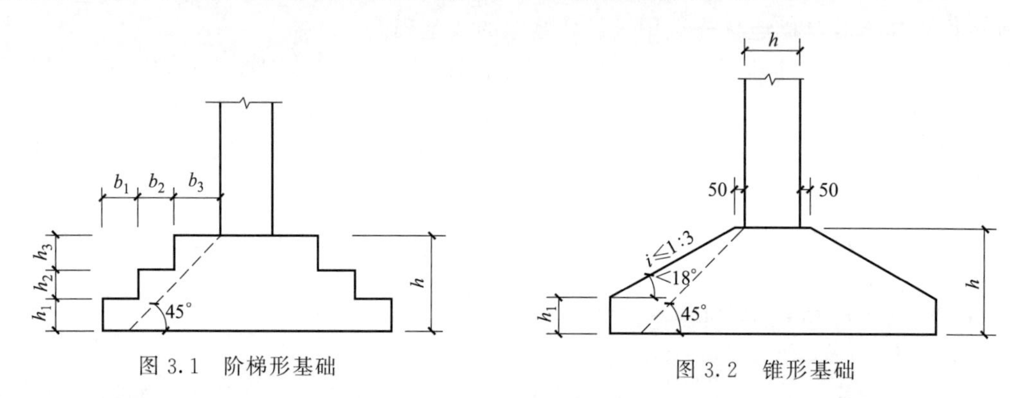

图 3.1　阶梯形基础　　　图 3.2　锥形基础

② 基础的配筋要求。底板受力钢筋的最小直径不宜小于 10mm；间距不宜大于 200mm，也不宜小于 100mm。底板受力钢筋为构造配筋时，一般采用 ϕ10～12mm，间距为 200mm 的钢筋网应满足基础受力钢筋最小配筋率要求。底板边长 b 不小于 2.5m 时，底板受力钢筋的长度可取边长或宽度的 0.9 倍，并交错布置（图 3.3)。

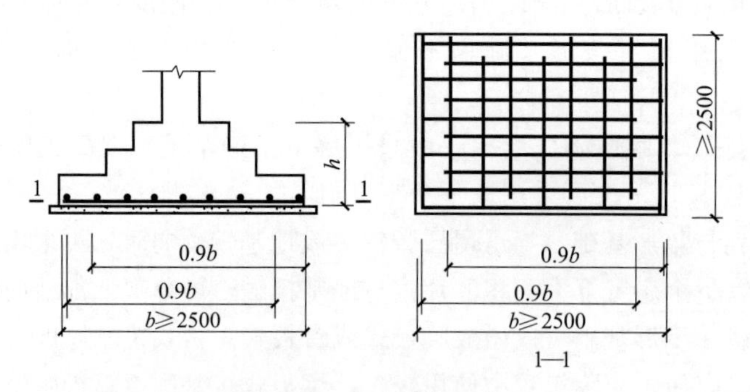

图 3.3　基础底板钢筋

(4) 墙下钢筋混凝土条形基础构造

① 条形基础的外形尺寸。砌体承重墙下钢筋混凝土条形基础按外形不同可分为无纵肋条形基础［图 3.4 (a)］和有纵肋条形基础［图 3.4 (b)］两种，后者适用于需要加强条形基础整体刚度的情况。

无纵肋条形基础的高度 h 应按剪切计算确定。一般要求 h 不小于 300mm 且 $h>(1/8\sim1/7)\ b$，其中 b 为基础宽度。条形基础的高度 h 尚应不小于 0.4 倍外挑悬臂长度 a（即 $a\leqslant2.5h$）。当 b 小于 1500mm 时，基础高度可做成等高度；当 b 大于 1500mm 时，可做成变高度，且板的边缘处高度不宜小于 200mm、坡度不大于 1∶3。

有纵肋条形基础一般用于墙下的地基土质不均匀或沿基础纵向荷载分布不均匀时，纵肋可抵抗不均匀沉降和加强条形基础的纵向抗弯能力。纵肋的宽度取墙厚加 100mm。当悬挑长度小于或等于 750mm 时，基础的翼板可做成等高度；变高度翼板的边缘高度不应小于 200mm，且坡度不大于 1∶3。

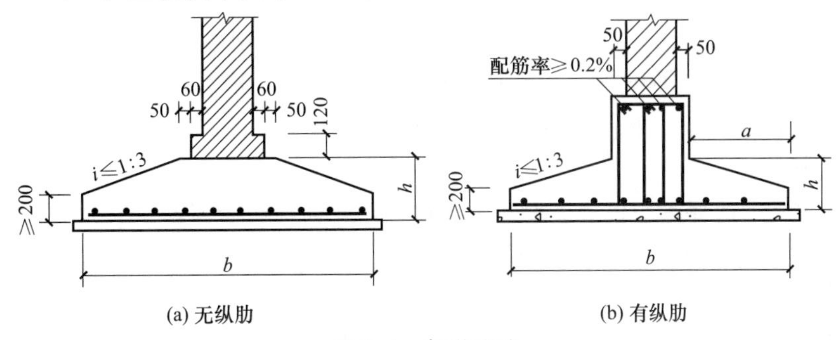

图 3.4　条形基础

② 基础的配筋。墙下条基的横向受力钢筋宜采用 HRB335 及 HRB400 级钢筋，其直径不小于 10mm，钢筋间距不大于 200mm，且配筋率不小于 0.15%。墙下条形基础的纵向钢筋一般按构造配置为 ϕ8～12mm，间距不大于 250mm。有纵肋条形基础，当肋宽大于 350mm 时，肋内应配置四肢箍筋；当肋宽大于 800mm 时，应配置六肢箍筋。箍筋一般为 ϕ6～8mm，间距为 200～400mm，纵肋内的纵向受力钢筋一般上下相同配置，其配筋率应满足受弯构件最小配筋率要求。当底板宽度 b 不小于 2.5m 时，底板的横向受力钢筋长度 L 可按 0.9b 交错布置。条形基础的 T 形和十字形交接处，翼板横向受力钢筋仅沿一个主要受力轴方向通长放置，而另一轴向的横向受力钢筋，伸入主要受力轴方向底板宽度 1/4 即可（图 3.5）。L 形拐角处，其底板横向受力钢筋应沿两个轴向通长放置，分布钢筋在主要受力轴向通长放置，而另一轴向的分布钢筋可在交接边缘处断开。

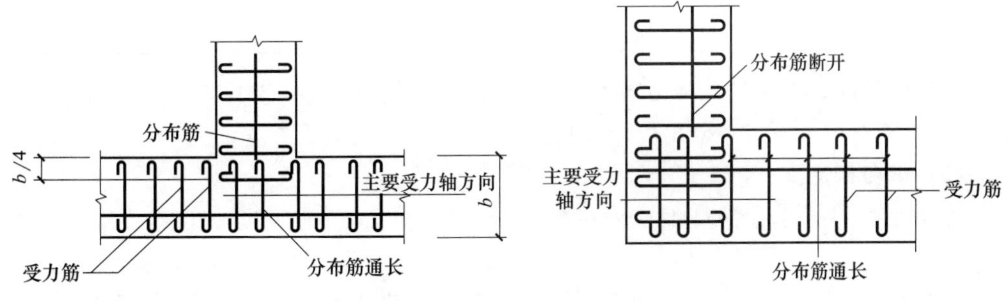

图 3.5　条形基础底板钢筋布置

3.1.3　桩基础设计与构造

当上部结构荷载大且地基软弱、坚实土层距基础底面较深、采用其他基础形式可能导致沉降过大而不能满足要求，也不宜采用地基处理等措施时，常采用桩基础。近年来，随着生产力水平的提高和科学技术的发展，桩的种类和形式、施工机具、施工工艺以及桩基础设计理论和设计方法等，都在飞速发展。

(1) 桩基础分类 桩基础是以桩侧摩阻力和桩端阻力传递上部荷载给下部土层的，根据侧摩阻力与桩端阻力的比例可分为摩擦桩和端承桩两类。摩擦桩主要通过桩侧面与土层的剪力传递并扩散荷载至下部地基，适用于软弱土层较深的情况；端承桩主要通过桩端阻力传递荷载至下部地基，适用于软弱土层下不深处有坚实土层的情况。

根据施工方法的不同，桩可分为预制桩和灌注桩两类。预制桩是将桩预制再通过打桩机打入、压入地基，由于起吊、运输、贯入的需要，预制桩一般用钢量较大且费用较高；灌注桩则是通过现场机械钻孔或打入钢管成孔，然后再浇筑混凝土制作的桩，由于桩身配筋量少，灌注桩一般造价较低且便于控制桩长，但同等直径的承载力及成桩质量可能不如预制桩。

(2) 布桩的一般要求 桩的类型较多，桩型选用时应综合考虑工程地质与水文条件、上部结构类型、使用功能、荷载特征、施工技术条件与环境因素，合理确定桩型。布桩时，应注意使桩顶受荷尽量均匀；应尽可能使上部结构传给桩顶的永久荷载重心与桩群形心重合，并使桩基在受水平力和弯矩较大方向有较大的抵抗矩。桩宜布置于墙、柱下或尽量靠近墙柱。建筑物的四角、转角、内外墙和纵横墙交叉处应布桩，但横墙较密的多层建筑，纵墙也可在与内横墙交叉处两侧布桩，门窗洞口范围内应尽量避免布桩。

框架柱一般按各柱荷载大小分别集中布桩；框架柱与地下室钢筋混凝土墙连接时，可沿墙下均匀布桩。

桩的最小中心距应符合表3.1的规定。对于大面积桩群，尤其是挤土桩，桩的最小中心距宜按下表中所列值适当加大。

表3.1 桩的最小中心距

序号	土类与成桩工艺		排数超过三排(含三排)桩数超过9根(含9根)的摩擦型桩基基础	其他情况
1	非挤土和部分挤土灌注桩		$3.0d$	$2.5d$
2	挤土灌注桩	穿越非饱和土	$3.5d$	$3.0d$
		穿越饱和土	$4.0d$	$3.5d$
3	挤土预制桩及打入式敞口管桩		$3.5d$	$3.0d$

确定桩长时，桩端进入持力层的深度，对黏性土、粉土不宜小于$2d$，砂土不宜小于$1.5d$，碎石类土不宜小于$1d$。预制桩的桩长应计入破桩头长度。

(3) 承台构造

① 承台尺寸。承台的高度应满足抗冲切、抗剪切、抗弯强度和上部结构的要求，且需考虑桩与柱、墙钢筋的相互锚固。承台最小宽度不应小于500mm。承台边缘至桩中心的距离不宜小于桩的直径或边长，且桩外边缘至承台边缘距离一般不应小于150mm。对于条形承台梁，桩外边缘至承台梁边缘距离不应小于75mm。墙下条形承台梁的厚度不应小于300mm。柱下承台为阶梯形或锥形时，承台边缘的厚度不应小于300mm，其余构造要求同柱下独立基础。

② 承台形式。墙下条形承台梁的布桩可沿墙轴线单排布置或双排成对、双排交错布置。空旷、高大的建筑物，如食堂、礼堂等，不宜采用单排布桩条形承台。柱下承台

平面可为方形、矩形、圆形或多边形。当承受轴心荷载时，可用行列式或梅花式等距布桩；承受偏心荷载时，布桩可不等距，但须与重心轴对称。柱下桩基承台的常用形式如图 3.6 所示。当桩为大直径桩（d 不小于 800mm）时，可采用一柱一桩的单桩承台。

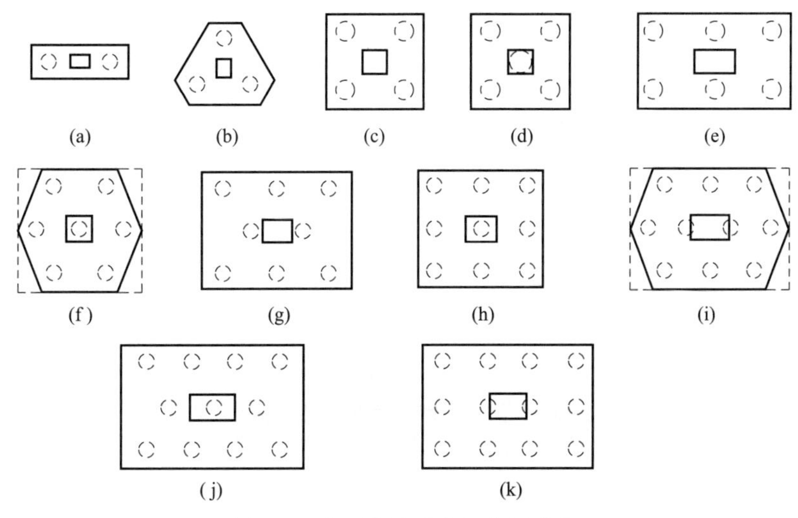

图 3.6 柱下桩基承台的常用形式

③ 承台的配筋构造。承台梁的纵向主筋直径不宜小于 12mm，架立筋直径不宜小于 10mm，箍筋直径不应小于 6mm，配筋示意如图 3.7 所示。

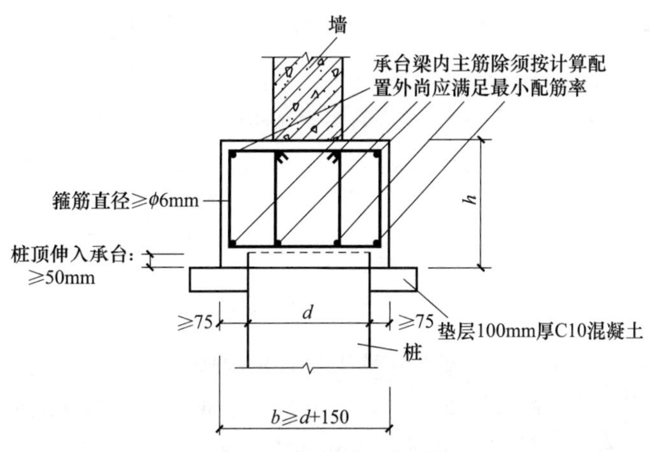

图 3.7 承台梁配筋示意

柱下承台的受力钢筋应通长配置。圆形、多边形、方形和矩形承台配筋宜按双向均匀布置，钢筋直径不宜小于 10mm，间距不宜大于 200mm，也不宜小于 100mm。对三角形三桩承台，应按三向板带均匀配置，最里面三根钢筋相交围成的三角形应位于柱截面范围以内（图 3.8）。承台的纵向受力钢筋的最小配筋率不宜小于 0.15%。钢筋锚固长度自边桩内侧（当为圆桩时，取 $0.886d$）算起，锚固长度按充分利用钢筋的抗拉强度设计值确定。锚固长度不足时，钢筋可向上弯折，弯折段长度不小于 10 倍钢筋直径。

桩顶嵌入承台底板的长度：桩径 250～800mm 时，不宜小于 50mm，对大直径桩及主要承受水平力的桩，不宜小于 100mm。桩顶主筋应伸入承台内，其锚固长度不应小于受

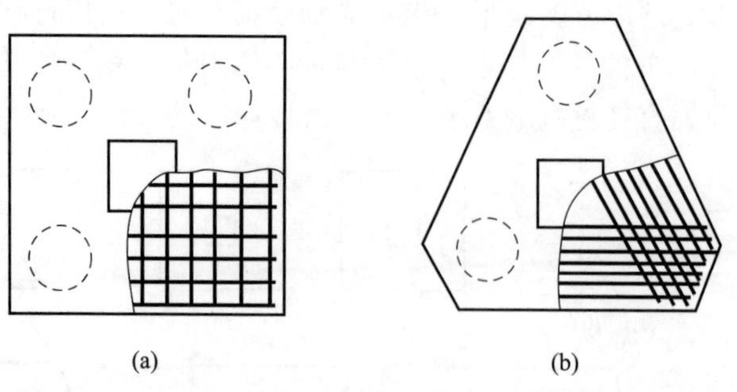

图 3.8　方形承台和三角形三桩承台配筋示意

拉钢筋最小锚固长度。

3.2 基础建模

3.2.1 扩展基础建模

(1) 独立基础建模　“结构”选项卡→“基础”面板→“独立”，如图 3.9 所示。

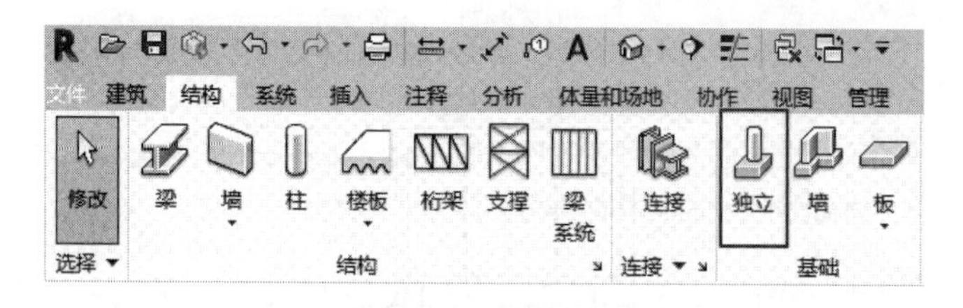

图 3.9　独立基础建模

启动命令后，在属性面板类型选择器下拉菜单中选择合适的独立基础类型，如果没有合适的尺寸类型，可以在属性面板“编辑类型”中通过复制的方法创建新类型，如图 3.10 所示。如果没有合适的族，可以载入外部族文件。

在放置前，可对属性面板中“标高”和“自标高的高度偏移”两个参数进行修改，调整放置的位置。下面对“属性”面板中的一些参数进行说明。

“约束”：“标高”——将基础约束到的标高，默认为当前标高平面；“主体”——将独立板主体约束到的标高；“自标高的高度偏移”——指定独立基础相对其标高的顶部高程，正值向上，负值向下。

“尺寸标注”：“底部高程”——指示用于对基础底部进行标记的高程，只读不可修改，它报告倾斜平面的变化；“顶部高程”——指示用于对基础顶部进行标记的高程，只读不可修改，它报告倾斜平面的变化。

类似结构柱的放置，独立基础的放置有三种方法。

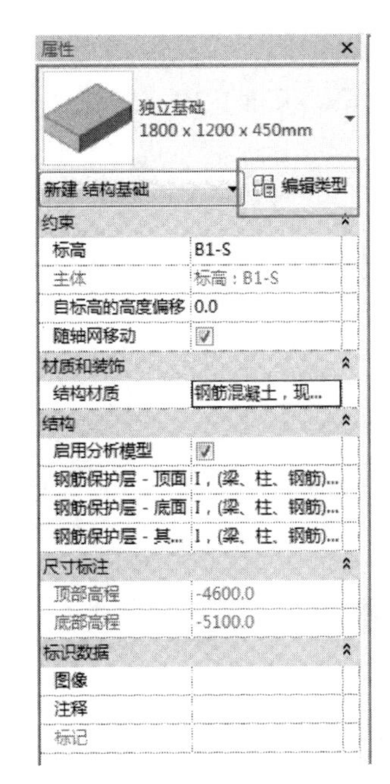

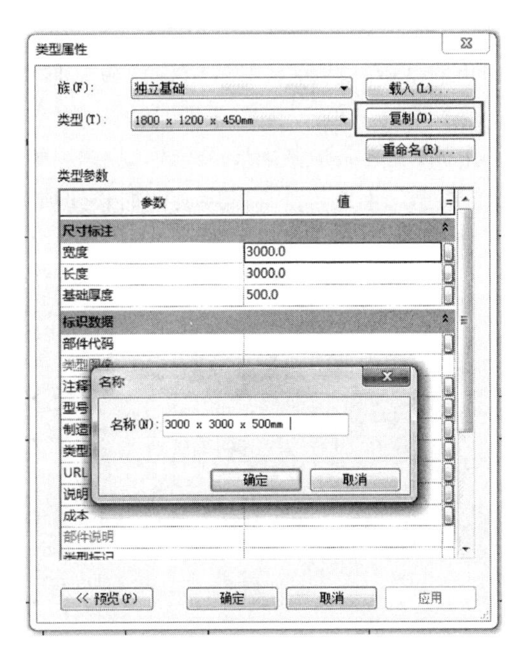

图 3.10　独立基础类型属性

方法 1：在绘图区点击“直接放置”，如果需要旋转基础，可在放置前勾选选项栏中的“放置后旋转”，如图 3.11 所示。或者在点击鼠标放置前按“空格”键进行旋转。

图 3.11　放置后旋转

方法 2：点击“修改｜放置独立基础”选项卡→“多个”面板→“在轴网处”，如图 3.12 所示。选择需要放置基础的相交轴网，按住“Ctrl”键可以多个选择，也可以通过从右下往左上框选的方式来选中轴网。

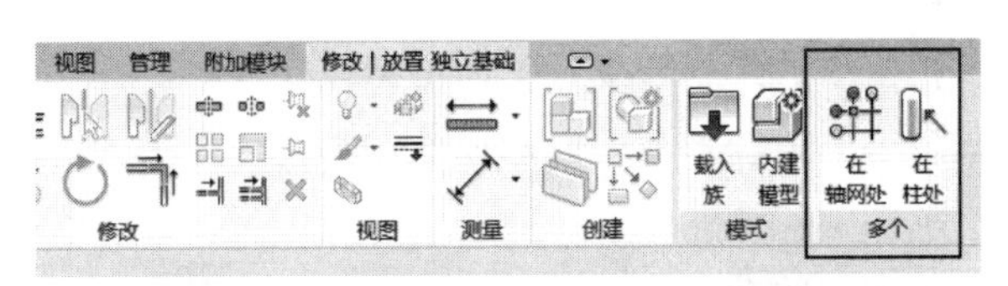

图 3.12　在轴网处或柱处放置基础

方法 3：点击“修改｜放置独立基础”选项卡→“多个”面板→“在柱处”，选择需要基础处的结构柱，系统会将基础放置在柱底端，并且自动生成预览效果，点击“√”完成放置。

(2) 条形基础建模　“结构”选项卡→“基础”面板→“墙”，如图 3.13 所示。

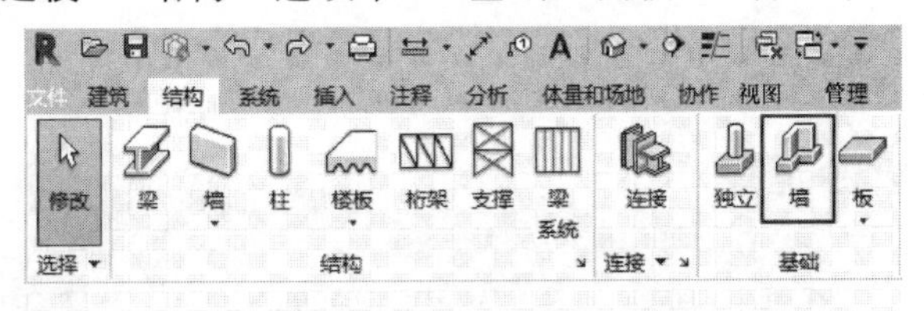

图 3.13　墙下条形基础建模

在“属性”面板类型选择器下拉菜单中选择合适的条形基础类型，主要有“承重基础”和“挡土墙基础”两种，默认结构样板文件中包含“承重基础 900×300”和“挡土墙基础 300×600×300”，如图 3.14 所示，用户可根据实际工程情况进行选择。

不同于独立基础，条形基础是系统族，用户只能在系统自带的条形基础类型下通过复制的方法添加新类型，不能将外部的族文件加载到项目中。点击“属性”面板中的“编辑类型”，打开“类型属性”对话框，点击“复制”，输入新类型名称，点击“确定”完成类型创建，然后在“编辑类型”对话框中修改参数，注意选择基础的结构用途，如图 3.15 所示。

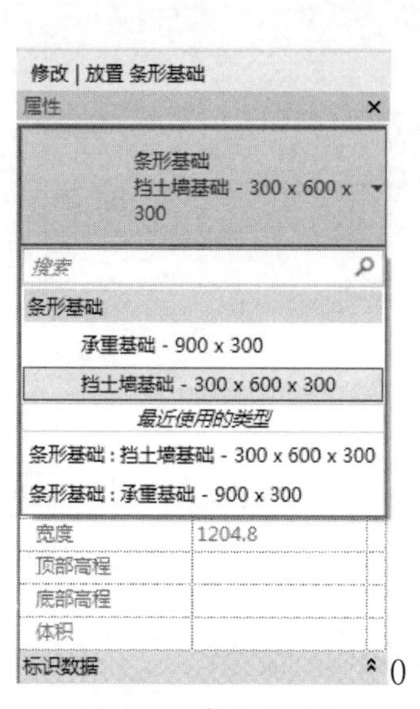

图 3.14 条形基础族

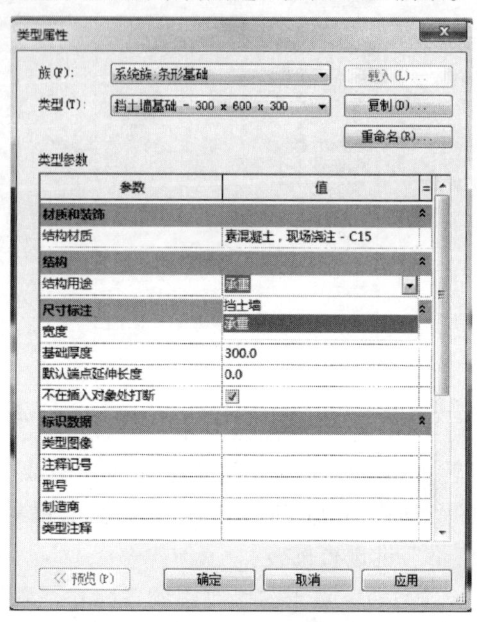

图 3.15 条形基础类型属性

下面对两种结构用途的各个类型参数进行说明。

①“坡脚长度”：挡土墙边缘到基础外侧面的距离。

②“跟部长度”：挡土墙边缘到基础内侧面的距离。

③“宽度”：承重基础的总宽度。

④“基础厚度”：基础的高度。

⑤“默认端点延伸长度”：表示基础将延伸到墙端点之外的距离。

⑥“不在插入对象处打断”：表示基础在插入点（如延伸到墙底部的门和窗等洞口）下是连续还是打断，默认为勾选状态。如图 3.16 所示。

条形基础是依附于墙体的，所以只有在有墙体存在的情况下才能添加条形基础，并且条形基础会随着墙体的移动而移动，如果删除条形基础所依附的墙体，则条形基础也会被删除。

3.2.2 桩基及承台建模

创建桩：选择“公制结构基础 .rft”族样板文件，点击“打开”，进入族编辑器，如图 3.17 所示。

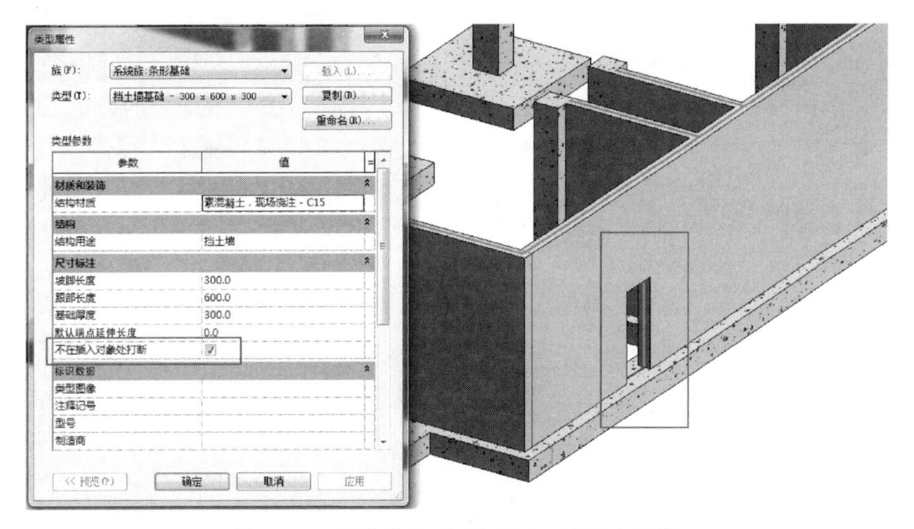

图 3.16　条形基础“不在插入对象处打断”

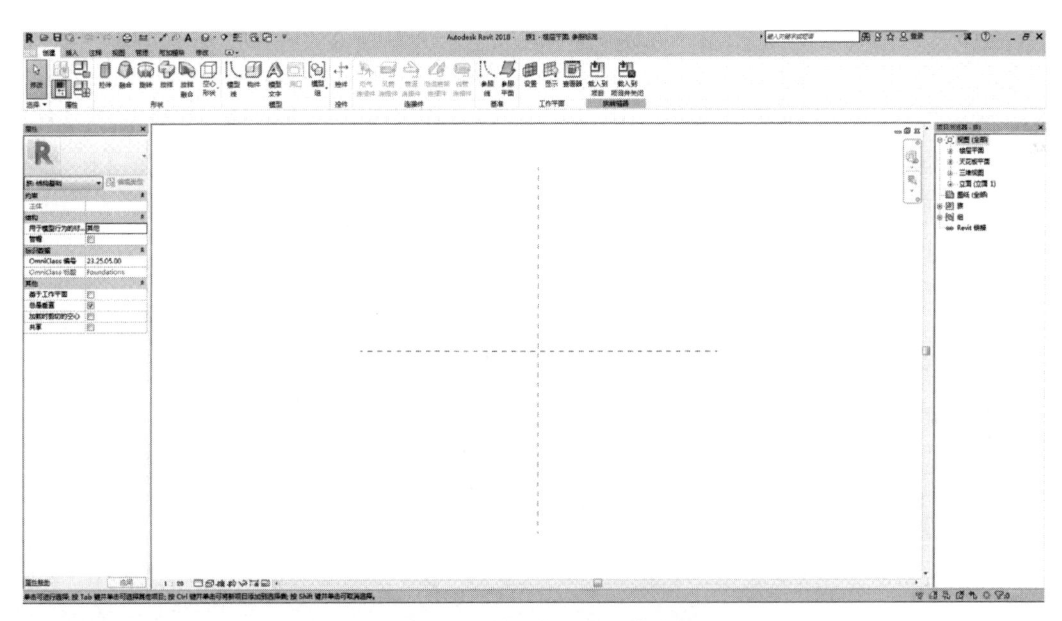

图 3.17　“公制结构基础”族编辑器

设置族类别和族参数：点击“创建”选项卡→“属性”面板→“族类别和族参数”，弹出“族类别和族参数”对话框。结构基础样板默认将族类别设为“结构基础”。将“用于模型行为的材质”改为“混凝土”，勾选“共享”，其余参数不做修改，如图 3.18 所示。

对话框中的参数，介绍如下。

①“基于工作平面”：勾选后，在放置基础时，可以放置在某一工作平面上，而不仅仅放置于标高平面上。

②“总是垂直”：程序默认为勾选，基础不能倾斜放置；若不勾选，基础相对于水平面可以有一定的角度。

③“加载时剪切的空心”：勾选后，当基础载入项目后，基础在被带有空心且基于

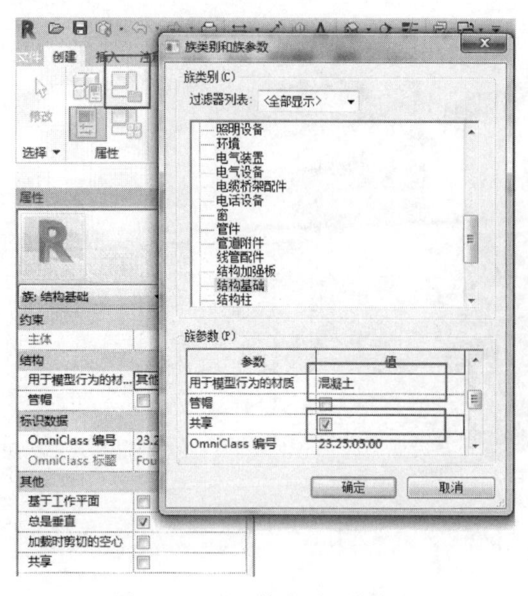

图 3.18 设置族类别和族参数

面的实体切割时，能够显示出被切割的空心部分。

④“用于模型行为的材质”：基础的材料类型，可以选择“钢”“混凝土”“预制混凝土”“木材”以及“其他”。

⑤“管帽”：勾选后，底面标高将会从基础的最高底面标高算起；若不勾选，底面标高从最低底面开始算起。

⑥“共享”：勾选“共享”选项，当这个族作为嵌套族载入到父族后，父族被载入到项目中后，勾上“共享”选项的嵌套族也能在项目中被单独调用。

设置族类型和参数：点击“创建”选项卡→“属性”面板→“族类型”，打开“族类型”对话框，在其中创建“桩径”“桩顶埋入承台长度”“桩长”“桩尖长度”“r”参数，并设为实例参数。在参数“r”公式中输入“桩径/2”，如图 3.19 所示。

图 3.19 设置族类型和参数

如果不锁定标记的尺寸标注，可以移动已受长度参数约束的参照平面或参照线，然后调整族。如果锁定该尺寸标注，则无法通过移动参照平面或参照线调整族。若要调整尺寸标注已锁定的族，必须在“族类型”对话框中修改该参数值。

创建参照线平面：在“参照标高”视图中，点击“创建”选项卡→“基准”面板→“参照线”，绘制圆形参照线，添加直径的尺寸标注，并与参数“桩径”关联。然后绘制与圆形参照线左右两端相切的参照平面，添加尺寸标注并与参数“r”相关联，如图 3.20 所示，这两个参照平面用来控制桩径。

快捷键：“RP”。

在“前立面”视图中，绘制参照平面，并添加尺寸标注，然后将标注与“桩尖长度”“桩长”“桩顶埋入承台长度”参数相关联，如图 3.21 所示。

在平面视图中绘制桩截面。进入“参照标高”视图，使用“拉伸”命令，在“绘图”面板选择“圆形”。

绘制图形并与圆形参照线对齐锁定。对齐锁定时，使用对齐

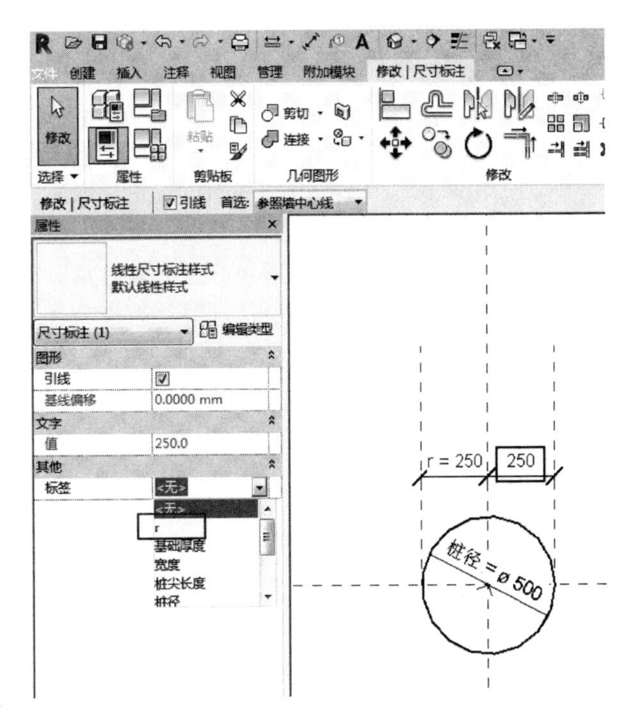

图 3.20　添加尺寸标注并关联参数

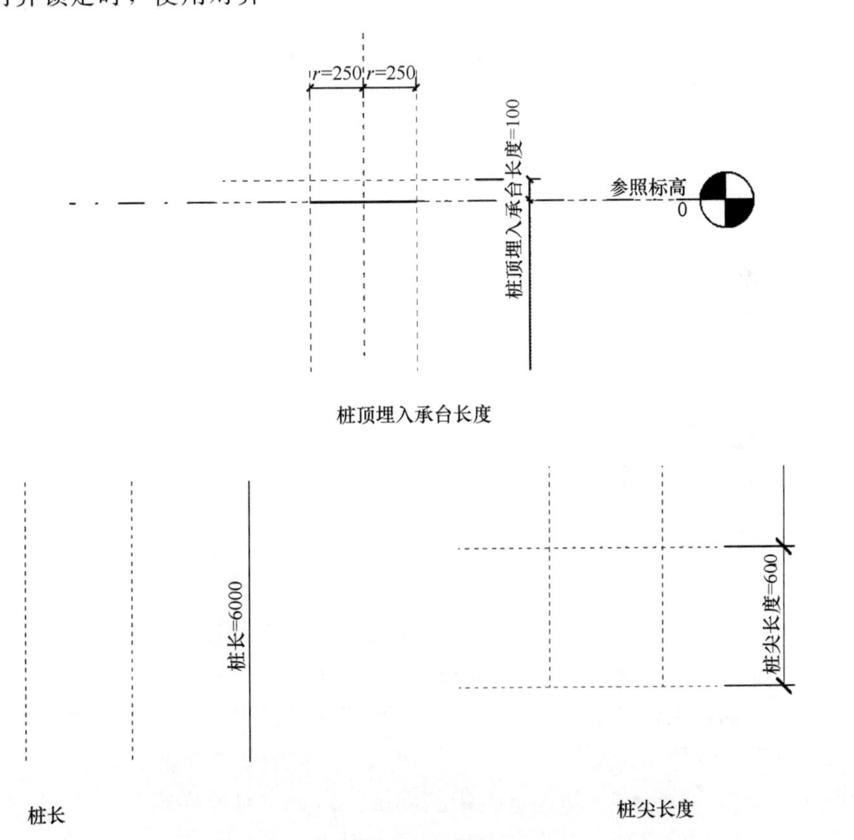

图 3.21　添加尺寸且关联参数

命令（快捷键："AL"），先点击参照线，显示参照线被选中，之后点击拉伸的圆形，两者便对齐，将锁形图标锁闭，完成锁定，如图 3.22 所示。之后点击图标"√"，完成拉伸形状的创建。

将两侧的参照平面和拉伸的圆形对齐锁定，先点击参照平面，选中后点击拉伸的圆与参照平面的切点，出现锁定图标后锁定。同理另一侧也对齐锁定，如图 3.22 所示。

进入前立面视图，将拉伸形状的上下端与相应的参照平面对齐锁定。

创建桩尖：在前立面视图中，点击"创建"选项卡→"形状"面板→"旋转"，弹出"工作平面"对话框，在"名称"右侧的下拉菜单中，选择"参照平面：中心（前/后）"，如图 3.23 所示。

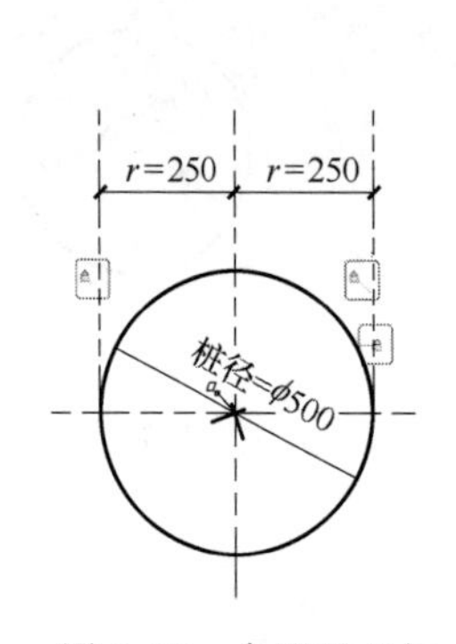

图 3.22　参照平面与拉伸的圆形对齐锁定

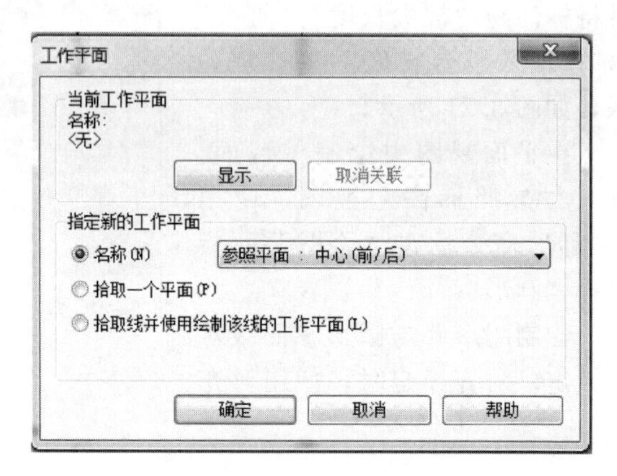

图 3.23　选择工作平面

然后，功能区会显示"修改｜创建旋转"上下文选项卡，包含了创建旋转的命令，默认选择了"边界线"，如图 3.24 所示。

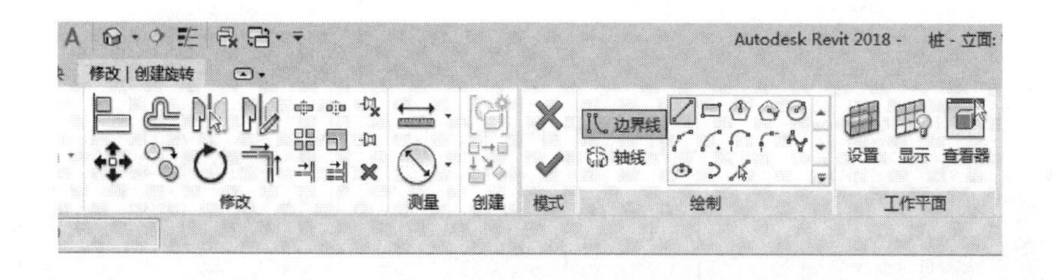

图 3.24　创建旋转"边界线"

完成旋转需要创建边界和轴线：先创建边界线，在绘图区域绘制如图 3.25 所示形状之后绘制轴线，点击图标"√"，完成创建，如图 3.25 所示。

添加子类别：点击"管理"选项卡→"设置"面板→"对象样式"，打开"对象样式"对话框，点击"修改子类别"一栏中"新建"，在弹出的"新建子类别"对话框名称一栏中输入"桩"，如图 3.26 所示。点击"确定"回到"对象样式"对话框，此时可以看到新创建的"桩"子类别，点击"确定"完成创建。

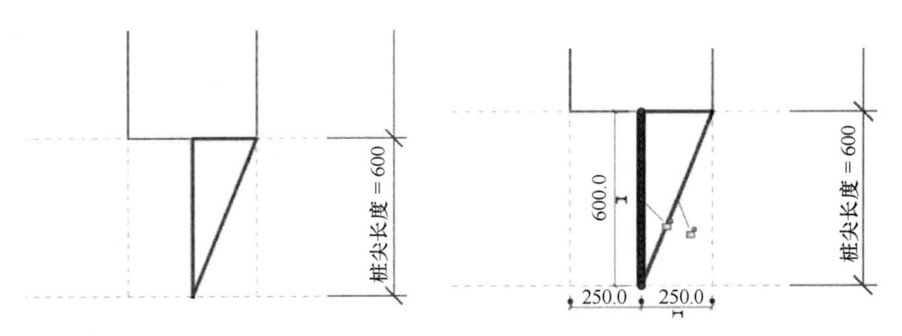

图 3.25　创建边界和轴线

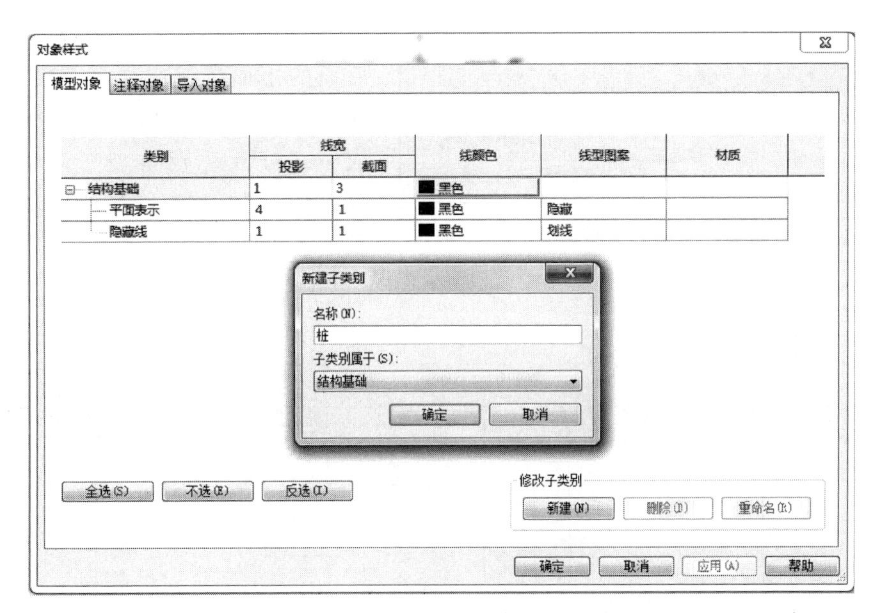

图 3.26　对象样式新建桩子类别

之后，在任意视图中，选中桩的全部实体，即桩和桩尖，在“属性”面板中，将子类别选择为“桩”。

创建承台：选择“公制结构基础 .rft”族样板。点击“创建”选项卡→“属性”面板→“族类别和族参数”，弹出“族类别和族参数”对话框。结构基础样板默认将族类别设为“结构基础”。将用作“模型行为的材质”改为“混凝土”，其余参数不做修改。点击“创建”选项卡→“属性”面板→“族类型”，打开“族类型”对话框，在其中创建“桩边距”“承台厚度”类型参数，再创建与准备嵌套的桩族参数相关联的“桩尖长”“桩长”“桩顶埋入承台尺寸”和“桩径”类型参数，并输入参数值，如图 3.27 所示。

创建形状：进入“参照标高”视图，在绘图区绘制参照平面并添加尺寸标注。然后使用“拉伸”命令绘制截面形状，并与参照平面对齐锁定，如图 3.28 所示。转到前立面视图，绘制参照平面并添加尺寸标注，然后将拉伸形状的上下边缘和相应的参照平面对齐锁定，如图 3.29 所示。

添加子类别“承台”，将承台的实体选中后，在“属性”对话框中设置“子类别”为“承台”。

图 3.27　桩的族类型参数

载入桩族：在承台的族编辑器中载入桩族，放置在对应位置。在平面视图中，将桩对齐锁定到定位桩轴心的参照平面上，如图 3.30 所示。

选中桩，在“属性”面板中，将桩的实例参数与承台族中的参数相关联，点击参数一栏最右侧的矩形按钮，如图 3.31 所示。弹出“关联族参数”对话框，选择要关联的族参数。完成关联的实例参数变为灰色，后面的矩形按钮中显示有两条横杠，此时不可修改数值。将参数关联完成后，打开“族类型”对话框，修改桩的参数，便会发现桩的尺寸会发生改变。

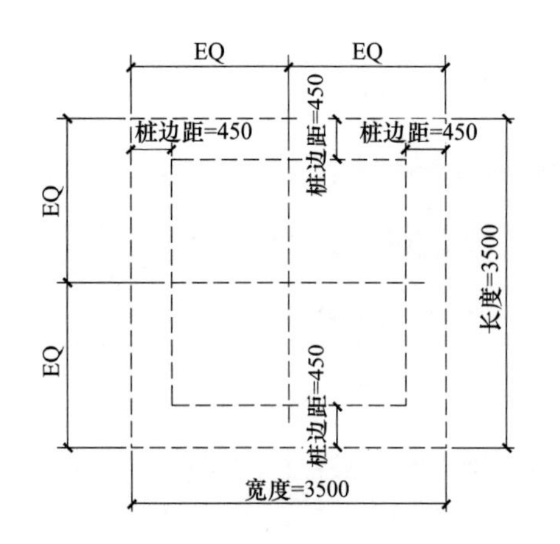

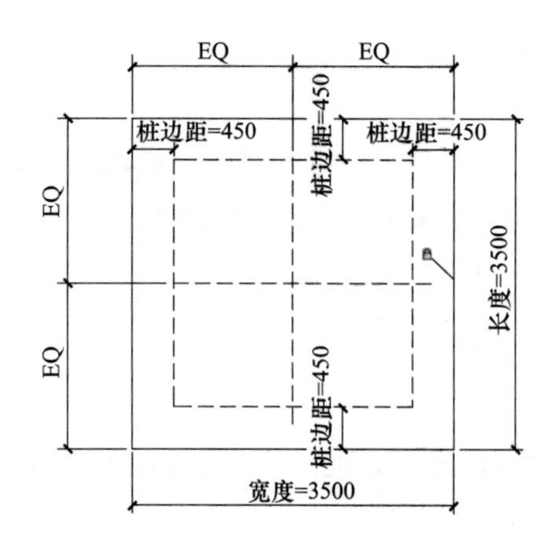

图 3.28　绘制参照平面、添加尺寸并对齐锁定

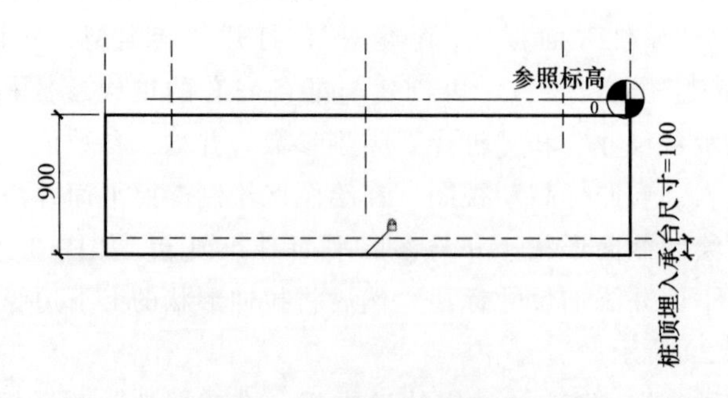

图 3.29　拉伸并对齐锁定

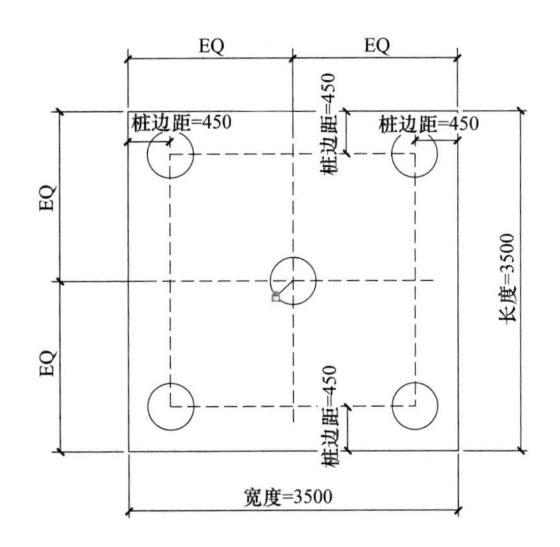

图 3.30　载入桩族并对齐锁定桩

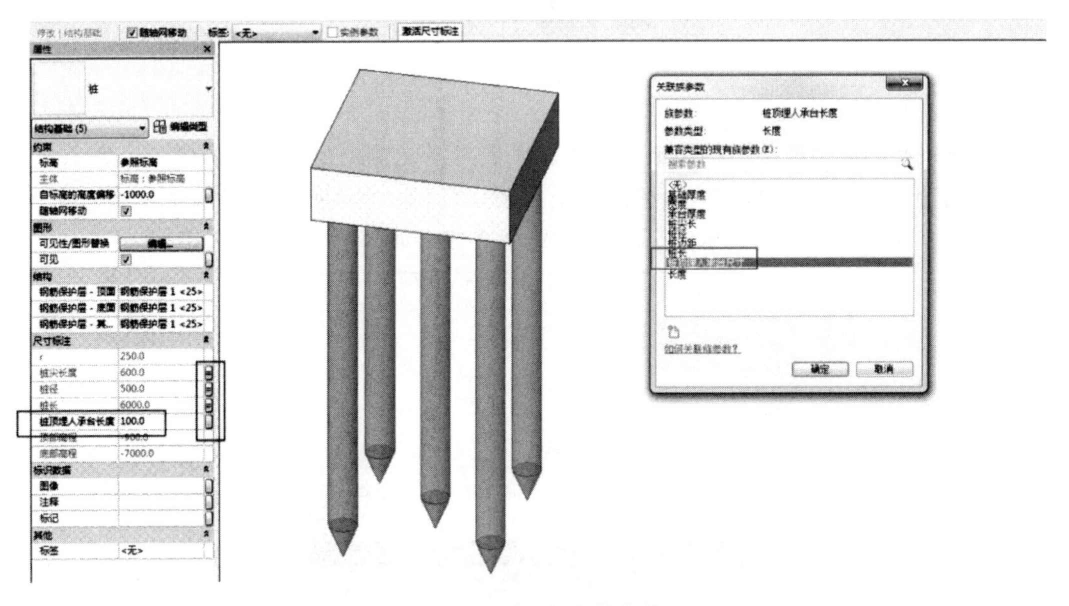

图 3.31　关联桩的族参数

3.3　地下室结构设计概要

多/高层房屋的下面一般设有地下室：一是出于使用要求，建筑往往需要大面积的停车场，设置地下停车库是合理选择，另外将仓库、设备用房等附属用房设于地下，以减少对地上建筑面积的占用自然也是合理的；二是出于结构的考虑和需要。设置地下室可减轻基底压力、增加房屋抗倾覆能力和改善房屋的抗震性能。设置地下室可从地基中挖出所需要深度的土方，则基底处相当于减少了相应土重的压力。设置10m深的地下室相当于基底处减少了约200kPa的压力（土重度按20kN/m^{3}估算）。如果上部建筑标楼层荷载按每平方米15kN估算，减少的基底压力相当于约13层楼的荷载。

地下室设计一般要求：对于半地下室的埋深应大于地下室外地面以上的高度，总高度才能从室外地坪算起；地下室的墙柱与上部结构的墙柱要协调统一；地下室顶板室内外板面标高变化处，当标高变化超过梁高范围时则形成错层，未采取措施不应作为上部结构的嵌固部位。规范明确规定作为上部结构嵌固部位的地下室顶板应采用梁板结构，地下室顶板为无梁楼盖时不应作为上部结构嵌固部位。

地下室结构基本为钢筋混凝土构件，包括地下室底板、侧墙和顶板，多层地下室还有中间隔板。地下室侧墙除承担竖向荷载外，还需承担地下室外侧的水土压力。

3.4 地下室建模

地下室是四周由地下室外墙形成封闭、底板由混凝土板封闭的围合结构，在Revit中，采用“墙”族进行建模，选择混凝土材质，如图3.32所示。点击“结构”选项卡→“结构”面板→“楼板：结构”，绘制楼板边界线，如图3.33所示。

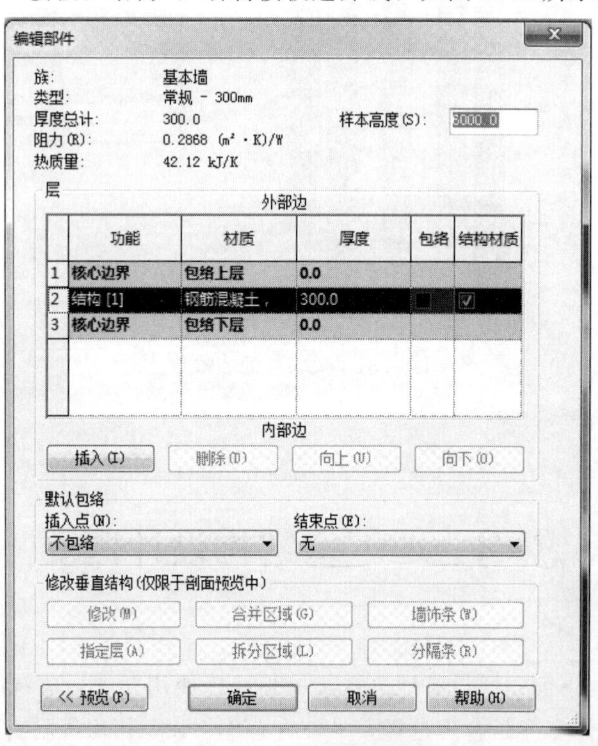

图3.32 地下室外墙编辑

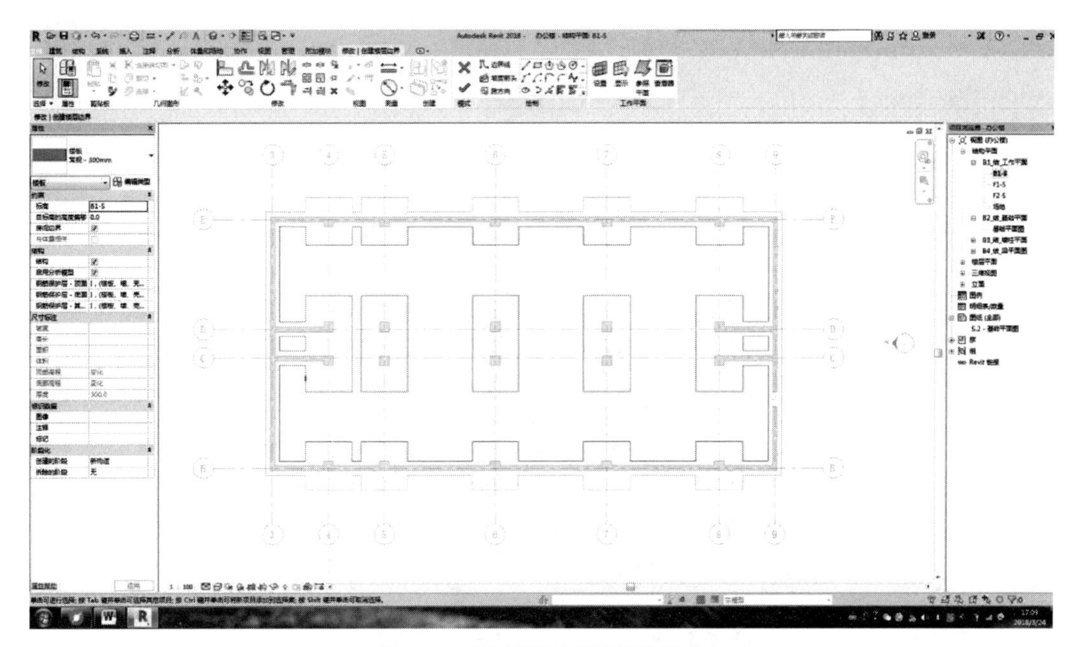

图 3.33 绘制地下室楼板边界线

第4章 结构基本构件的设计与建模

本章要点

介绍柱墙的设计、建模及施工图表达

介绍梁的设计、建模及施工图表达

介绍楼板的设计、建模及施工图表达

介绍楼梯的设计、建模

简要介绍结构钢筋的建模以及 Revit Extensions 插件

4.1 柱墙的设计与建模

4.1.1 结构柱墙的设计概要

柱与梁在空间双向刚接形成框架结构，是最基本的结构形式之一。框架结构适用于体型较规则、刚度较均匀、需要较大开敞空间的建筑。由于其抗侧刚度通常较差，因此并不适宜在地震区建造较高的框架结构。框架结构应具有必要的抗震承载力、刚度、稳定性、延性及耗能性。要合理控制框架的塑性铰区，掌握结构的屈服过程以及最后形成的屈服机制。框架结构抗震设计应遵守强柱弱梁、强剪弱弯、强节点弱构件、强压弱拉的原则。

高层建筑中剪力墙是一种有效的抗侧力构件，现浇剪力墙结构能保证结构的抗震要求，且震后也便于修复。剪力墙结构刚度大、宏观震害轻、施工简单、没有凸出墙面的梁柱，适用于居住建筑，目前大多数住宅采用剪力墙结构体系。

当结构较高或框架结构抗侧刚度不足时，可在适当部位设置剪力墙（一般优先考虑沿竖向交通空间布置），组成框架-剪力墙结构体系。该体系中框架主要承担竖向荷载，大部分水平荷载由剪力墙承担。剪力墙可以是单片墙体，也可以是由电梯井、楼梯井、管道井等形成的L形、T形或筒体结构。框架与剪力墙协同工作，提高了结构的刚度，减小了结构的侧向位移。框架-剪力墙结构具有多道防线的抗震性能，多遇地震时剪力墙对抗震起着主要作用；在本地区设防烈度的地震作用下，剪力墙的刚度有一定退化，地震作用由框架与剪力墙共同承受；当遭受高于本地区设防烈度的罕遇地震时，剪力墙刚度大幅度退化，但仍然具有一定的耗能作用，结构刚度降低将会减小地震作用，此时框架起保持结构稳定及防止倒塌的作用。框架-剪力墙结构是一种经济有效的抗风和抗震结构体系。

4.1.1.1 框架柱

(1) 框架柱的截面 框架柱的截面形式一般采用矩形、方形、圆形或多边形等。

截面宽度和高度：非抗震设计时均不宜小于250mm，抗震设计时抗震等级为四级或层数不超过2层时，其最小截面尺寸不宜小于300mm，一、二、三级抗震等级且层数超过2层时不宜小于400mm；圆柱的截面直径及多边形截面的内切圆直径非抗震设计及抗震等级为四级或层数不超过2层时不宜小于350mm；一、二、三级抗震等级且层数超过2层时不宜小于450mm；抗震设计时，错层处框架柱的截面高度不应小于600mm。截面长边与短边的比值不宜大于3。框架柱的截面宜满足$L_0/b<30$；$L_0/h<25$（L_0为柱的计算长度；b、h分别为柱截面宽度和高度）。框架柱的剪跨比宜大于2。

抗震设计时的各类结构的框架柱应控制其轴压比N/f_cA不大于抗震规范规定的限值，由轴压比、剪压比及受剪承载力共同控制柱截面尺寸。

(2) 框架柱的纵向钢筋 纵向受力钢筋的直径 d 不宜小于 12mm。柱中纵向钢筋的净间距不应小于 50mm，纵向受力钢筋中距不宜大于 300mm。纵向钢筋宜对称配置。抗震设计时，截面边长大于 400mm 的柱，纵向钢筋间距不宜大于 200mm。地下室柱截面每侧的纵向钢筋面积，除应满足计算要求外，不应少于地上一层对应柱每侧纵筋面积的 1.1 倍。柱纵向钢筋的绑扎接头应避开柱端的箍筋加密区。

全部纵向受力钢筋配筋率：对于非抗震设计不宜大于 5%，不应大于 6%；对于抗震设计不应大于 5%。当按一级抗震等级设计，且柱的剪跨比不大于 2 时，柱每侧纵向钢筋的配筋率不宜大于 1.2%。

框架柱全部纵向受力钢筋的最小配筋率应满足抗震规范及高层结构设计规范的相关规定，同时每一侧配筋率不应小于 0.2%。如一级抗震等级的框架结构中柱，采用 HRB400 级纵筋时，其总配筋量不小于 1.05%。

框架柱纵向钢筋连接优先采用机械连接，也可采用焊接或搭接连接，如图 4.1 所示。轴心受拉及小偏心受拉杆件的纵向受力钢筋不得采用绑扎搭接。其他构件中的钢筋采用绑扎搭接时，受拉钢筋的直径不宜大于 25mm，受压钢筋直径不宜大于 28mm。框架柱纵筋搭接位置应错开，同一截面内钢筋接头，不宜超过全截面钢筋总根数的 50%。当柱纵向钢筋总根数为 4 根时，可在同一截面搭接。在搭接接头范围内，箍筋间距不大于 $5d$（d 为柱的较小纵向受力钢筋直径），且不大于 100mm。

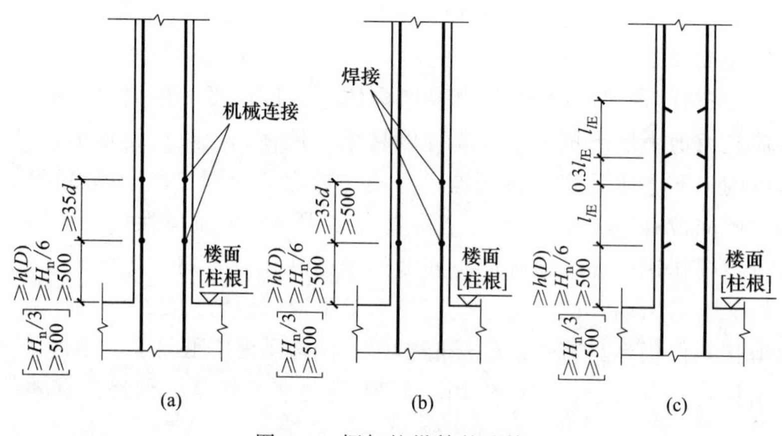

图 4.1 框架柱纵筋的连接

(3) 框架柱的箍筋 框架柱箍筋的形式如图 4.2 所示。柱中的周边箍筋应做成封闭式；对圆柱中的箍筋，搭接长度不应小于充分利用抗拉强度时的锚固长度 L_a，且末端应做成 135°弯钩，弯钩末端平直段长度不应小于箍筋直径的 5 倍。

箍筋加密范围及肢距：柱端取截面高度（圆柱直径）、柱净高的 1/6 和 500mm 三者的最大值；底层柱，柱根（注：柱根指框架底层柱的嵌固部位）不小于柱净高的1/3；刚性地面上下各 500mm；剪跨比不大于 2 的柱、因设置填充墙等形成的柱净高与柱截面高度之比不大于 4 的柱、框支柱、一级和二级框架的角柱、需提高变形能力的框架柱、错层柱，取全高；柱箍筋加密区箍筋肢距，一级不宜大于 200mm，二、三级不宜大于 250mm 和 20 倍箍筋直径的较大值，四级不宜大于 300mm；至少每隔一根纵向钢筋宜在两个方向有箍筋或拉筋约束；采用拉筋复合箍时，拉筋宜紧靠纵向钢筋并勾住箍筋。

框架柱加密区箍筋应满足最小体积配箍率，以确保其对核心区混凝土及纵筋的约束效果，提高柱的延性。

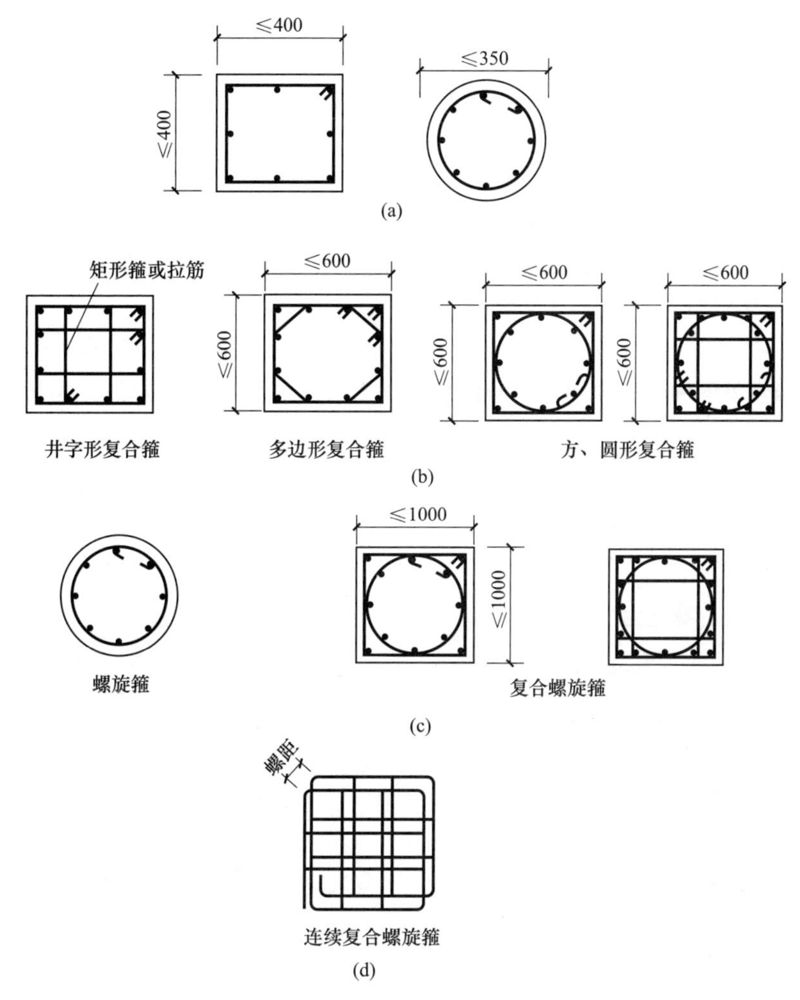

图 4.2　框架柱箍筋的形式

4.1.1.2　剪力墙

抗震设计的剪力墙墙肢截面的长度沿结构全高不宜有突变；剪力墙截面端部（不包括洞口两侧）宜设置翼墙或端柱，以提高剪力墙的承载力、变形能力和稳定性。剪力墙结构底部加强部位的高度取墙肢总高度的 1/10 和底部两层两者的较大值；房屋高度不超过 24m 时，底部加强部位的高度可取底部一层。剪力墙各层洞口宜上下对齐，形成明确的墙肢和连梁，依靠连梁耗散地震能量，以避免或减轻墙肢的破坏。

(1) 剪力墙截面尺寸　非抗震设计的钢筋混凝土剪力墙的厚度不应小于 140mm，且不应小于层高或无支长度的 1/25。抗震设计底部加强部位剪力墙的厚度：一、二级抗震等级不应小于 200mm，且不宜小于层高或无支长度的 1/16；三、四级不应小于 160mm，且不宜小于层高或无支长度的 1/20。当剪力墙两端无端柱或翼墙时（一字形独立剪力墙），一、二级抗震等级剪力墙的厚度不宜小于层高或无支长度的 1/12；三、四级不宜小于层高或无支长度的 1/16。抗震设计其他部位剪力墙的厚度；一、二级抗震等级不应小于 160mm，且不宜小于层高或无支长度的 1/20；三、四级不应小于 140mm，且不宜小于层高或无支长度的 1/25。当剪力墙两端无端柱或翼墙时，一、二级不宜小于层高或无支长度的 1/16；三、四级不宜小于层高或无支长度的 1/20。当无法满足以上要求的最小墙厚时，需对墙体稳定性进行核算。

(2) 剪力墙边缘构件 剪力墙的变形能力和耗能能力，除应满足计算和构造要求外，还与剪力墙墙肢边缘构件的设置、墙肢截面相对受压区高度、轴压比以及墙肢边缘构件的约束条件有关。因此，剪力墙轴压比超过限值时，在墙肢及洞口边设置约束边缘构件，以加强对墙肢受压区混凝土的约束，提高墙肢的延性；当剪力墙轴压比较小时，可仅设置构造边缘构件。约束边缘构件设置高度一般为底部加强部位及以上一层，其余高度范围设置构造边缘构件。

边缘构件的配筋应满足计算要求，同时还需满足构造要求的最小配筋面积及尺寸。图 4.3 为剪力墙常见的约束边缘构件配筋构造，图 4.4 为剪力墙构造边缘构件配筋构造。

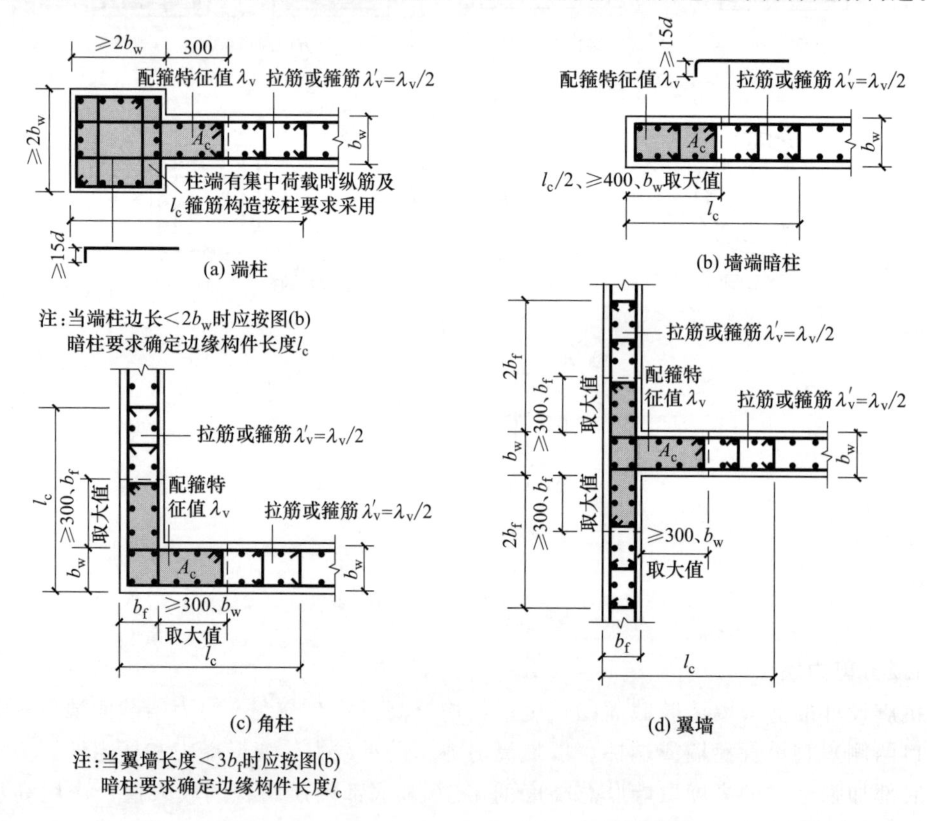

图 4.3 剪力墙常见的约束边缘构件配筋构造

(3) 剪力墙配筋构造 为保证裂缝出现后剪力墙仍有足够的承载力和延性，剪力墙的水平和竖向分布钢筋的配筋率除应满足承载力计算要求外，还须满足以下构造要求：一、二、三级抗震等级剪力墙的水平和竖向分布钢筋配筋率均不应小于 0.25；四级抗震等级剪力墙分布钢筋配筋率不应小于 0.2。对高度小于 24m 的四级抗震等级剪力墙，其竖向分布筋最小配筋率应允许按 0.15%采用。剪力墙水平和竖向分布钢筋的间距不宜大于300mm，直径不宜大于墙厚的1/10，且不应小于8mm；竖向分布钢筋直径不宜小于10mm。剪力墙厚度大于140mm时，应双排布筋。

剪力墙水平钢筋的连接一般采用搭接，转角处外侧钢筋一般弯折直通，在转角边缘构件外侧再搭接连接；纵向钢筋的连接构造要根据抗震等级和连接钢筋的直径区别对待，做法如图4.5所示。

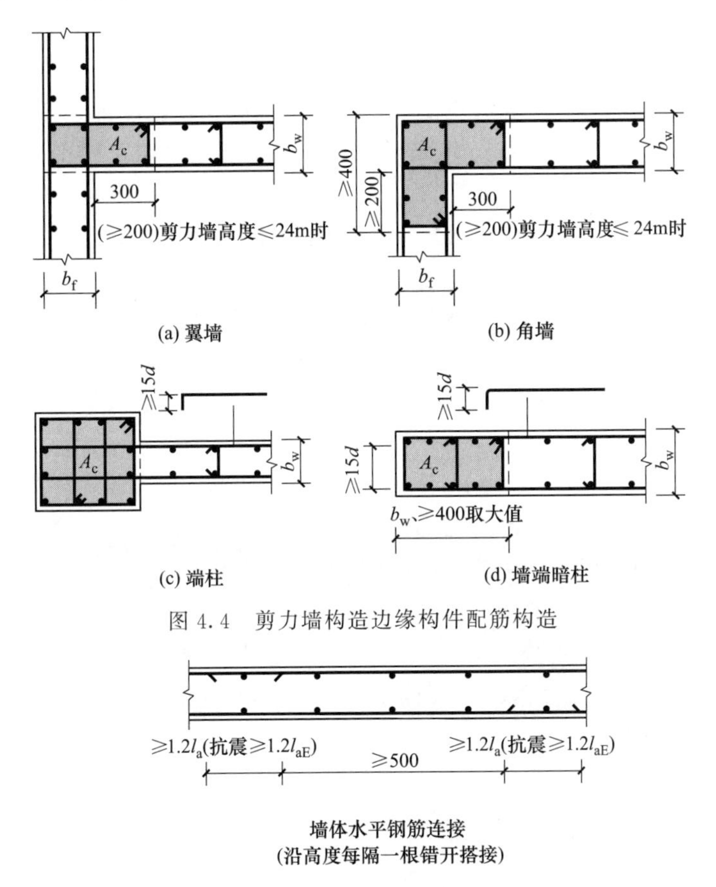

图4.4 剪力墙构造边缘构件配筋构造

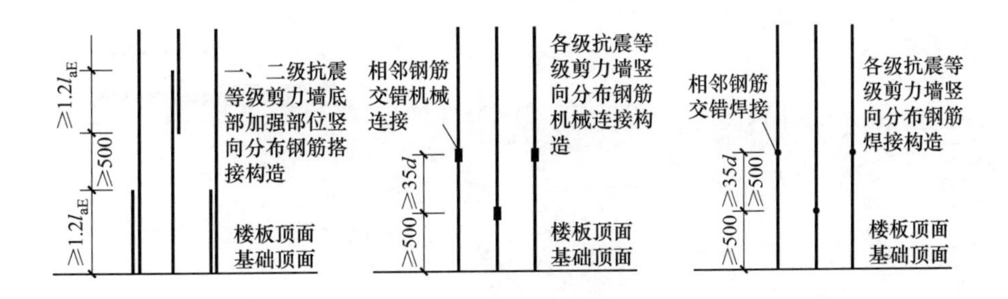

图4.5 剪力墙钢筋的连接

(4) 剪力墙连梁 墙开洞后形成的墙肢间的梁即为连梁，连梁跨度小而高度较大，导致其在水平荷载作用下的剪力很大。为了使剪力墙连梁在罕遇地震作用下首先出现屈

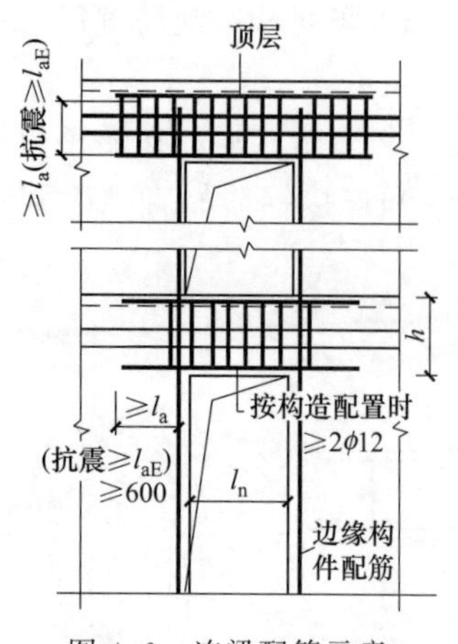

图 4.6　连梁配筋示意

服并形成塑性铰的耗能机构，抗震设计时对连梁刚度进行折减（或设水平缝形成双连梁）是保证连梁“强墙弱梁”的有效措施。

连梁高度范围内墙肢水平分布钢筋应在连梁内拉通作为连梁的腰筋。跨高比不大于 2.5 的连梁，连梁两侧腰筋的总面积配筋率应大于 0.3%。连梁高度大于 700mm 时，腰筋直径应不小于 8mm、间距不大于 200mm。顶层连梁纵向钢筋伸入剪力墙锚固长度范围内，应设置间距不大于 150mm 的箍筋，直径应与连梁内箍筋直径相同（图 4.6）。

4.1.2　结构柱的建模

结构柱创建：“结构”选项卡→“结构”面板→“柱”，在“属性面板”类型选择器中选择合适的结构柱类型进行放置，如图 4.7 所示。

图 4.7　结构柱创建

快捷键：“CL”。

柱类型，以创建“650×600mm”混凝土为例。在类型选择器中，选择任意类型的混凝土柱。点击“属性面板”中“编辑类型”，打开“类型属性”对话框，点击“复制”按钮，在弹出的“名称”对话框中输入新类型名称“650×600mm”。点击“确定”回到类型属性对话框，此时属性面板显示的类型就变成了新创建的“650×600mm”，修改尺寸参数，如图 4.8 所示。

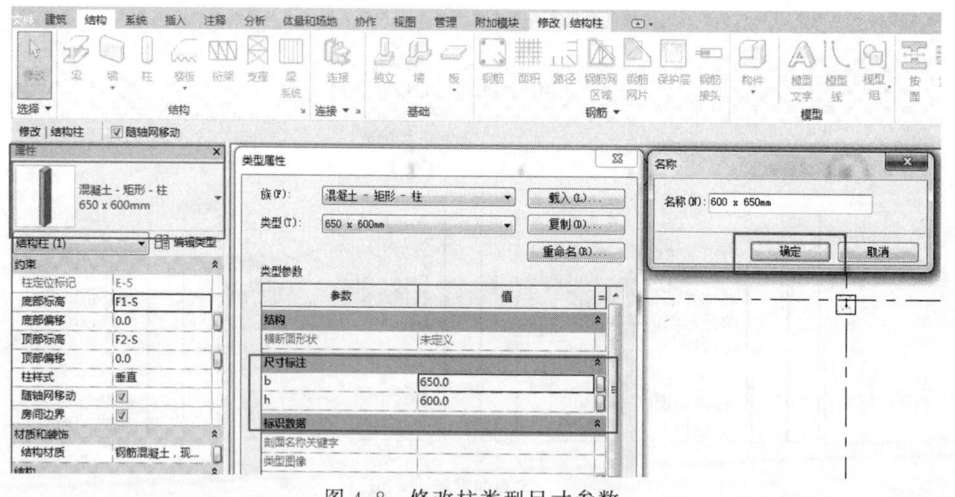

图 4.8　修改柱类型尺寸参数

结构柱放置：“修改 | 放置结构柱”选项卡→“放置”面板→“垂直柱”，如图 4.9 所示。

用户在属性面板中选择要放置的柱类型，并可对参数进行改。也可以在放置后修改

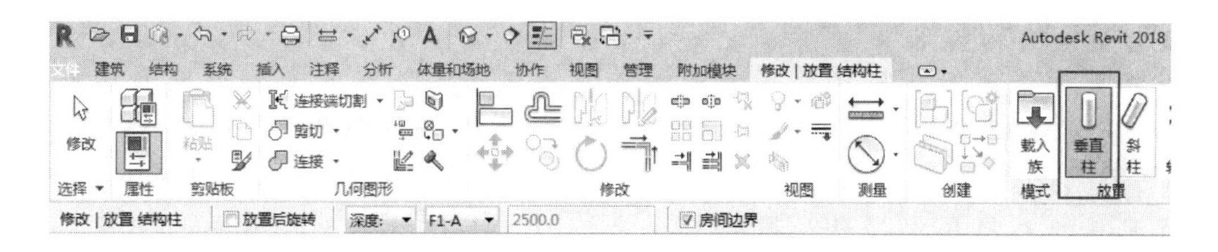

图 4.9　选择“垂直柱”

这些参数。柱属性面板如图 4.10 所示。结构柱实例参数的含义，详细介绍如下。

图 4.10　柱属性面板

(1)“约束”“柱定位标记”：项目轴网上垂直柱的坐标位置。

“底部标高”：柱底部标高的限制。

“底部偏移”：从底部标高到底部的偏移。

“顶部标高”：柱顶部标高的限制。

“顶部偏移”：从顶部标高到顶部的偏移。

“柱样式”：“垂直”“倾斜-端点控制”或“倾斜-角度控制”。制订可启用类型特有修改工具的柱的倾斜样式。

“随轴网移动”：将垂直柱限制条件改为轴网。结构柱会固定该交点处，若轴网位置发生变化，柱会跟随轴网交点的移动而移动。

“房间边界”：将柱限制条件改为房间边界条件。

(2)“材质和装饰”“结构材质”：定义了该实例的材质。

(3)“结构”“启用分析模型”：显示分析模型，并将它包含在分析计算中。默认情况下处于选中状态。

“钢筋保护层-顶面”：只适用于混凝土柱。设置与柱顶面间的钢筋保护层距离。

“钢筋保护层-底面”：只适用于混凝土柱。设置与柱底面间的钢筋保护层距离。

“钢筋保护层-其他面”：只适用于混凝土柱。设置从柱到其他图元面间的钢筋保护层距离。

“顶部连接”：只适用于钢柱。启用抗弯连接符号或抗剪连接符号的可见性。这些符号只有在与粗略视图中柱的主轴平行的立面和截面中才可见。

“底部连接”：只适用于钢柱。启用柱脚底板符号的可见性。这些符号只有在与粗略视图中柱的主轴平行的立面和截面中才可见。

(4)“尺寸标注”“体积”：所选柱的体积，该值为只读。

(5)“阶段化”“创建的阶段”：指明在哪一个阶段中创建了柱构件。

“拆除的阶段”：指明在哪一个阶段中拆除了柱构件。

4.1.3 柱族的创建

结构柱族建立：点击“应用程序菜单”→“新建”→“族”，弹出“新族-选择族样板”对话框。

选择“公制结构柱 . rft”族样板文件，点击“打开”，进入族编辑器，如图 4.11 所示。

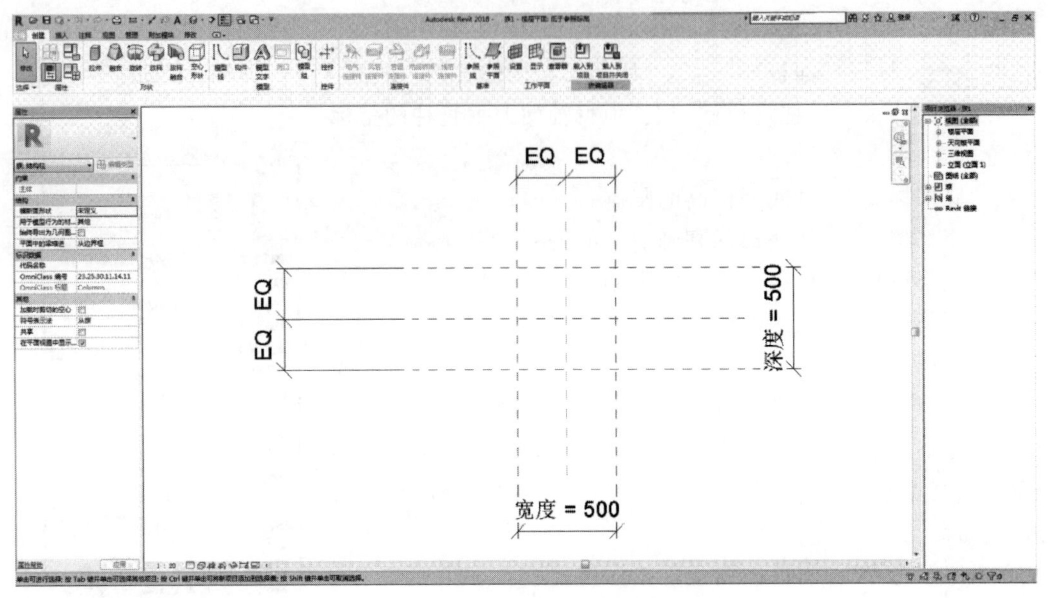

图 4.11 公制结构柱族编辑器

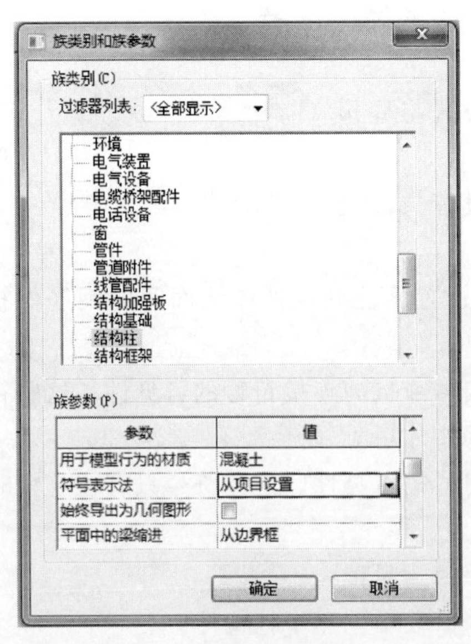

图 4.12 设置族类别和族参数

设置族类别和族参数：点击“创建”选项卡→“属性”面板→“族类别和族参数”，结构柱样板已经默认将族类别设为“结构柱”。将“用于模型行为的材质”改为“混凝土”，符号表示法设置为“从项目设置”，如图 4.12 所示。

下面说明上述所设置各族参数的意义。

①“符号表示法”。控制载入到项目后框架梁图元的显示，有“从族”“从项目设置”两个选项。“从族”表示在不同精细程度的视图中，图元的显示将会按照族编辑器中的设置进行显示；“从项目设置”表示框架梁在不同精细程度视图中的显示效果将会遵从项目“结构设置”中“符号表示法”中的设置。

②“用于模型行为的材质”。有“钢”“混凝土”“预制混凝土”“木材”“其他”五个选项，选择不同的材质，在项目中软件会自动嵌入不同

的结构参数。“混凝土”“预制混凝土”会出现钢筋保护层参数。“木材”没有特殊的结构参数。在框架柱中“钢”没有特殊的参数，在结构框架中会出现“起拱尺寸”“栓钉数”。

③“显示在隐藏视图中”。只有当“用于模型行为的材质”为“混凝土”或“预制混凝土”时才会出现，可以设置隐藏线的显示。在这里不做详细介绍，用户可以自己设置，观察显示的效果。

设置族类型和参数：点击“创建”选项卡→“属性”面板→“族类型”，打开“族类型”对话框，如图 4.13 所示。

① 在“族类型”一栏中，点击“新建”，可以向族中添加类型。在弹出的“名称”对话框中，将类型命名为“标准”，如图 4.14 所示，对已有的族类型可以进行“重命名”和“删除”操作。

图 4.13 族类型对话框

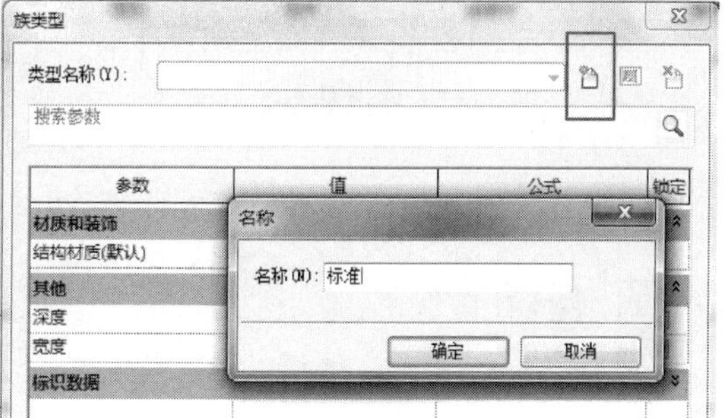

图 4.14 “名称”对话框

② 已有的参数，可以进行“修改”“删除”操作，并可移动上下位置。使用“修改”，将“深度”重新命名为“h”，“宽度”重新命名为“b1”。点击“参数”一栏中的“添加”，弹出“参数属性”对话框。在“参数数据”中作如下设置：名称输入“b1”；规程选择“公共”；参数类型选择“长度”；参数分组方式选择“尺寸标注”。设置后如图 4.15 所示，点击“确定”完成添加。可在“族类型”对话框中，通过“上移”“下移”命令，来调整参数的顺序。

创建参照平面：“创建”选项卡→“基准”面板→“参照平面”，单击左键输入参照平面起点，再次单击左键输入参照平面的终点。

快捷键：“RP”。

也可以选中现有的参照平面，通过复制命令来添加新的参照平面在楼层平面“低于参照标高”视图中，绘制如图 4.16 所示的参照平面。

快捷键：“CC”。

为参照平面添加注释：点击“注释”选项卡→“尺寸标注”面板→“对齐”，点取需要标注的参照平面，为其添加标注。选中标注后，在选项栏“标签”的下拉菜单中可以选择参数，如图 4.17 所示，这样该参数就和所选中的标注关联起来，改变参数就可以使相应参考平面的位置发生变化，位置可以拖动，选择某一标注后，拖动标注线即可改变位置。

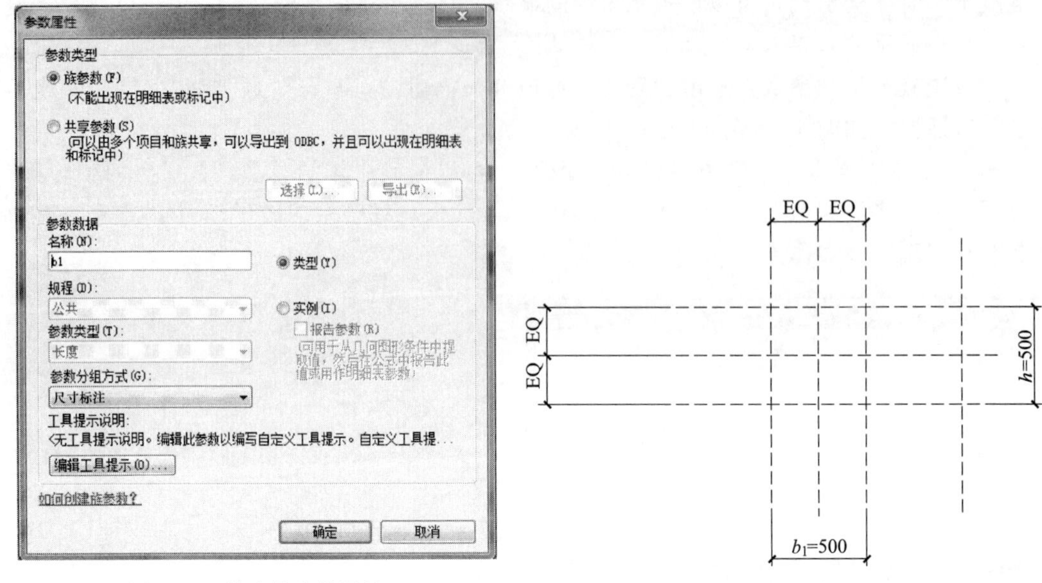

图 4.15　修改族参数属性

图 4.16　创建参照平面

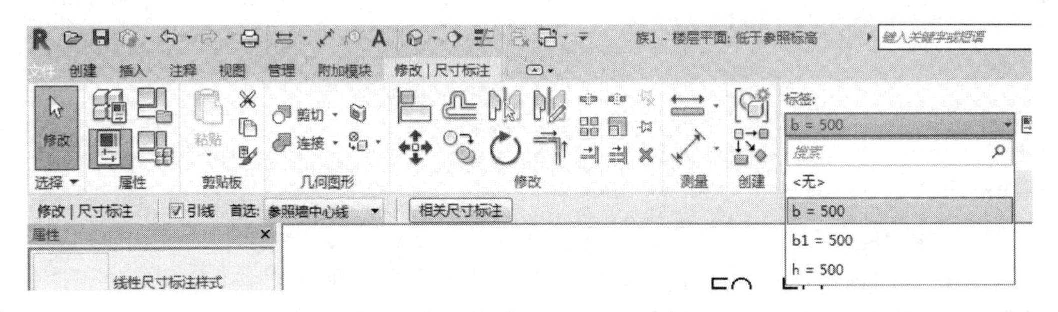

图 4.17　为参照平面添加注释尺寸

标注与参数相关联，就可以通过参照平面上的尺寸标注，来驱动参照平面的位置发生变化。如在“族类型”对话框中，将本例“b”参数值改为 1000，参照平面位置会发生相应变化，如图 4.18 所示。再将创建的实体模型或空心模型，固定在相对应的参照平面上，就能够实现通过调整参数调整模型的功能。

绘制模型形状：点击“创建”选项卡→“形状”面板→“拉伸”，进入编辑模式。在绘制一栏中选择绘制方式，创建供拉伸的截面形状，如图 4.19 所示。

使用“直线”，在选项栏中，勾选“链”，如图 4.20 所示。可以连续绘制直线。绘制如图 4.21 所示形状。模型通过“对齐”“锁定”来达到固定到相应参照平面的目的。

对齐命令：“修改”选项卡→“修改”面板→“对齐”。

快捷键：“AL”

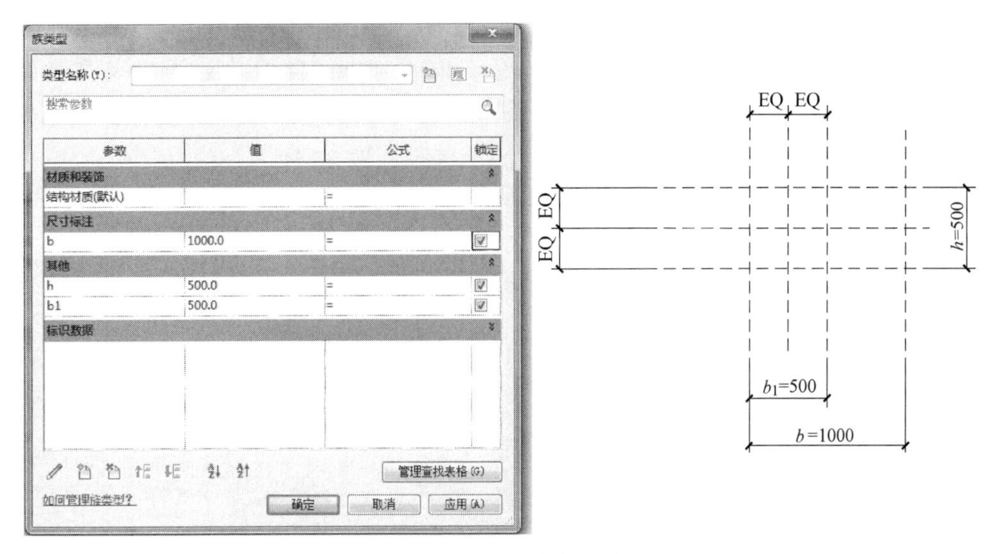

图 4.18　标注与参数相关联

可以将一个或多个图元对齐。使用对齐命令，先选取对齐的对象，可以是图上的线或点。之后选取对齐的实体，实体便与选择的线或点对齐。

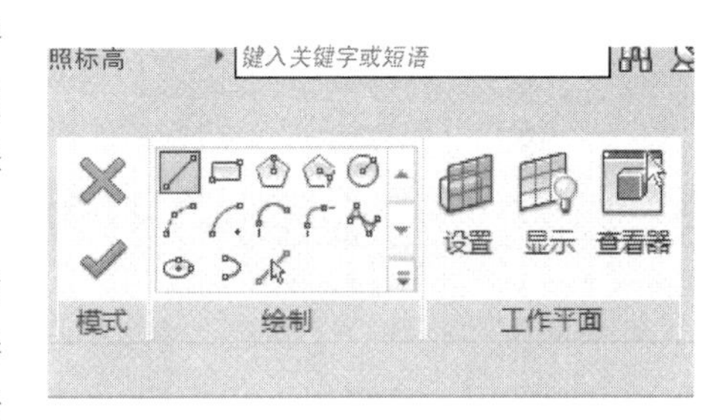

图 4.19　创建供拉伸的截面形状

以下为将图形与相应的参照平面对齐示例。启动对齐命令后：①点取参照平面，参照平面被选中高亮显示；②鼠标移动到要对齐的边上，该边被高亮显示，点取边，该边就与参照面对齐，此时图中会出现一个锁形图标；③点击可以使小锁关闭，即完成了模型该边的对齐锁定操作，如图 4.22 所示。

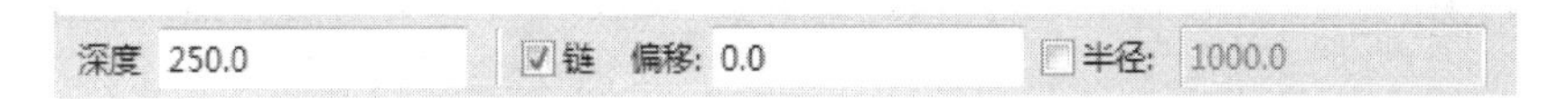

图 4.20　在选项栏中勾选“链”

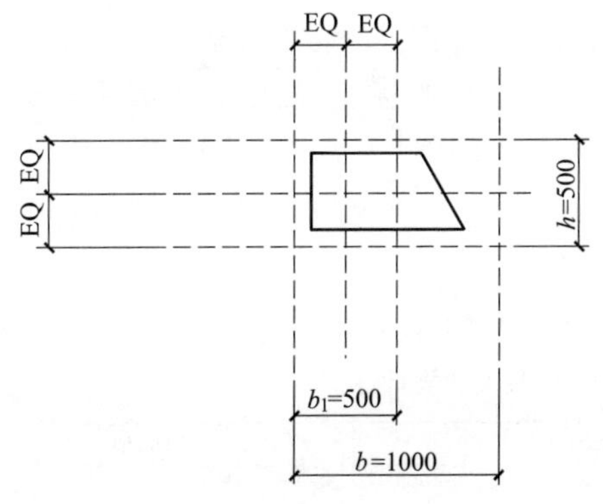

图 4.21　绘制柱断面形状

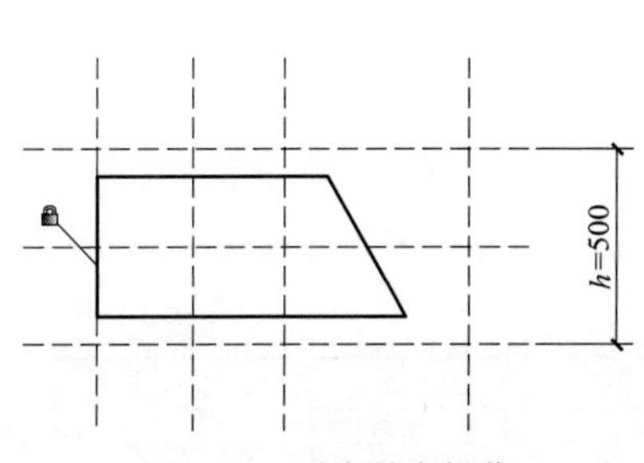

图 4.22　对齐锁定操作

若要通过尺寸标注驱动直角梯形形状发生改变，除了将三个直角边固定在参照平面外还需将上下底边与斜腰的交点锁定在参照平面上。点只有在平面上时才可与平面锁定，拖动端点，先将点移动到要对齐的参照平面上，再使用对齐命令依次点击参照平面与点，完成对齐锁定如图 4.23 所示。同理，完成右下角点的锁定。对齐锁定后，点击形状，会显示形状的关联状态，如图 4.24 所示。

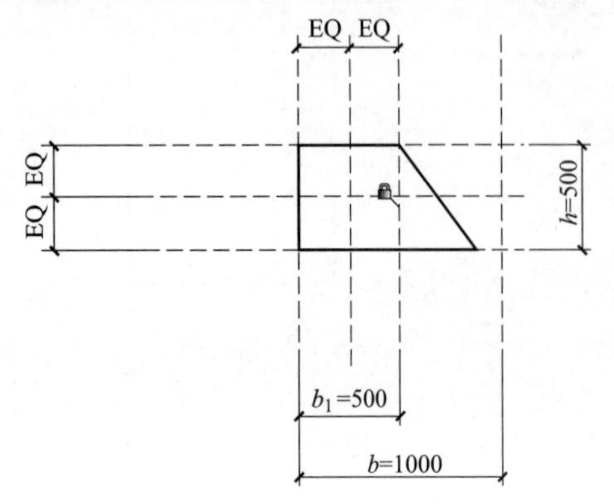

图 4.23　完成对齐锁定

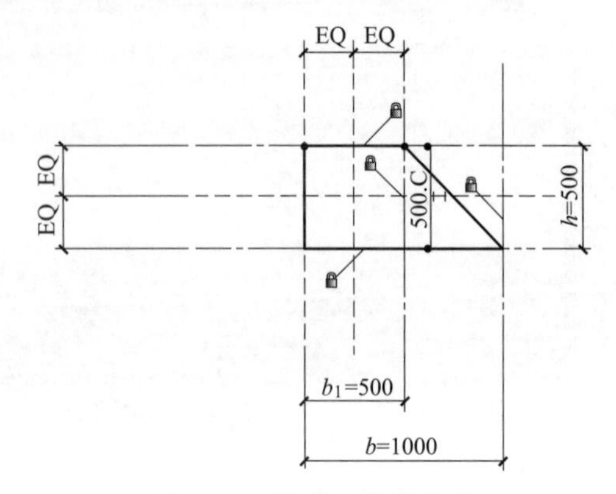

图 4.24　形状的关联状态

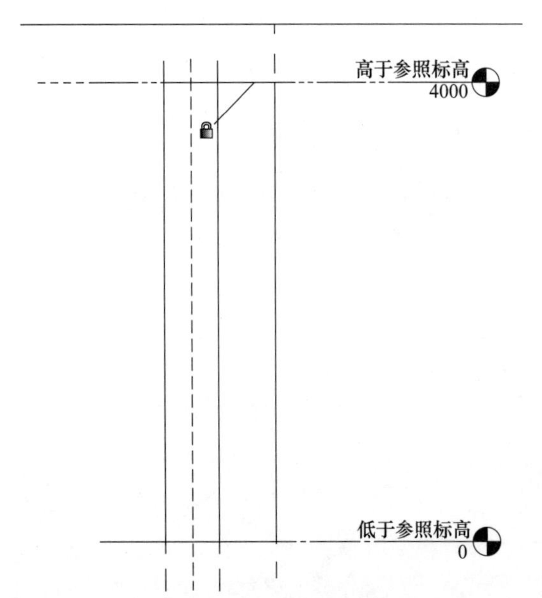

图 4.25　上下边缘对齐锁定在两个标高上

绘制完截面形状后，转到任意立面视图，将上下边缘对齐锁定在两个标高上，如图 4.25 所示，保证该族的构建导入项目后，在立面中位置和高度的正确。

4.1.4　结构柱施工图

进行柱施工图绘制前，应先将视图样板选为：“B3 _ 结 _ 墙柱平面”。

(1) 注释内容与配套族　柱施工图中需要注释的内容有：柱编号、柱序号、柱宽、柱高、柱脚筋、柱侧边钢筋、柱箍筋、箍筋肢数。

需要的标记族有：柱编号、柱截面、柱角筋、b 边柱纵筋、h 边柱纵筋、柱箍筋。

需要的详图族：绘制柱配筋大样时用的详图族。

(2) 参数设置　柱施工图需要的共享参数和类型见表 4.1。

表 4.1　柱施工工图需要的共享参数和类型

参数名	参数类型	示例值
芯柱标高范围	文字	
柱配箍率	文字	1.23%

续表

参数名	参数类型	示例值
柱配筋计算面积	文字	3600
柱配筋率	文字	1.04%
柱配筋归并面积	文字	3600
柱配筋实际面积	文字	3770
柱角筋	文字	4Φ25
柱编号	文字	KZ
柱纵筋	文字	12Φ20
柱箍筋类型	文字	1(5×4)
柱箍筋	文字	$10@100/200
柱序号	文字	1
截面 *h* 边中部筋	文字	2Φ20
截面 *b* 边中部筋	文字	3Φ20
柱截面高	长度	600
柱截面宽	长度	600
芯柱编号	文字	XZ
芯柱序号	文字	1

注：$ 在 Revit 中表示 HPB300 级钢筋，余同。

(3) 柱编号标注 对柱信息进行标注，可以使用添加共享参数的方法，将共享参数作为族参数加入柱族中。绘制施工图时，将柱施工图需要的信息作为共享参数输入到柱图元中，之后用标记族标注，将共享参数添加到柱的族参数。

① 创建共享参数 txt 文件。在 Revit “管理” 命令面板下选择 “共享参数” 命令，如图 4.26 所示。在编辑共享参数对话框中点击 “创建” 按钮，如图 4.27 所示。然后在弹出对话框输入文件名和储存位置，本例的文件名为 “柱共享参数 .txt”，储存位置应相对固定以便统一维护。

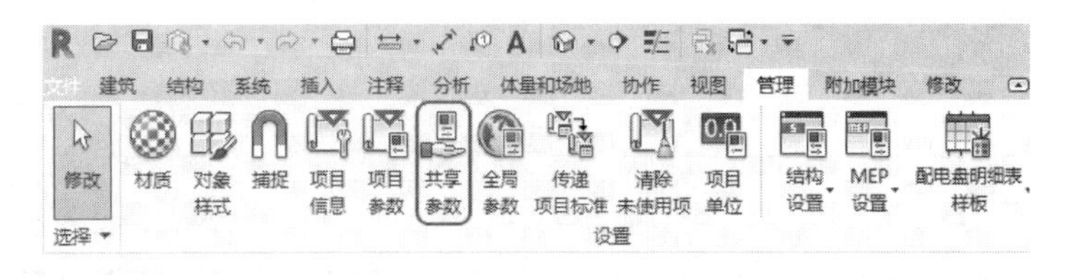

图 4.26 选择共享参数选项

在 “组” 附框下点击 “新建” 按钮创建新组，输入组名如 “柱平法”，如图 4.28 所示。

在 “参数” 附框下点击 “新建” 按钮创建共享参数，输入名称如 “柱截面高”，选择规程为 “公共”，选择参数类型为 “长度”，如图 4.29 所示。用同样的方法，创建表 4.1 提及的其余共享参数。注意共享参数以 GUID（而非名称）作为标记，因此建议企业内部的共享参数由公司层面统一进行设置与维护，以方便管理。

② 将共享参数添加到族文件或项目文件。上面介绍了共享参数 txt 文件的创建过程，但里面的参数还没有载入项目或者族文件中。分别在柱族、标记族中添加同样的共

享参数，并在项目文件中加载这两个族，完成柱截面标注的示意。

点击“Revit”→“打开”→“族”，打开 Revit 自带的结构柱族文件（\结构\柱\混凝土\混凝土-矩形-柱 .rfa)，点“族类型”按钮，弹出族类型及参数设置框，点击参数栏的“新建参数”按钮，如图 4.30 所示。

在参数属性框中选择“共享参数”，选择“柱平法”参数组。根据具体参数的不同，分别设为“类型”参数或者“实例”参数。本例选择“柱截面高”参数应设为“类型”参数；如果是柱的钢筋参数，则一般为“实例”参数，如图 4.31 所示。

图 4.27　编辑共享参数对话框

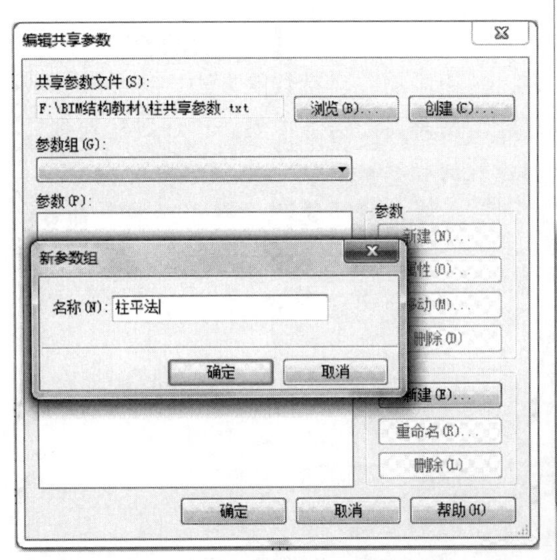

图 4.28　设置新参数组

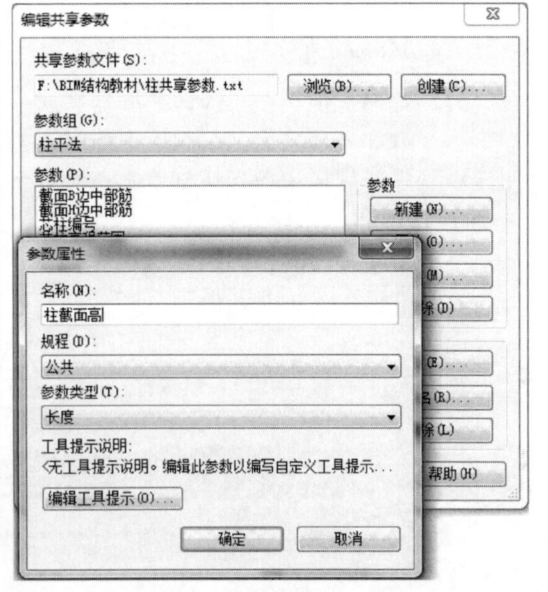

图 4.29　创建共享参数

(4) 柱标注方法

① 创建注释族示例。点击“菜单”→“新建”→“族”，在模板列表中选择“注释”文件夹下的“公制常规标记”模板，点击“创建→族类别和族参数”，族类别选择为“结构柱标记”，族参数中勾选“随构件旋转”，如图 4.32 所示。

接下来，将标签与相应的共享参数关联。点击“创建”→“文字”→“标签”，将鼠标移至绘图区域中适当位置，点击左键，在该位置创建标签，鼠标点击后出现如图 4.33 所示对话框。在对话框中点击左下角“添加参数”按钮，在弹出的对话框中点击“浏览”按钮，并选择已创建好的共享参数文件。此时，“参数”列表框中出现已设定的共享参数，如图 4.34 所示。

图 4.30　族类型及参数设置框

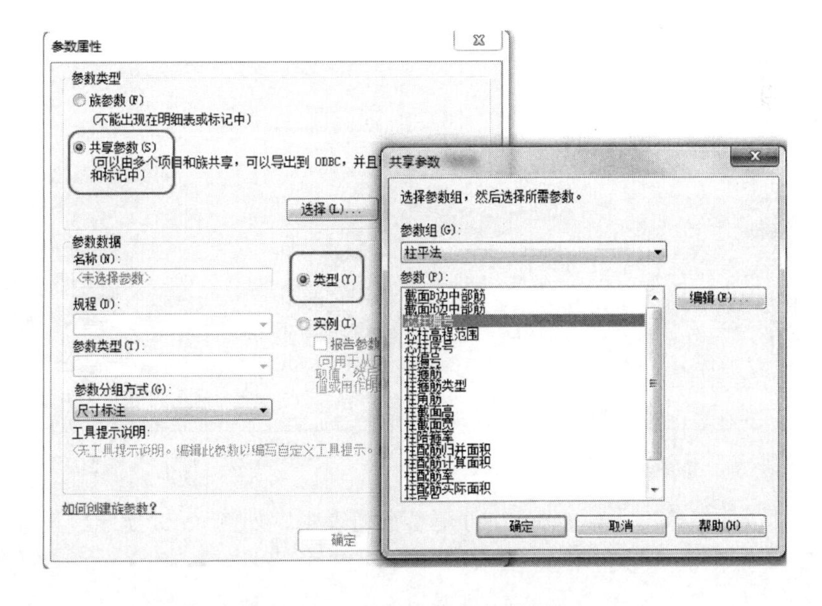

图 4.31　柱平法共享参数选择

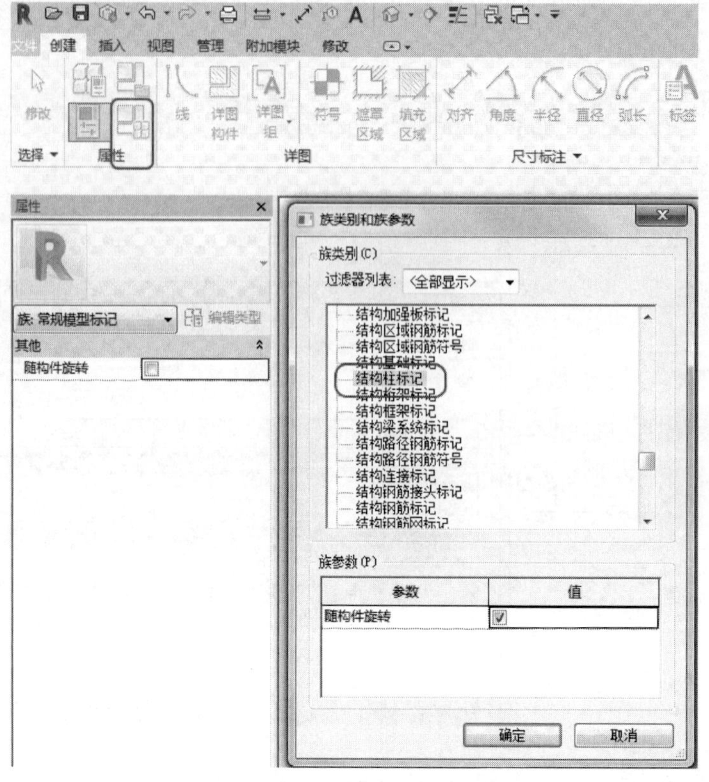

图 4.32　创建族类别和族参数

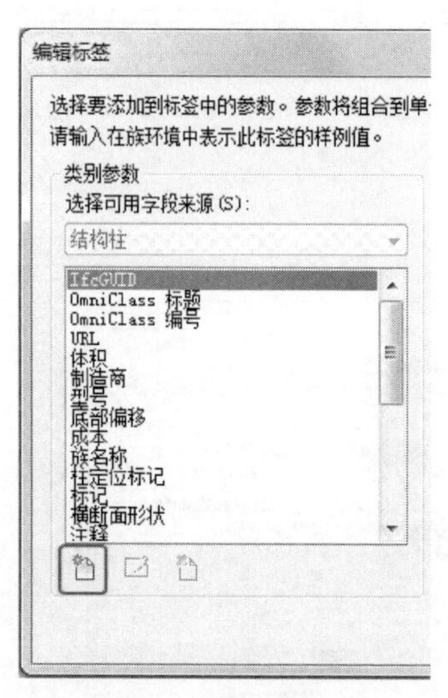

图 4.33　新建编辑标签

图 4.34　选择共享参数文件

选择参数“柱序号”，添加到标签可用参数列表中，如图 4.35 所示。设置完毕后点击“确定”，完成的标签如图 4.36 所示。

② 柱配筋表示方法。柱配筋有两种表示方法，第一种方法是将参数添加到柱构件中，使用明细表表示柱配筋，与明细表对应的柱配筋大样可用详图族进行表示，其优点

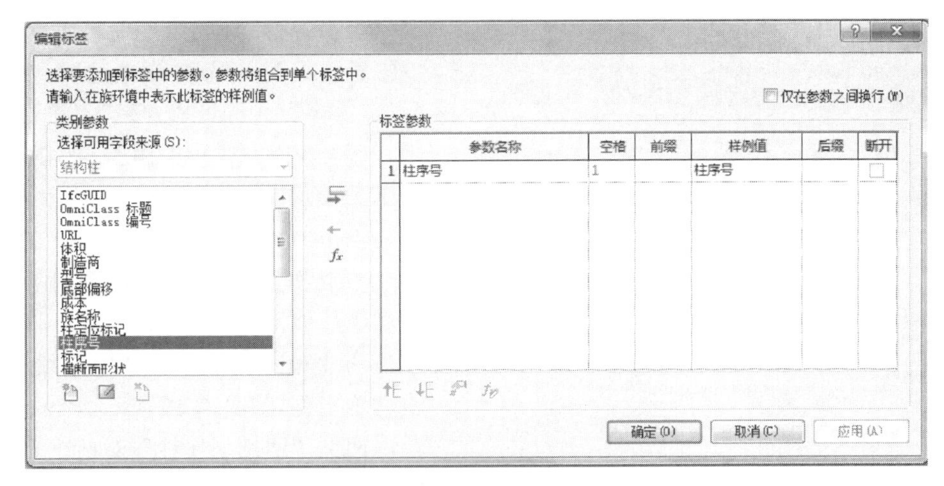

图 4.35　添加“柱序号”标签

是：明细表数据与柱参数关联，只需添加一次信息，能实现信息的联动修改。第二种方法是在柱定位图中对柱编号进行原位标注，另绘制配筋大样表示柱配筋，其优点是能直观表示钢筋设置方法，施工方便，缺点是大样与柱信息无关联，不能实现联动修改。可以通过载入柱配筋大样图族来实现，这里不做详细介绍。

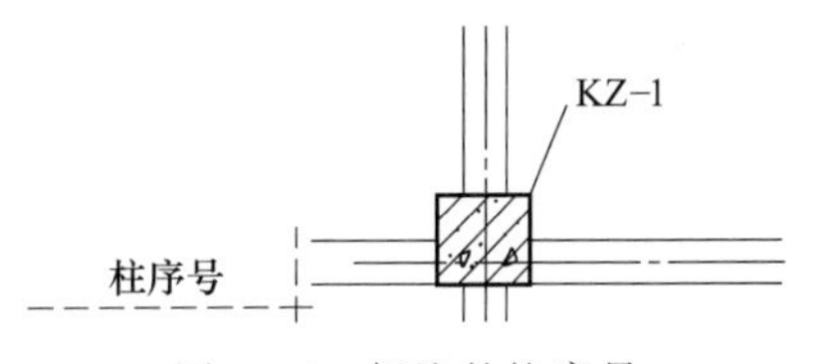

图 4.36　标注的柱序号

③ 柱配筋明细表。在 Revit 中创建柱配筋明细表的方法如下：点击“视图”→“创建”→“明细表”→“明细表/数量”，弹出“新建明细表”对话框。在“类别”中选择“结构柱”，在单选框中选择“建筑构件明细表”，在名称栏中修改名称，如“柱配筋表”，点击“确定”进入“明细表属性”对话框，如图 4.37 所示。

点击“字段”命令面板，在“可用的字段”中选择已列出的结构柱相关参数，包括在模板中已导入的共享参数，点击“添加”按钮，将参数添加到“明细表字段（按顺序排列）”中，如图 4.38 所示。

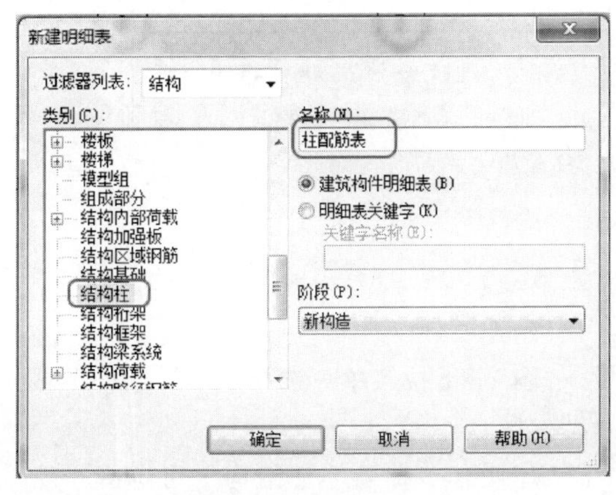

图 4.37　新建柱配筋表

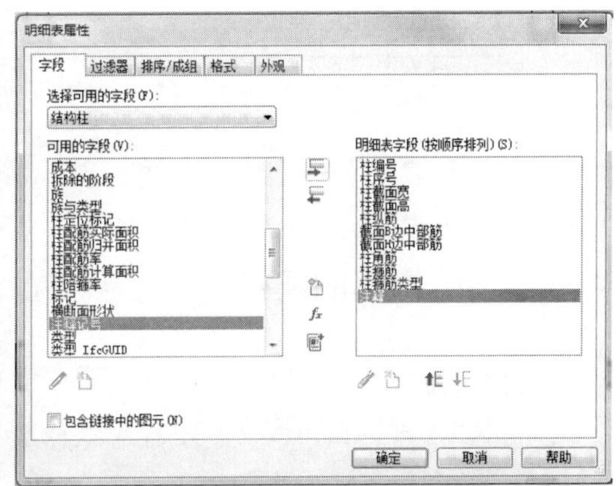

图 4.38　将共享参数导入明细表

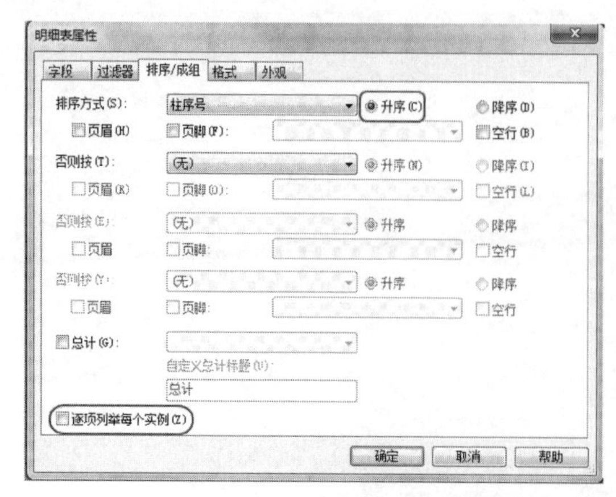

图 4.39 柱序号排序方式

点击“排序/成组”命令面板，在“排序方式”下拉菜单中选择“柱序号”，排序方式选择“升序”，并取消勾选“逐项列举每个实例”，如图 4.39 所示。

点击“格式”命令面板，在“字段”中选择“柱编号”，将“对齐”改为“中心线”。用同样的方法，将所有字段的“对齐”都改成“中心线”，点击“确定”，如图 4.40 所示。

回到“明细表属性”对话框，点击“外观”命令面板，取消勾选“数据前的空行”，并选择正文文字字体为“3.5mm 常规 _ 仿宋”，如图 4.41 所示。

完成的柱配筋表如图 4.42 所示。

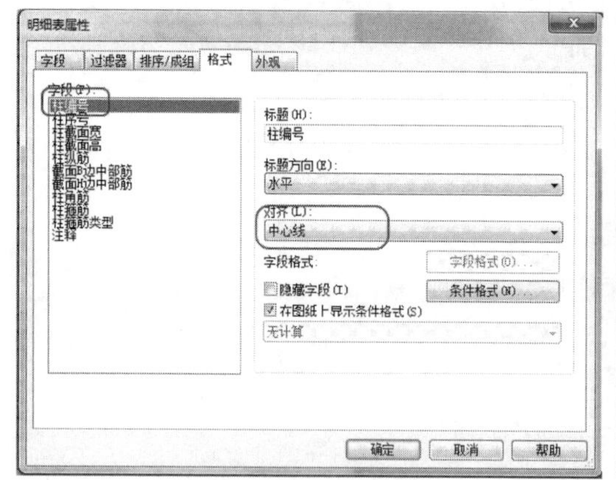

图 4.40 柱编号对齐方式

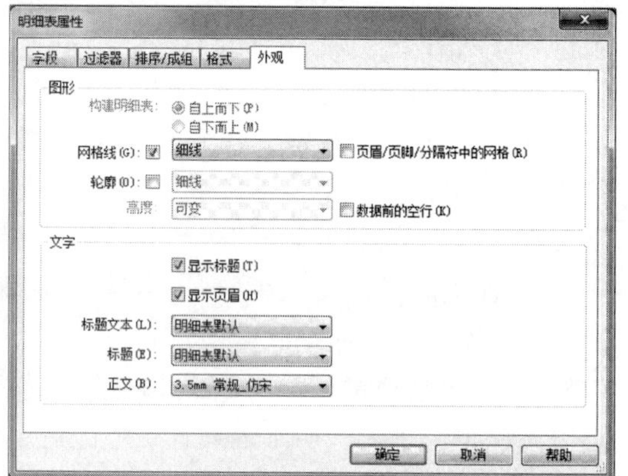

图 4.41 “明细表属性”对话框

〈柱配筋表〉

A	B	C	D	E	F	G	H	I	J	K
柱编号	柱序号	柱截面宽	柱截面高	柱纵筋	截面B边中部筋	截面H边中部筋	柱角筋	柱箍筋	柱箍筋类	注释
KZ-1	1	600	600	16Φ22	2Φ22	2Φ22	4Φ22	Φ8@100/200	1	
KZ-2	2	650	600	16Φ25	2Φ25	2Φ25	4Φ25	Φ8@100/200	1	

图 4.42 完成的柱配筋表

4.1.5 结构墙的建模

结构墙命令：“结构”选项→“结构”面板→“墙”，下拉菜单，选择“墙：结构”或“墙：建筑”（直接点击墙命令工程序默认选择结构墙）。

在“类型属性”面板的类型选择器中，可以看到有多种墙体。结构中可选择“常规”墙体。结构墙是系统族文件，不能通过加载族的方式添加到项目中，只能在项目中通过复制来创建新的墙类型。以创建“常规-250mm”墙为例，选择“常规-200mm”，点击“编辑类型”，如图4.43所示，打开“类型属性”对话框，点击“复制”，输入新类型名称“常规-250mm”，点击“确定”完成类型复制。

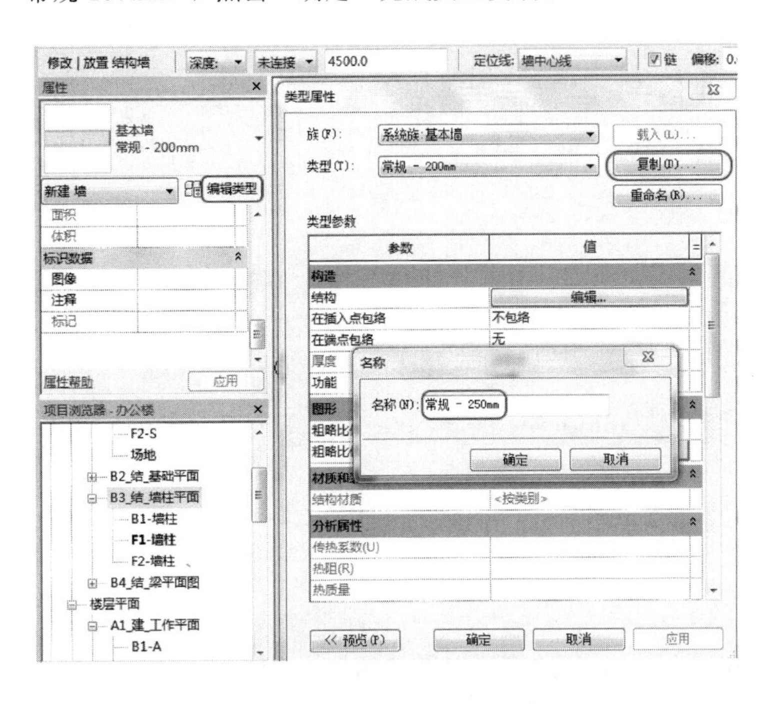

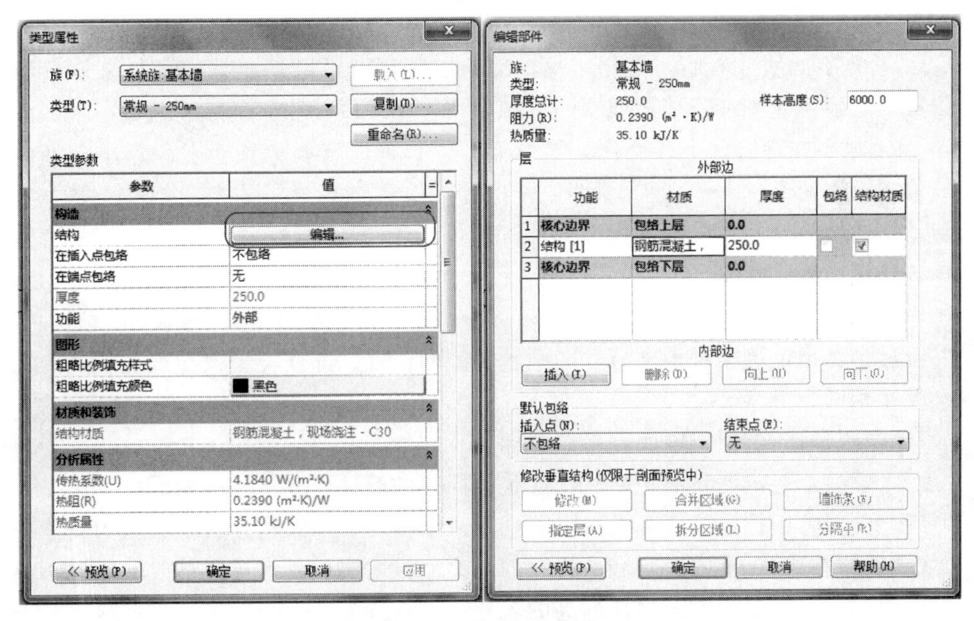

图4.43　编辑墙类型属性

启动结构墙命令，在选项卡“修改|放置墙”中，出现绘制面板，面板中包含了不同的绘制方式，依次为“直线”“矩形”“内接多边形”“外接多边形”“圆形”“起点-终点-半径弧”“圆心-端点弧”“相切-端点弧”“圆角弧”“拾取线”“拾取面”，如图4.44

所示。

在属性面板的类型选择器中，选择所需的类型。此时用户可对属性面板中的参数进行修改，也可以在放置后修改。在状态栏完成相应的设置，如图 4.45 所示。

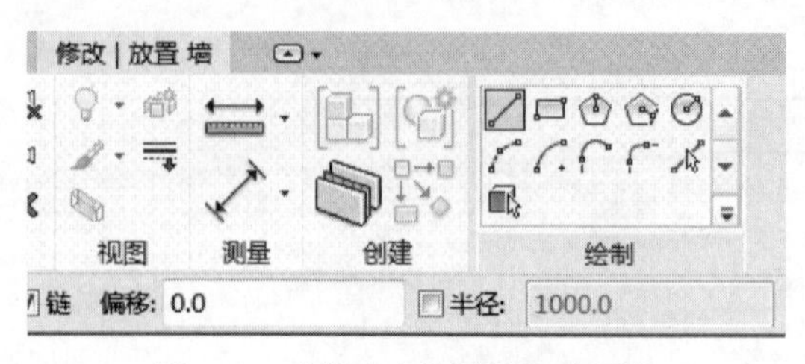

图 4.44 “修改 | 放置墙”选项卡

“深度”：表示自本标高向下/向上的界限。

“定位线”：用来设置墙体与输入墙体定位线之间的位置关系。

“链”：勾选后，可以连续地绘制墙体。

“偏移”：偏移定位线的距离。

“半径”：勾选后，右侧的输入框激活，输入半径值。绘制的两段墙体之间，会以设定好半径的弧相连接。

图 4.45 墙放置状态栏

在“绘制”面板中，选择一个绘制工具，可使用以下方法之一放置墙。

① 绘制墙。使用默认的“线”工具，可通过在图形中指定起点和终点来放置直墙分段。或者，可以指定起点，沿所需方向移动光标，然后输入墙长度值。使用“绘制”面板中的其他工具，可以绘制矩形布局、多边形布局、圆形布局或弧形布局。使用任何一种工具绘制墙时，均可以按空格键相对于墙的定位线翻转墙的内部/外部方向。

② 沿着现有的线放置墙。使用“拾取线”工具可以沿图形中选定的线来放置墙分段。线可以是模型线、参照平面或图元（如屋顶、幕墙嵌板和其他墙）边缘。

③ 将墙放置在现有面上。使用“拾取面”工具可以将墙放置于在图形中选择的体量面或常规模型面上。

启动结构墙命令，在属性面板选择“常规-300mm”绘制墙体。结构墙的属性面板中各参数的意义如下：

①“限制条件”。

“定位线”：指定墙相对于项目立面中绘制线的位置。即使类型发生变化，墙的定位线也会保持相同。

“底部限制条件”：指定墙底部参照的标高。

“底部偏移”：指定墙底部距离其箱底定位标高的偏移。

“已附着底部”：指示墙底部是否附着到另一个构件，如结构楼板。该值为只读。

“底部延伸距离”：指明墙层底部移动的距离。将墙层设置为可延伸时启用此参数。

“顶部约束”：用于设置墙顶部标高的名称。可设置为“标高”或“未连接”。

“无连接高度”：如果墙顶定位标高为“未连接”，则可以设置墙的无连接高度；如果存在墙顶定位标高，则该值为只读。墙高度延伸到在“无连接高度”中指定的值。

“顶部偏移”：墙距顶部标高的偏移。将“顶部约束”设置为“标高”时，才启用此参数。

“已附着顶部”：指示墙顶部是否附着到另一个构件，如结构楼板。该值为只读。

“顶部延伸距离”：指明墙层顶部移动的距离。将墙层设置为“可延伸”时启用此参数。

“房间边界”：指明墙是否是房间边界的一部分。在放置墙之后启用此参数。

“与体量相关”：该值为只读。

② “结构”。

“结构”：指定墙为结构图元能够获得一个分析模型。

“启用分析模型”：显示分析模型，并将它包含在分析计算中。默认情况下处于选中状态。

“结构用途”：墙的结构用途。承重、抗剪或者复合结构。

“钢筋保护层-外部面”：指定与墙外部面之间的钢筋保护层距离。

“钢筋保护层-内部面”：指定与墙内部面之间的钢筋保护层距离。

“钢筋保护层-其他面”：指定与邻近图元面之间的钢筋保护层距离。

③ “尺寸标注”。

“长度”：指示墙的长度。该值为只读。

“面积”：指示墙的面积。该值为只读。

“体积”：指示墙的体积。该值为只读。

④ “标识数据”。

“注释”：用于输入墙注释的字段。

“标记”：为墙所创建的标签，对于项目中的每个图元，此数值必须是唯一的。如果此数值已被使用，Revit 会发出警告信息，但允许用户继续使用它。

⑤ “阶段化”。

创建的阶段指明在哪一个阶段中创建了墙构件。

拆除的阶段指明在哪一个阶段中拆除了墙构件。

结构墙的修改：已放置的墙体，可以编辑轮廓、设置墙顶部或底部与其他构件的附后。

点击已布置的墙体，在“修改｜墙”上下文选项卡会显示出修改墙的命令，如图 4.46 所示。

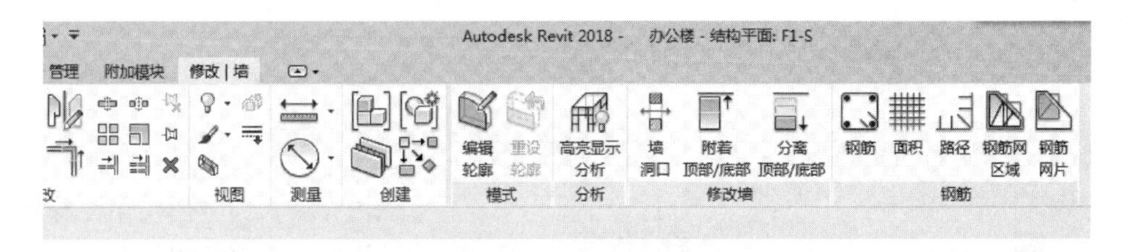

图 4.46 “修改｜墙”上下文选项卡

① “编辑轮廓”。进入南立面视图，选中墙体，点击“编辑轮廓”。双击墙体也可以进入“编辑轮廓”界面。在编辑轮廓的模式下，所选中的墙会被高亮显示。用户可以修改墙现有的轮廓线，也可以添加新的轮廓线。

② “附着顶部/底部”。该命令可以将墙体顶部或底部的轮廓线附着到楼板、楼梯或上下对齐的墙上。附着后，该轮廓线便固定在相应的构件上，用户不能对该轮廓进行拖动。如果需要取消附着，点击“分离顶部/底部”命令。

4.1.6 结构墙施工图

进行剪力墙施工图绘制前，应先将视图样板选为“结 _ 墙柱平面”。

(1) 注释内容与配套族 剪力墙施工图中需要注释的内容有：约束边缘构件编号、墙身编号、约束边缘构件配筋。需要的标记族有：填充区域标签、墙身编号标签。

(2) 参数设置 剪力墙配筋图中单片剪力墙可分为墙身区域、暗柱区域、边缘构件区域，但 Revit 中墙体无法进行区域分割，并且，由于剪力墙边缘构件的形状及配筋方式无法穷举，因而无法通过在 Revit 中用自建“族”的方法来完全解决该问题，再者，即使创建了完备的剪力墙配筋详图族，亦无法使其与构件配筋信息相关联（目前尚未发现在纯 Revit 中实现详图配筋信息与构件配筋信息相关联的方法）。因此，在 Revit 中绘制剪力墙配筋图一直为本专业的难点。

① 采用 Revit“填充区域”功能绘制边缘构件区域；

② 在“填充区域”的“注释”属性中填写边缘构件编号；

③ 通过“详图项目标注族”标注边缘构件编号；

④ 在剪力墙图元的“注释”属性中填写墙身编号。

边缘构件标注剪力墙边缘构件区域可细分为阴影区和非阴影区。建议以不同填充样式对其进行区分。

点击“注释”→“详图”→“区域”→“填充区域”按钮进入填充区域绘制窗口，在属性栏点击“编辑类型”，在“类型属性”对话框中选择填充样式和填充颜色，或者创建新的类型样式，完成区域填充后的效果如图 4.47 所示。

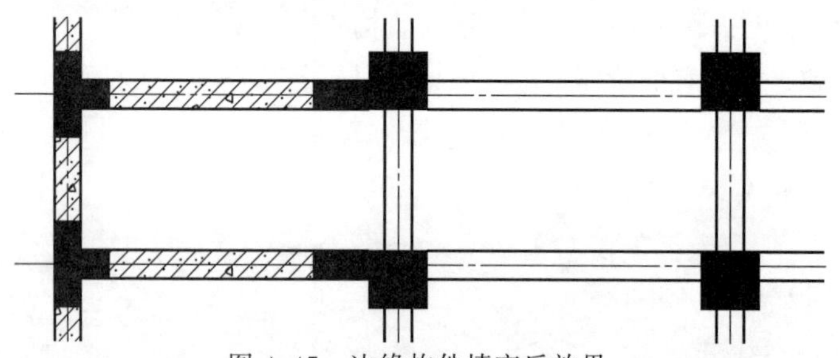

图 4.47 边缘构件填充后效果

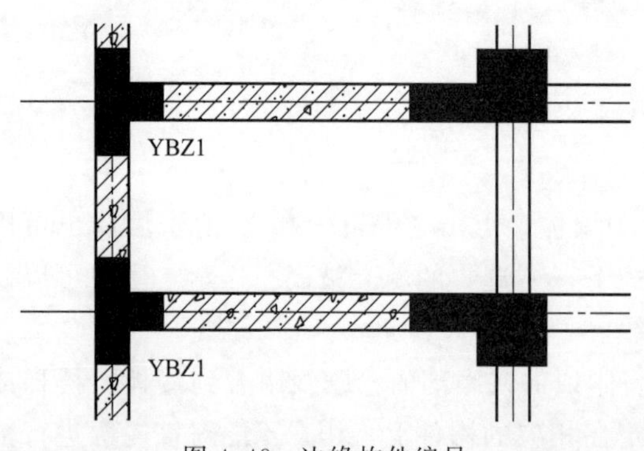

图 4.48 边缘构件编号

在完成填充后，为方便使用注释族对其进行编号注释，需要输入每个填充区域的编号信息。编号信息建议放置到填充大样的属性注释栏中，如图 4.48 所示。

(3) 使用探索者出图设计软件 ForRevit 2018 绘制结构墙施工图 打开探索者出图设计软件 ForRevit 2018 软件，打开“数据中心”选项→“导入”面板→“导入数据”。在 jws 文件中选择 PKPM 的模型文件，如图 4.49 所示。

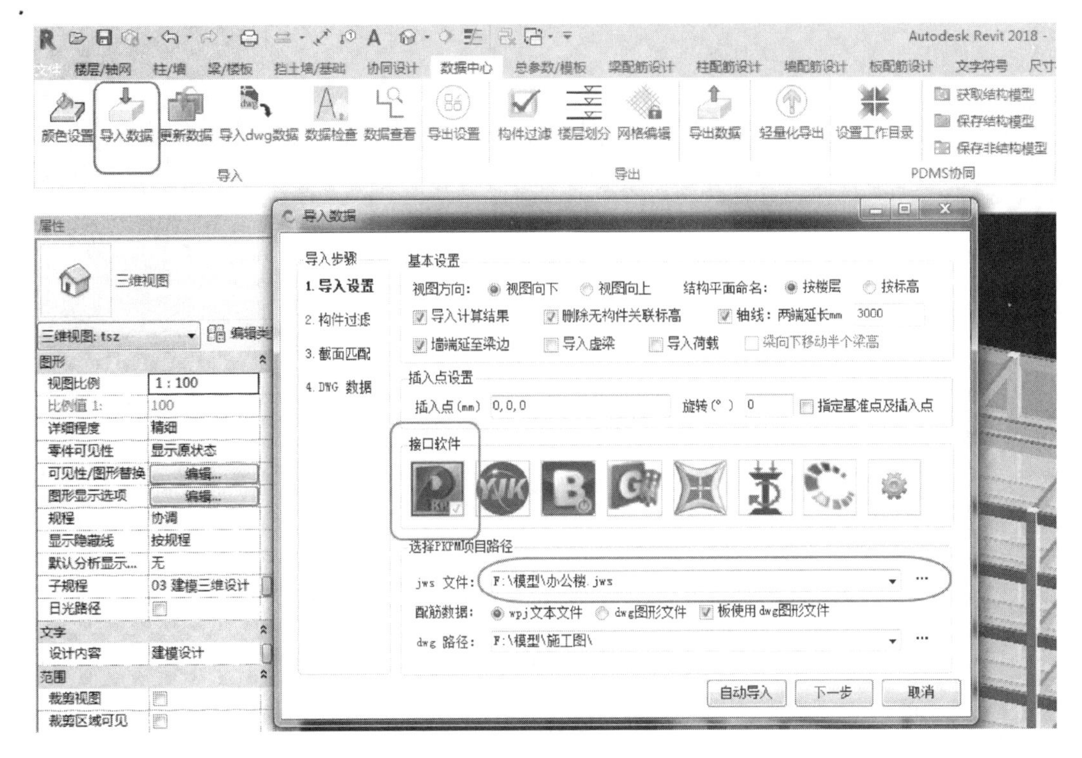

图 4.49　探索者导入数据

打开“墙配筋设计”选项，依次通过“设置”面板、“生成配筋”面板，“配筋编辑”面板，完成结构墙的施工图设计，如图 4.50 所示。

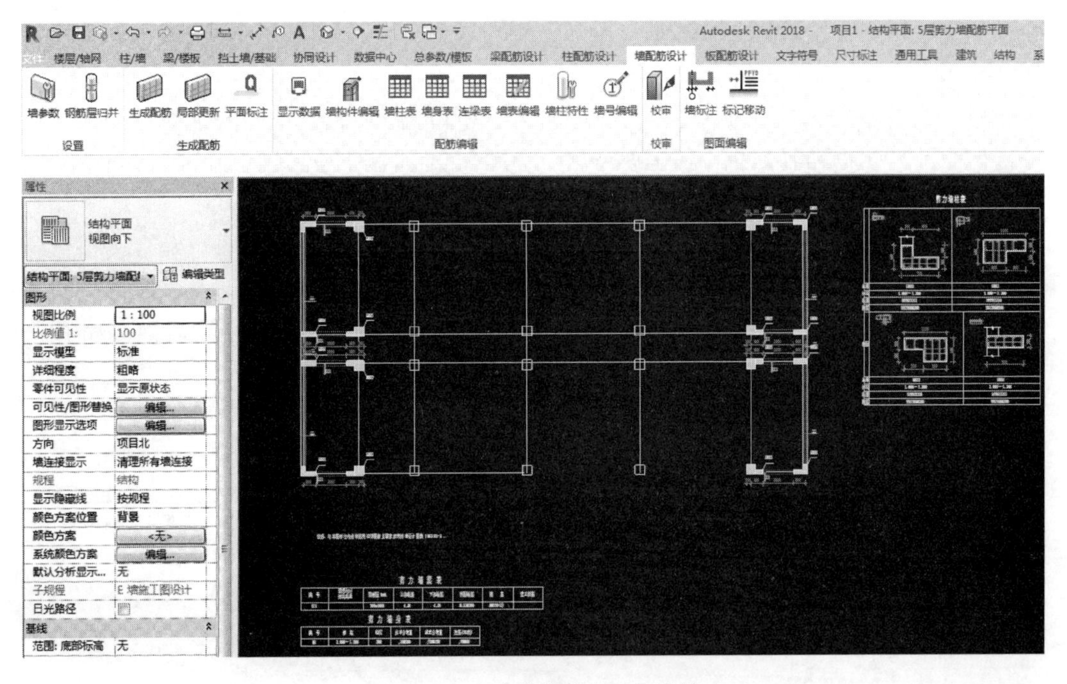

图 4.50　完成结构墙施工图设计

4.2 梁的设计与建模

4.2.1 梁的设计概要

(1) 梁的截面形式 由于结构形式不同，建筑结构中所采用的梁的截面形状也有所不同。常用的截面形状有矩形、T 形、倒 T 形、倒 L 形、I 字形、花篮形等（图 4.51），在工程中如确为实际需要，也可采用空心形、双肢形和箱形等。梁的截面应根据结构的不同要求，选择不同的截面形式。

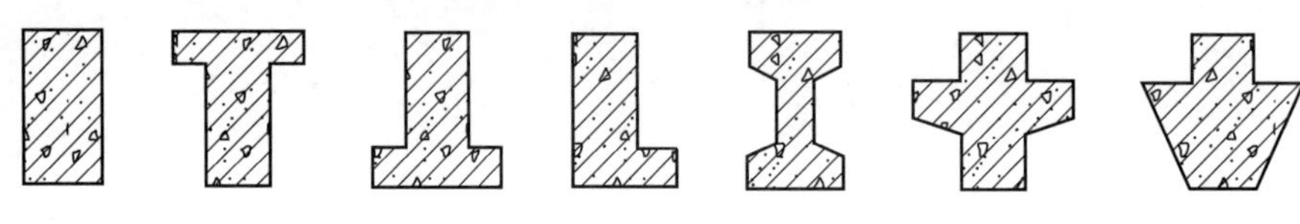

图 4.51 梁的截面形式

根据施工方式不同，梁可区分为整体现浇式和预制装配式。在装配式结构中，为了搁置预制板，可采用 T 形，倒 T 形、花篮形等，预制梁与楼板之间的协同工作性能一般可以忽略。在整体现浇结构中，梁一般选择矩形截面，与板整体现浇，形成 T 形或 L 形截面，共同承受荷载。在竖向承力体系中，板将荷载传递给梁，梁相当于板的加强肋。在水平承力体系中，梁与柱形成框架，独自或与其他水平承力体系共同抵抗水平荷载的作用。

双 T 板是将梁板一起预制，共同承受竖向荷载的截面形式，可以实现较大跨度的无柱空间，鉴于运输难度较大，大跨度双 T 板也可采用在工地现场预制再吊装的方式。

(2) 梁的截面尺寸

① 高度和高跨比。梁截面的高度主要取决于梁的跨度和梁所受的荷载，为计算方便，一般先根据常用的高跨比 h/l 和建筑功能要求初步确定梁高 h，而后做进一步验算。当梁高 h 能满足承载能力和正常使用极限状态设计要求时，此 h 值即为可用的梁高。

梁截面高度设计的初步取值可根据梁的荷载情况及跨度大小按表 4.2 选择。

表 4.2 梁的常用截面高度与跨的关系

序号	梁的种类		梁截面高度
1	现浇整体楼、屋盖	普通主梁	$l/10 \sim l/15$
2		框架主梁	$l/10 \sim l/18$
3		偏主梁	$l/16 \sim l/22$
4		次梁	$l/12 \sim l/15$

续表

序号	梁的种类		梁截面高度
5	现浇整体楼、屋盖	悬臂梁	$l/5 \sim l/6$
6		单向密肋梁	$l/16 \sim l/22$
7		井字梁	$l/15 \sim l/20$
8		框支架($b \geqslant 400$)	$l/6$

常用的梁高有 150mm、200mm、250mm、300mm、350mm、400mm、…、750mm、800mm、900mm、1000mm 等。为便于施工，梁高（h）的模数一般按以下原则确定：其截面高度 $h<800$mm 时，以 50mm 为级差；当截面高度 $h>800$mm 时，以 100mm 为级差。框架扁梁的截面高度应满足刚度要求，同时扁梁的高度 h 不宜小于 2.5 倍板厚及 16 倍柱纵筋直径。

② 梁的截面宽度。梁的截面宽度可采用 100mm、150mm、180mm、200mm、220mm、250mm、300mm、…，如大于 250mm 时一般以 50mm 为模数。整体现浇结构中，主梁的截面宽度不宜小于 200mm，次梁的截面宽度不宜小于 150mm。在预制装配结构中，梁的宽度应满足搁置在梁上的板的支承长度的要求，r 形、T 形梁的翼缘宽度及矩形梁的宽度一般不应小于支座净间距的 1/40。

矩形截面梁高宽比一般为 2.0～3.5；T 形截面为 2.5～4.0。扁梁截面宽度可大于柱宽，但不超过 2 倍柱宽或柱宽与梁高之和；扁梁的截面宽高比不宜超过 3。

(3) 梁的配筋 梁受力钢筋的种类有纵筋、弯起钢筋、抗扭纵筋、箍筋、吊筋，而架立筋、腰筋属于构造钢筋。

纵筋的直径通常取 $d=12 \sim 25$mm，一般不宜大于 28mm。同一根梁内纵向钢筋直径的种类不宜多于两种，两种不同直径的钢筋，其直径差不宜小于 2mm，等级差亦不宜大于 2 级。

梁上部纵筋的水平净距不宜小于 30mm 和 $1.5d$，下部纵筋水平净距以及多排钢筋的垂直净距不宜小于 25mm 和 d(d 为纵筋直径)。在梁的配筋密集区域宜采用并筋（钢筋束）的配筋形式。纵筋伸入支座的根数应按设计计算确定，不宜少于两根。

连续梁、框架梁支座的负弯矩纵向钢筋不宜在受拉区截断。支座负筋伸入梁内的长度应满足正截面抗弯和斜截面抗弯的锚固要求。16G101-1 图集的构造做法给出了梁支座负筋的切断位置，第一批切断点距离支座边缘 $1/3L_n$，若需第二批切断，则第二批切断点距支座边缘 $1/4L_n$(L_n 为梁净跨度，相邻跨不相等时取大值)，若需切断更多批的纵筋，则需计算确定。

箍筋多做成封闭箍，因开口箍不利于纵向钢筋的定位，且不能约束芯部混凝土，故开口式箍筋只能用于小过梁。封闭箍如图 4.52 所示。

当梁顶面箍筋转角处无纵向受力钢筋时，应设置架立筋。采用双肢箍筋时，架立筋为两根；采用四肢箍筋时，架立筋为四根。架立筋直径根据梁跨度不同，可取 8～12mm。

当梁的腹板高度不小于 450mm 时，在梁的两个侧面应沿高度配置纵向构造钢筋。每侧纵向构造钢筋（不包括梁上、下部受力钢筋及架立筋）的截面面积不应小于腹板截

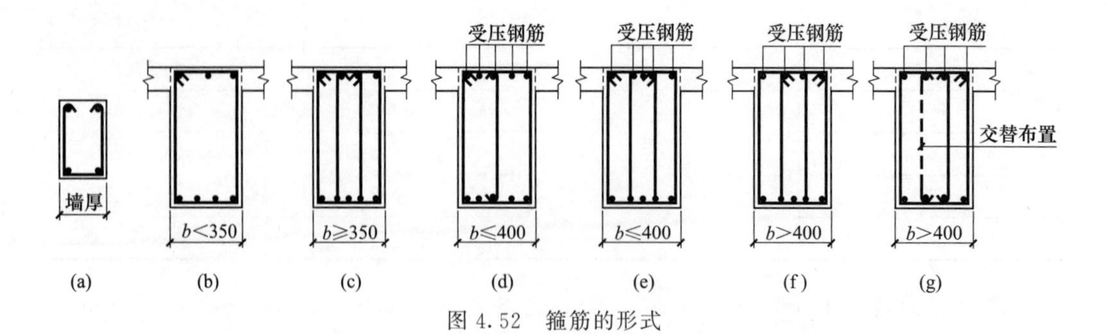

图 4.52 箍筋的形式

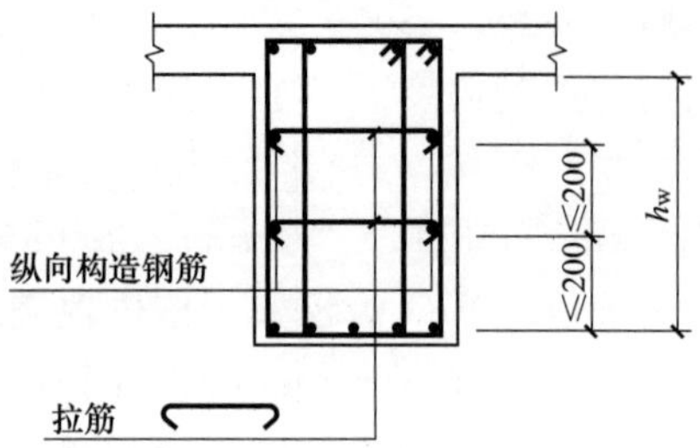

面面积（bh_w）的 0.1%，且间距不宜大于 200mm，如图 4.53 所示。对宽度为 250～350mm 的梁，梁侧构造钢筋一般取 ϕ10～12@200。梁侧受扭纵筋的数量应由计算确定，且应按受拉钢筋锚入支座中；而梁侧构造钢筋伸入支座的长度不小于 150mm 即可。

图 4.53 梁侧钢筋及拉筋布置

主次梁相交处，在主梁上次梁两侧应设置附加横向钢筋，将位于梁下部或梁截面高度范围内的集中荷载，由附加横向钢筋（箍筋、吊筋）承担并传递到梁上部受压区［图 4.54 中的（a）、（b）］。附加横向钢筋优先采用箍筋。

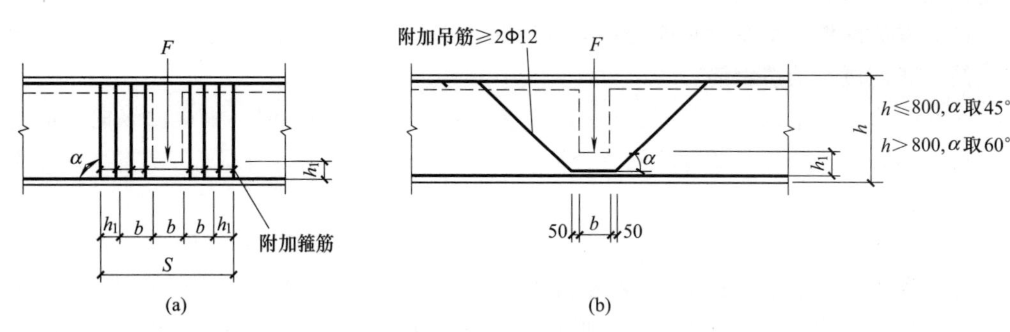

图 4.54 附加横向钢筋

4.2.2 梁平法施工图表示方法

平法的表达形式是把结构构件的尺寸和配筋等，按照平面整体表示方法制图规则，整体直接表达在各类构件的平面布置图上，再与标准构造详图相配合，构成一套完整的结构设计施工图纸。梁的平法注写方式是在梁平面布置图上，分别在不同编号的梁中各选一根梁，在其上注写截面尺寸和配筋具体数值，同编号的其余梁注写梁编号和必要的附加标注。

梁平法标注包括集中标注和原位标注。集中标注表达梁的通用数值，原位标注表达梁的特殊数值。当集中标注的某项数值不适用于梁的某部位时，则将该项数值原位标注，施工时，原位标注取值优先。

集中标注项包括：梁编号（必注值，包括跨数及悬挑情况）；截面尺寸（必注值，宽×高，包括水平加腋或垂直加腋尺寸，无加腋时不注加腋值）；箍筋（必注值）；梁上部通长筋或架立筋（必注值，若梁下部纵筋通长布置，可选注下部通筋值）；梁侧纵向构造钢筋或抗扭纵筋（必注项，没有时可不注）；梁顶面标高高差（选注值）。

原位标注包括：梁支座上部钢筋（注写含通筋在内的所有上部钢筋，当钢筋层数多余一排时，用“/”将各排自上而下分开注写）；梁下部钢筋（与集中注写项的梁下部纵筋相同时不再注写）；当梁集中标注的内容（即梁的尺寸、箍筋、上部通筋、梁侧钢筋及梁顶标高差）不适用于某一跨或某悬挑部位时，则将其不同数值原位标注在该跨或该悬挑段，施工时按原位标注数值取用。梁平法标注示例如图 4.55 所示。

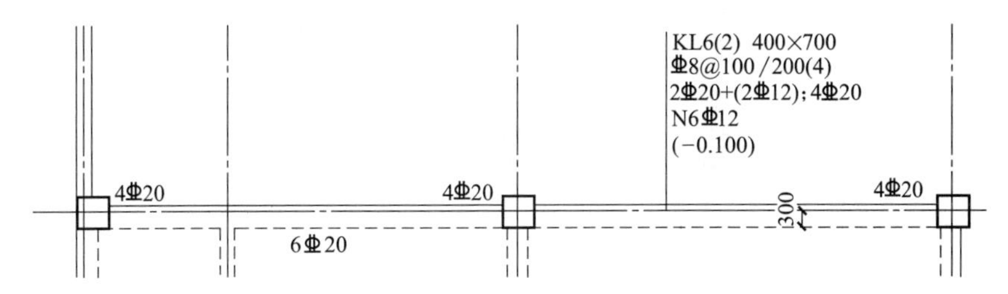

图 4.55　梁平法标注示例

4.2.3　梁的建模

结构框架梁命令：“结构”选项卡→“结构”面板→“梁”，如图 4.56 所示。

快捷键：“BM”。

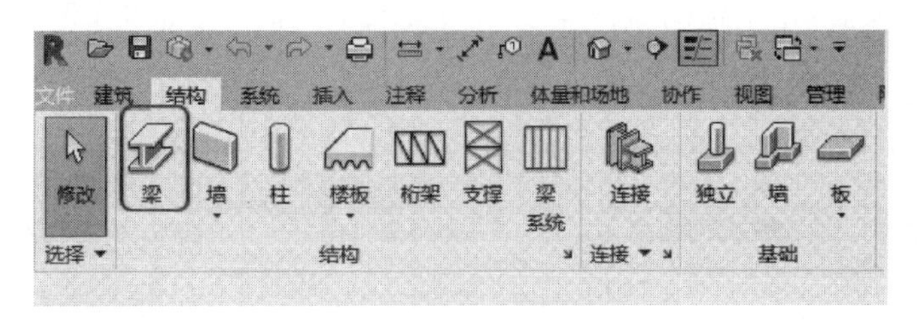

图 4.56　梁建模

在“类型属性”面板类型选择器中选择合适的梁类型，这里以创建“混凝土-矩形梁 250×500mm”为例。

点击“属性”面板中的“编辑类型”，打开“类型属性”对话框，点击“复制”。输入新类型名称，点击“确定”完成类型创建，然后在“类型属性”对话框中修改尺寸，如图 4.57 所示。当项目中没有合适类型的梁时，可从外部载入构件族文件。

启动梁命令后，上下文选项卡“修改｜放置梁”中，出现绘制面板，面板中包含了不同的绘制方式，依次为“直线”“起点-终点-半径弧”“圆心-端点弧”“相切-端点弧”“圆角弧”“样条曲线”“半椭圆”“拾取线”以及可以放置多个梁的“在轴网上”，一般使用直线方式绘制梁。

在“属性”面板中可以修改梁的实例参数，也可以在放置后修改这些参数。下面对

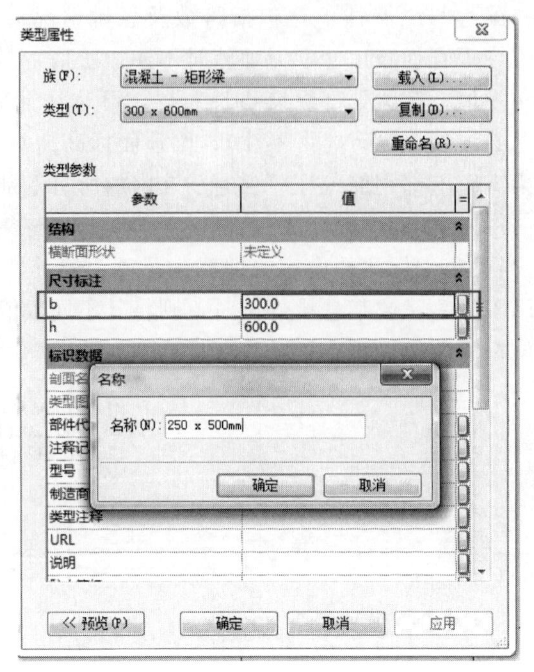

图 4.57　梁的“类型属性”对话框

“属性”面板中一些主要参数进行说明。

①“参照标高”：标高限制，取决于放置梁的工作平面，只读不可修改。

②“*YZ* 轴对正”：包含“统一”和“独立”两种。使用“统一”可为梁的起点和终点设置相同的参数，使用“独立”可为梁的起点和终点设置不同的参数。

③“结构用途”：用于指定梁的用途。包含“大梁”“水平支撑”“托梁”“其他”“檩条”和“弦”六种。

调整完“属性”面板中的参数后，在“状态栏”完成相应的设置，如图 4.58 所示。

图 4.58　梁布置状态栏

下面对“状态栏”的参数进行说明。

①“放置平面”：系统会自动识别绘图区当前标高平面，不需要修改。如在结构平面 F1-S 中绘制梁，则在创建梁后“放置平面”会自动显示“F1-S”。

②“结构用途”：这个参数用于指定结构的用途，包含“自动”“大梁”“水平支撑”“托梁”“其他”和“檩条”。系统默认为“自动”，会根据梁的支撑情况自动判断，用户也可以在绘制梁之前或之后修改结构用途。结构用途参数会被记录在结构框架的明细表中，方便统计各种类型的结构框架的数量。

③“三维捕捉”：勾选“三维捕捉”可以在二维视图中捕捉到已有图元上的点，如图 4.59 所示，从而便于绘制梁，不勾选则捕捉不到点。

④“链”：勾选“链”，可以连续地绘制梁，若不勾选，则每次只能绘制一根梁，即每次都需要点选梁的起点和终点，当梁较多且连续集中时，推荐使用此功能。

在结构平面视图的绘图区绘制梁，点击选取梁的起点，拖动鼠标绘制梁线，至梁的终点再点击，完成一根梁的绘制。

在轴网上添加多个梁，启动梁命令，点击“修改｜放置梁”选项卡→“多个”面板→“在轴网上”。

几何图形位置	
YZ 轴对正	统一
Y 轴对正	原点
Y 轴偏移值	0.0
Z 轴对正	顶
Z 轴偏移值	0.0

图 4.59　三维捕捉

选择需要放置梁的轴线，完成梁的添加，见图 4.60 所示。也可以按住“Ctrl”键选择多条轴线，或框选轴线。放置完成后，点击功能区“√”完成。

放置完成后选中添加的梁，在“属性”面板中，会显示出梁的属性，与放置前属性栏相比，新增如下几项。

①“起点标高偏移”：梁起点与参照标高间的距离。当锁定构件时，会重设此处输入的值。锁定时只读。

②“终点标高偏移”：梁端点与参照标高间的距离。当锁定构件时，会重设此处输入的值。锁定时只读。

③“横截面旋转”：控制旋转梁和支撑，从梁的工作平面和中心参照平面方向测量旋转角度。

④ 起点附着类型“终点高程”或“距离”：指定梁的高程方向。“终点高程”用于保持放置标高，“距离”用于确定柱上连接位置的方向。

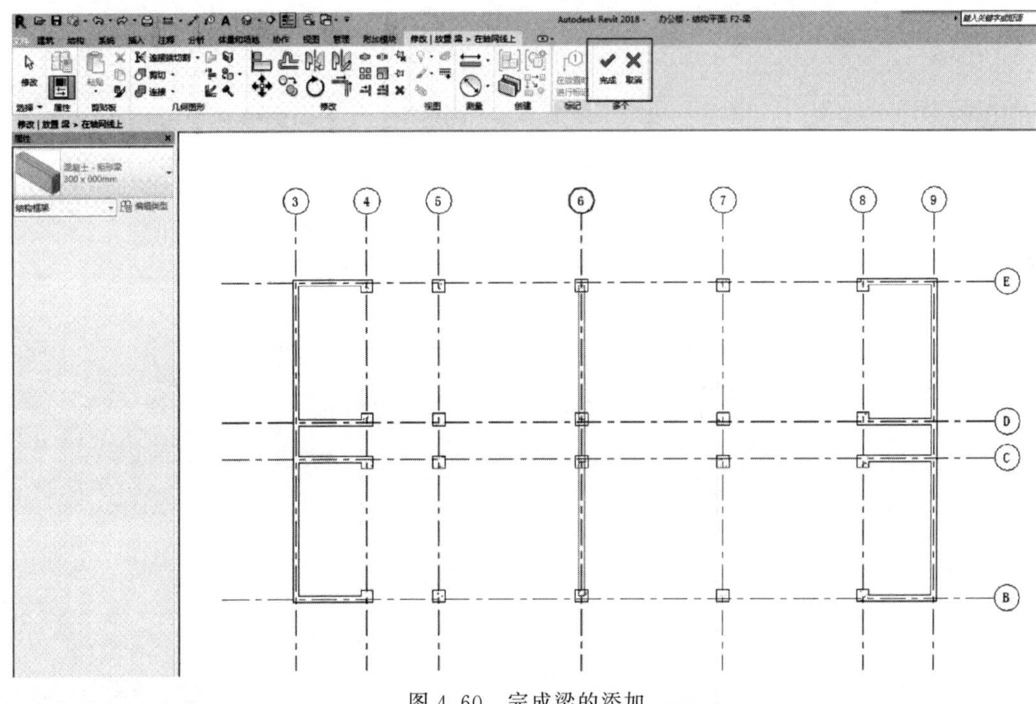

图 4.60　完成梁的添加

结构梁系统命令：“结构”选项卡→“结构”面板→“梁系统”，如图 4.61 所示。

快捷键：“BS”。

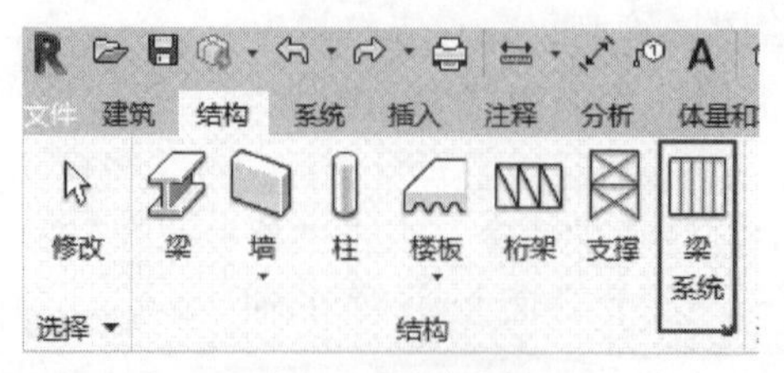

图 4.61 梁系统建模

梁系统用于创建一系列平行放置的结构梁图元。如某个特定区域需要放置等间距固定数量的次梁，即可使用梁系统进行创建。用户可以通过手动创建梁系统边界和自动创建梁系统两种方法进行创建。

(1) 创建梁系统边界 启动“梁系统”命令后，进入创建梁系统边界模式，点击“修改｜创建梁系统边界”选项卡→“绘制”面板→“边界线”，如图 4.62 所示，可以使用面板中的各种绘图工具绘制梁边界。

绘制方式有如下三种：①绘制水平闭合的轮廓；②通过拾取线（梁、结构墙等）的方式定义梁系统边界；③通过拾取支座的方式定义梁系统边界。

图 4.62 创建梁系统边界

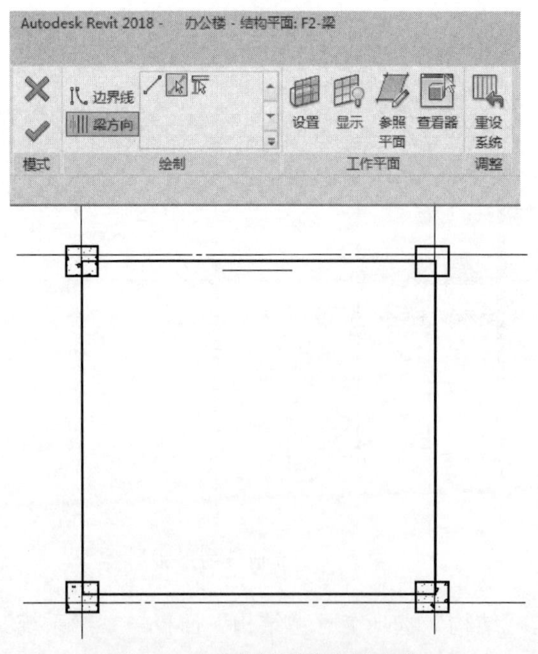

图 4.63 选择梁系统布置方向

点击“修改｜创建梁系统边界”选项卡→“绘制”面板→“梁方向”，在绘图区点击梁系统方向对应的边界线，即选中此方向为梁的方向，如图 4.63 所示。点击“修改｜创建梁系统边界”→“模式”面板→“√”按钮，退出编辑模式，完成梁系统的创建。

梁系统是一定数量的梁按照一定的排布规则组成的，它有自己独立的属性，与梁的属性不同。选中梁系统，在“属性”面板或“选项栏”处编辑梁系统的属性，如图 4.64 所示，主要包括布局规则、固定间距、梁类型等。用户可根据需要选择不同的布局排列规则。

点击“修改｜结构梁系统”选项卡→“模式”面板→“编辑边界”，可进入编辑模式，修改梁系统的边界和梁的方向；点击“删除梁系统”，可删除梁系统，如图 4.65 所示。

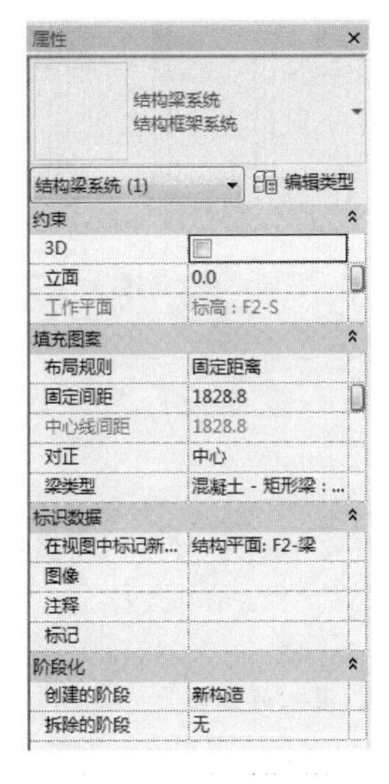

图 4.64　梁系统属性

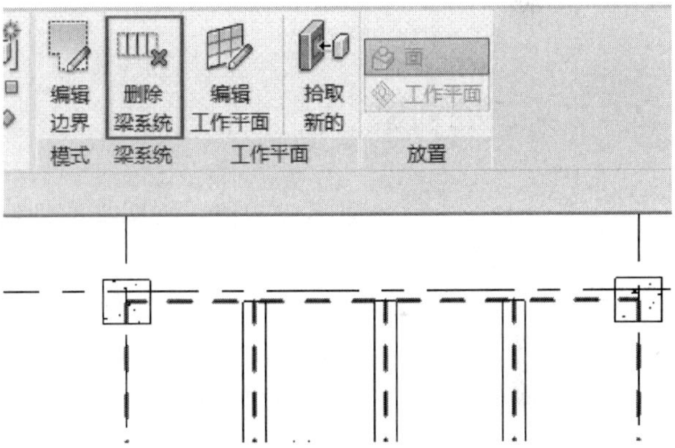

图 4.65　删除梁系统

(2) 自动创建梁系统　当绘图区已有封闭的结构墙或梁时，启动“梁系统”命令，进入放置结构梁系统模式，功能区默认选择“自动创建梁系统”，如图 4.66 所示。

选项栏显示如图 4.67 所示，用户可以在此设置好梁系统中梁的类型、对正以及布局方式。

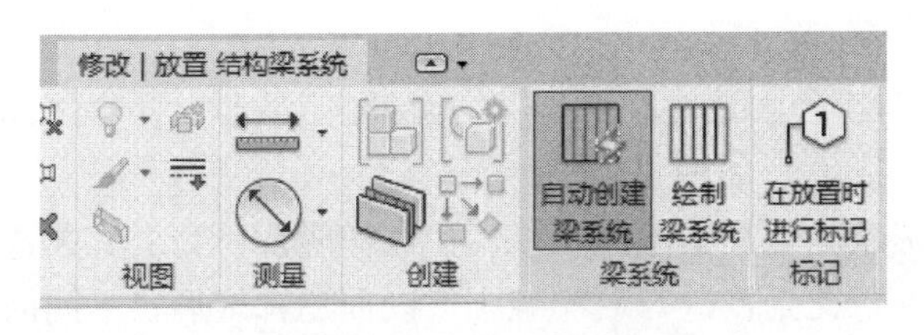

图 4.66　自动创建梁系统

修改 | 放置 结构梁系统　梁类型: 300 x 600mm　对正: 中心　布局规则: 固定距离　1828.8　三维　墙定义坡度　标记样式: 系统

图 4.67　梁系统选项栏

状态栏提示“选择某个支撑以创建与该支座平行的梁系统”。

光标移动到水平方向的支撑处，此时会显示出梁系统中各梁的中心线，如图 4.68 所示，点击鼠标，系统会创建水平方向的梁系统，如图 4.69 所示。

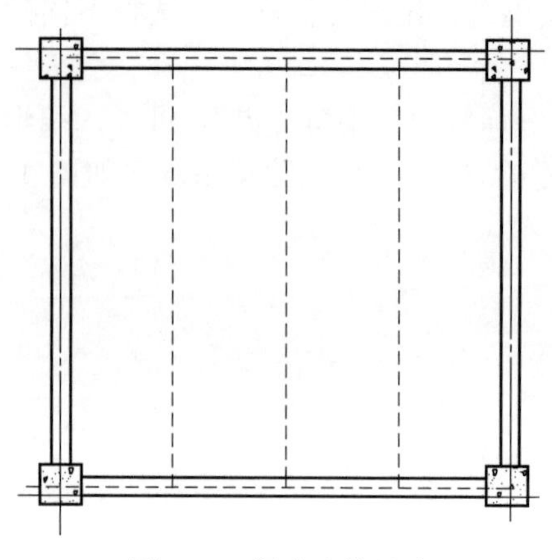

图 4.68　梁中心线显示

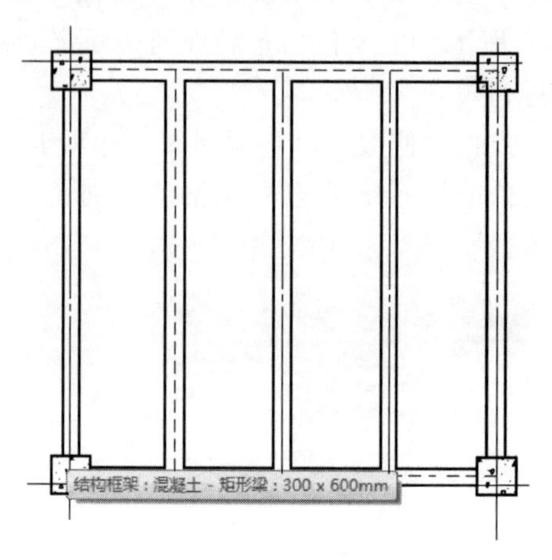

图 4.69　完成梁系统创建

4.2.4　梁族的创建

本节以变截面混凝土矩形梁为例，说明如何创建结构框架梁族。

点击“应用程序”菜单→“新建”→“族”弹出“新族-选择族样板”对话框。Revit 的样板库中，为结构框架提供了两个族样板：“公制结构框架-梁和支撑 . rft”和“公制结构框架-综合体和桁架 . rft”。

(1) 选择族样板　选择“公制结构框架-梁和支撑 . rft”，进入族编辑器，如图 4.70 所示。样板中已经预先设置好了一个矩形截面梁模型。用户可根据需要对其进行修改或删除，本案例将其删除。

(2) 设置“族类别和族参数”　点击“创建”选项卡→“属性”面板→“族类别和族参数”，打开“族类别和族参数”对话框。“符号表示法”设置为“从族”，“用于模型行为的材质”设置为“混凝土”，“显示在隐藏视图中”设置为“被其他构件隐藏的边缘”，如图 4.71 所示。

(3) 设置族类型和参数　点击“创建”选项卡→“属性”面板→“族类型”，添加“b”“h”“h1”三个类型参数。

(4) 创建参照平面　进入左立面视图，绘制参照平面，并添加标注，然后将标注与参数“b”“h”“h1”关联，如图 4.72 所示。

(5) 绘制模型形状　创建本例形状采用“放样融合”命令，在选好的路径首尾创建两个不同的轮廓，并沿此路径进行放样融合，以创建首尾形状不同的变截面梁。

删除样板中自带的图形。

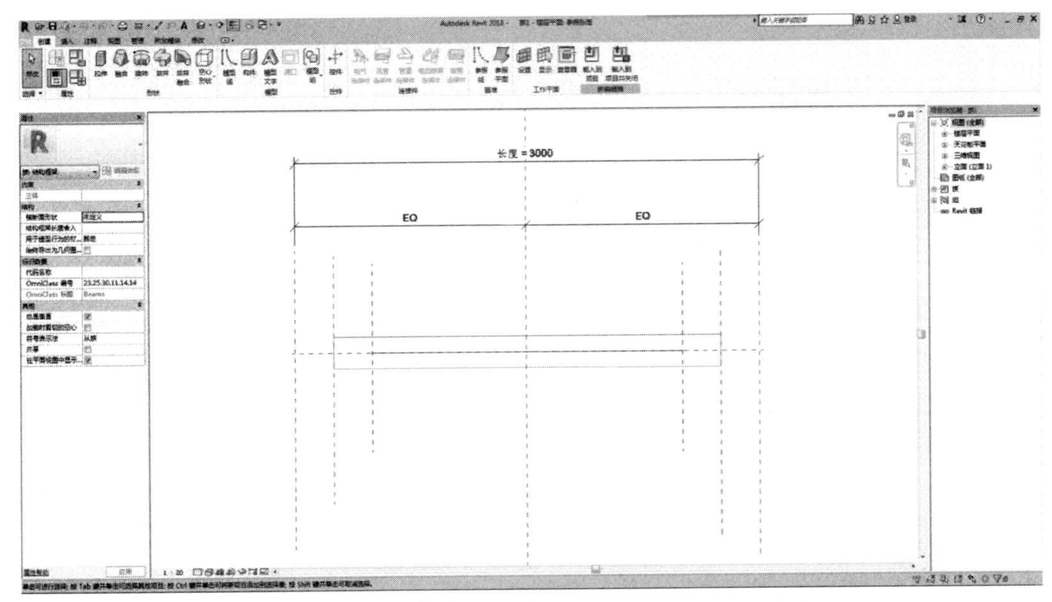

图 4.70 公制梁族编辑器

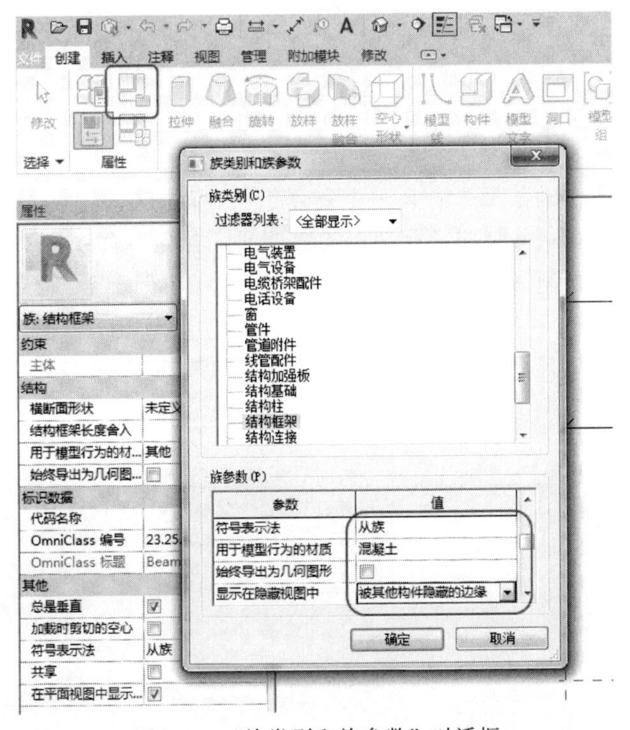

图 4.71 “族类别和族参数”对话框

在“项目浏览器”中，双击打开“楼层平面”中“参照标高”平面。

点击“创建”选项卡→“形状”面板→“修改｜放样融合”，进入编辑模式，此时的上下文选项卡如图 4.73 所示。在“放样融合”中，需要编辑“路径”“轮廓 1”“轮廓 2”三部分，才能完成创建。

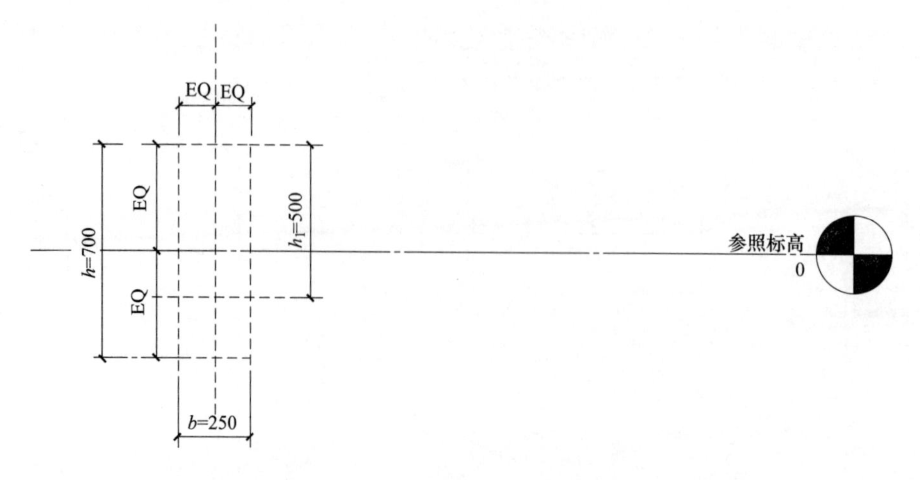

图 4.72　绘制参照平面并添加尺寸注释

图 4.73　“放样融合”上下文选项卡

点击“修改｜放样融合”选项卡→“编辑”→“面板”→“绘制路径”，在视图中沿梁长度方向绘制路径，并将路径及端点与参照平面锁定，如图 4.74 所示。点击“修改｜放样融合”→“绘制路径”→“模式”面板→“√”，完成路径绘制。

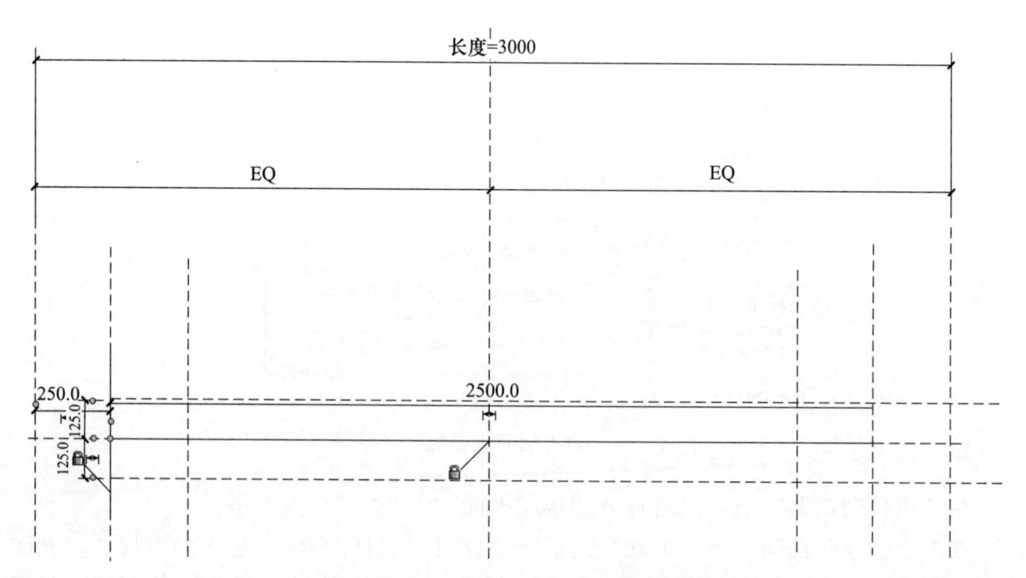

图 4.74　放样融合路径绘制及锁定

点击“选择轮廓 1”→“编辑轮廓”，系统将弹出“转到视图”对话框，如图 4.75 所示。选择“立面：左”，点击“打开视图”，将转到左立面视图进行轮廓的绘制。

在左立面视图绘制梁的截面形状，并与相应的参照平面对齐锁定，如图 4.76 所示。点击“修改｜放样融合”→“编辑轮廓”→“模式”面板→“√”，完成轮廓 1 的绘制。

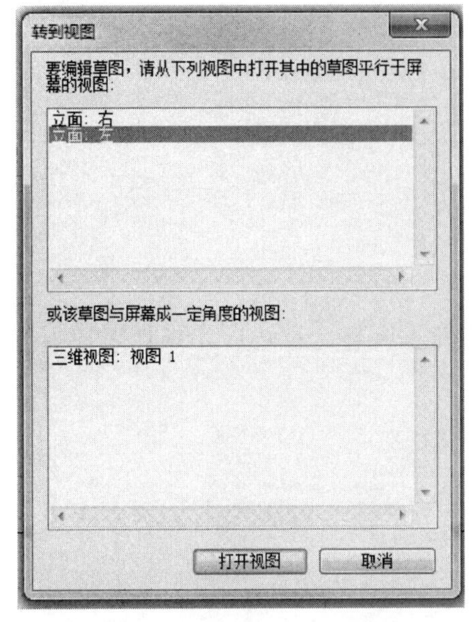

图 4.75 “转到视图”对话框

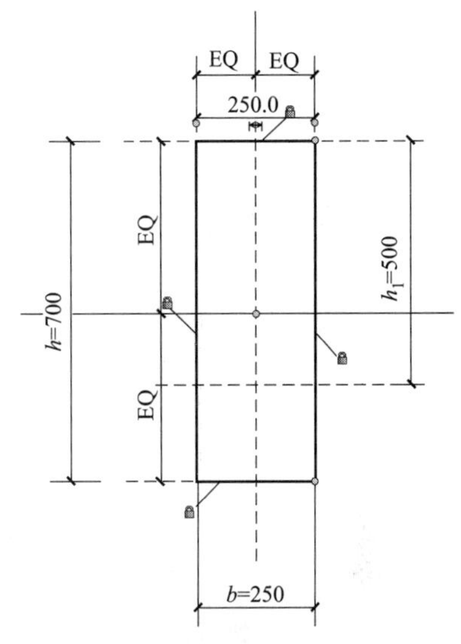

图 4.76 绘制梁的截面形状——轮廓 1

点击“选择轮廓 2”→“编辑轮廓”，在绘图区绘制梁的截面形状，并与参照平面对齐锁定，如图 4.77 所示。点击按钮“√”，完成轮廓 2 的绘制。再次点击按钮“√”完成放样融合的编辑。

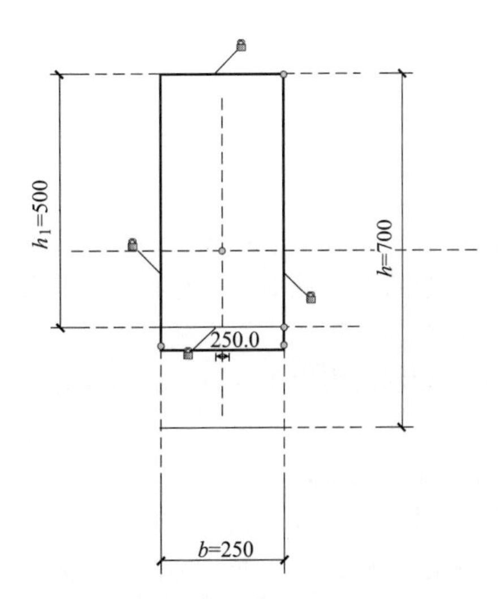

图 4.77 绘制梁的截面形状——轮廓 2

根据需要设置材质，完成框架梁的创建。可在不同视图检查创建构件的形状是否正确，转到前立面视图，显示效果如图 4.78 所示。转到三维视图，显示效果如图 4.79 所示。

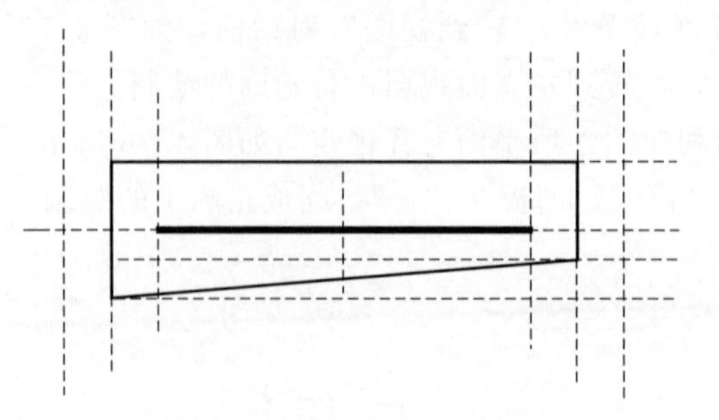

图 4.78　梁的前立面视图

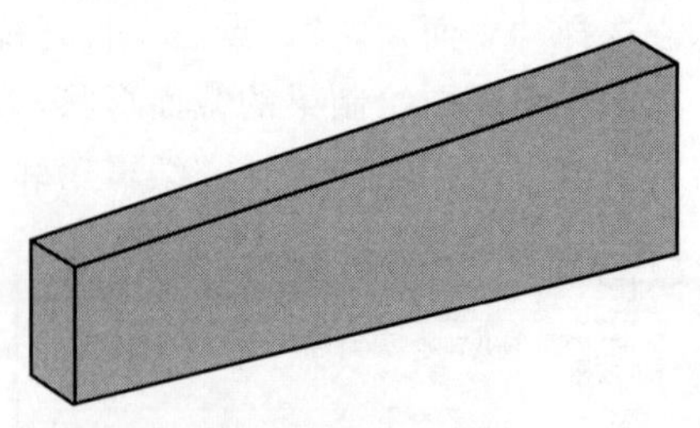

图 4.79　梁的三维视图

4.2.5　梁施工图绘制

施工图主要包括模板图和梁配筋图。进行梁施工图标注前，应先将视图样板选为“结构工作视图”样板，如图 4.80 所示。

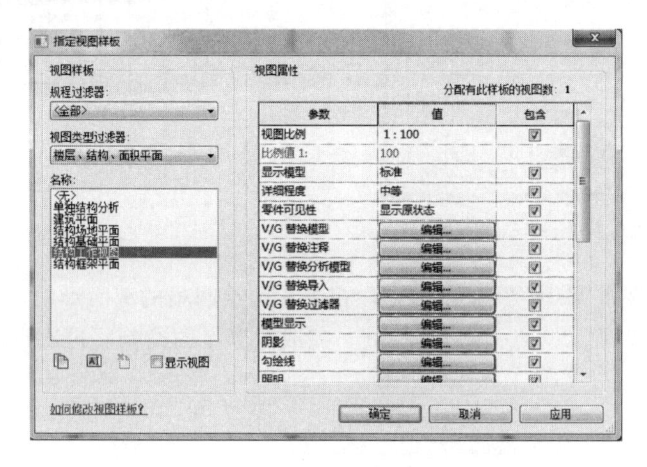

图 4.80　指定“结构工作视图”样板

模板图中需要注释的内容包括：梁编号、梁跨号、梁截面、梁面标高。

梁配筋图中需要注释的内容包括：梁集中标注、梁原位标注。其中，梁集中标注主要内容为：梁编号、梁跨号、总跨数、截面、对称标记、箍筋、架立筋、底筋、腰筋标高；梁原位标注主要内容为：截面、箍筋、架立筋、底筋、腰筋、标高、左负筋、右负筋。梁原位标注中与集中标注相同的内容不标注。为对梁进行注释，需要事先做好标注族，需要的标注族如下。

模板图：梁编号（包括梁编号跟梁跨号，如 KL1-2)、梁截面、梁标高。

配筋图：集中标注（梁编号、总跨数、截面、箍筋、架立筋、底筋、腰筋、标高)、原位标注（截面、箍筋、架立筋、底筋、腰筋、标高、负筋左、负筋右、底筋)。

参数设置：梁施工图需要的共享参数见表 4.3。

对梁信息进行标注，可以使用添加共享参数的方法，将共享参数作为族参数加入梁族中。绘制施工图时，将梁施工图需要的信息作为共享参数输入到梁图元中，之后用标记族标注，将共享参数添加到梁的族参数。

表 4.3 梁施工图共享参数

参数名	类型	示例值
梁顶面标高高差	文字	(H－0.300)
梁配箍率	文字	0.21%
梁配筋率	文字	1.2%
梁跨数	文字	5
梁编号	文字	KL
梁纵向构造筋或扭筋	文字	N2&16
梁箍筋	文字	$8@100/200(2)
梁序号	文字	1
梁跨号	文字	1
梁加腋	文字	PY500×250
梁下部纵筋	文字	3&25
梁上部通长筋或架立筋	文字	2&14
对称标记	文字	(D)
梁高	长度	700
梁宽	长度	250
单梁高	文字	750
单梁宽	文字	300
单梁顶面标高高差	文字	(H－0.400)
单梁箍筋	文字	&10@100(2)
单梁竖向加腋筋(左)	文字	(Y3&25)
单梁竖向加腋筋(右)	文字	(Y3&25)
单梁水平加腋筋(左)	文字	(Y2&25)
单梁水平加腋筋(右)	文字	(Y2&25)
单梁构造筋或扭筋	文字	G2&14
单梁支座上部纵筋(左)	文字	3&22
单梁支座上部纵筋(右)	文字	3&22
单梁加腋	文字	Y500×250
单梁下部纵筋	文字	3&22
单梁上部通长筋或架立筋	文字	2&22

注：& 在 Revit 字体中表示 HRB400 级钢筋，余同。

(1) 创建共享参数 txt 文件 在 Revit“管理”命令面板下选择“共享参数”命令，如图 4.81 所示。在“编辑共享参数”对话框中点击“创建”按钮，如图 4.82 所示。然后在弹出对话框输入文件名和储存位置，本例的文件名为“梁共享参数 .txt”，储存位置应相对固定以便统一维护。

在“组”附框下点击“新建”按钮创建新组，输入组名如“梁平法”，如图 4.83 所示。

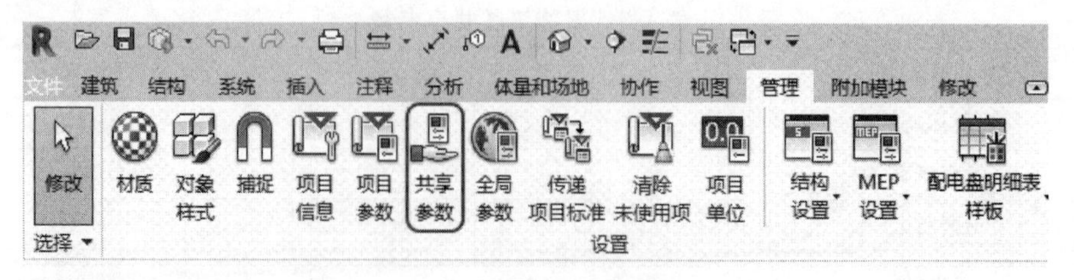

图 4.81　选择“共享参数”

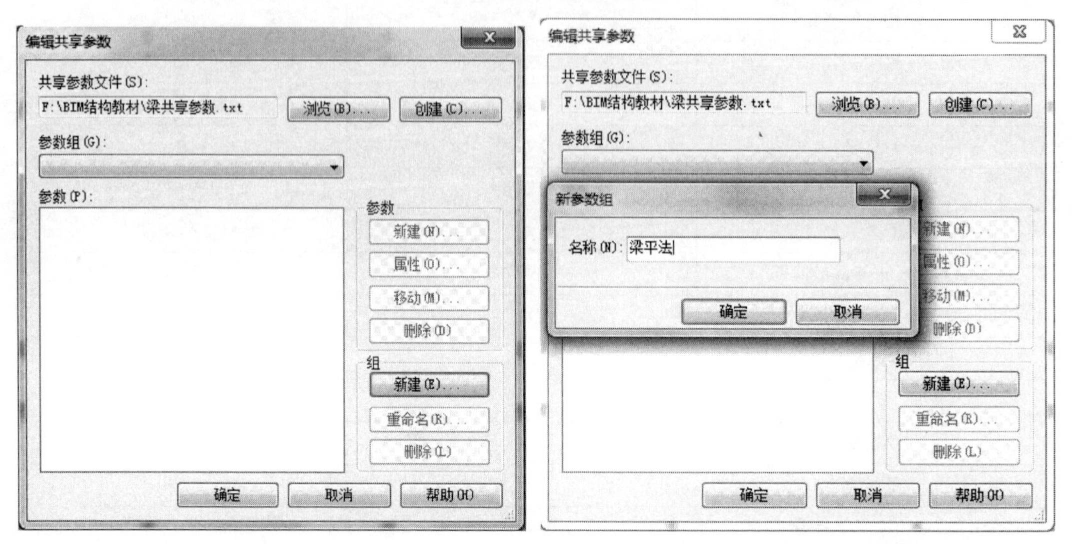

图 4.82　新建梁的共享参数文件　　　　图 4.83　新建共享参数组

在“参数”附框下点击“新建”按钮创建共享参数，输入参数名如“梁宽”，选择“规程”为“公共”，选择“参数类型”为“长度”，如图 4.84 所示。用同样的方法，创建表 4.3 提及的其余共享参数。注意共享参数以 GUID（而非名称）作为标记，因此建议企业内部的共享参数由公司层面统一进行设置与维护，以方便管理。

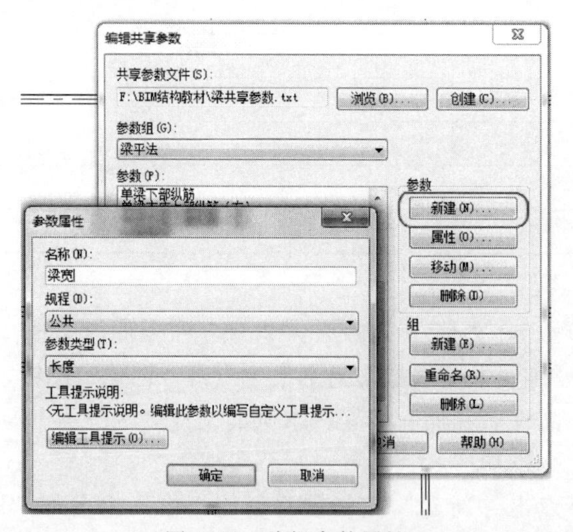

图 4.84　编辑参数属性

(2) 将共享参数添加到族文件或项目文件 上面介绍了共享参数 txt 文件的创建过程，但里面的参数还没有载入项目或者族文件中。分别在梁族、标记族中添加同样的共享参数，并在项目文件中加载这两个族，完成梁截面标注的示意。

点击“Revit”→“打开”→“族”，打开 Revit 自带的结构梁族文件（\结构\框架\混凝土\混凝土-矩形梁 . rfa），点“族类型”按钮，弹出族类型及参数设置框，点击参数栏的“新建参数”按钮，如图 4.85 所示。

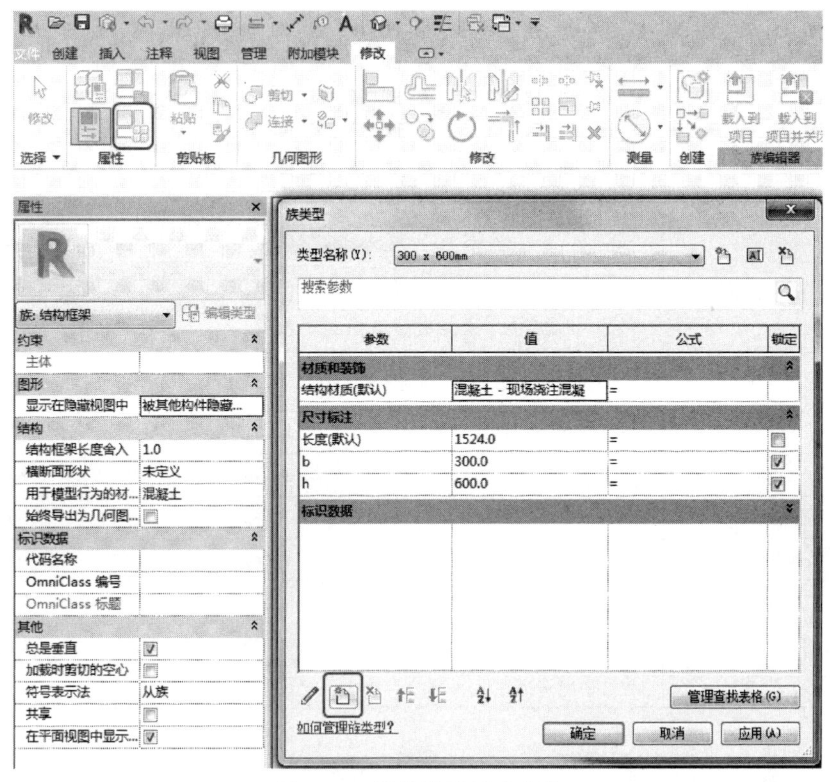

图 4.85 梁族类型新建参数

在“参数属性”框中选择“共享参数”，选择“梁平法”参数组。据具体参数的不同，分别设为“类型参数”或者“实例参数”。本例选择“梁高”参数应设为“类型参数”；如果是梁的钢筋参数，则一般为“实例参数”，如图 4.86 所示。

梁标注方法如下所述。

(1) 创建注释族示例 点击“菜单”→“新建”→“族”，在模板列表中选择“注释”文件夹下的“公制常规标记”模板，点击“创建→族类别和族参数”，族类别选择为“结构框架标记”，族参数中勾选“随构件旋转”，如图 4.87 所示。附着点的设置，对于不同的标签类型有所不同，具体见表 4.4。

接下来，将标签与相应的共享参数关联。点击“创建”→“文字”→“标签”，将鼠标移至绘图区域中适当位置，点击左键，在该位置创建标签，鼠标点击后出现如图 4.88 所示对话框。在对话框中点击左下角“添加参数”按钮，在弹出的对话框中点击“浏览”按钮，并选择已创建好的共享参数文件。此时，“参数”列表框中出现已设定的共享参数，如图 4.89 所示。

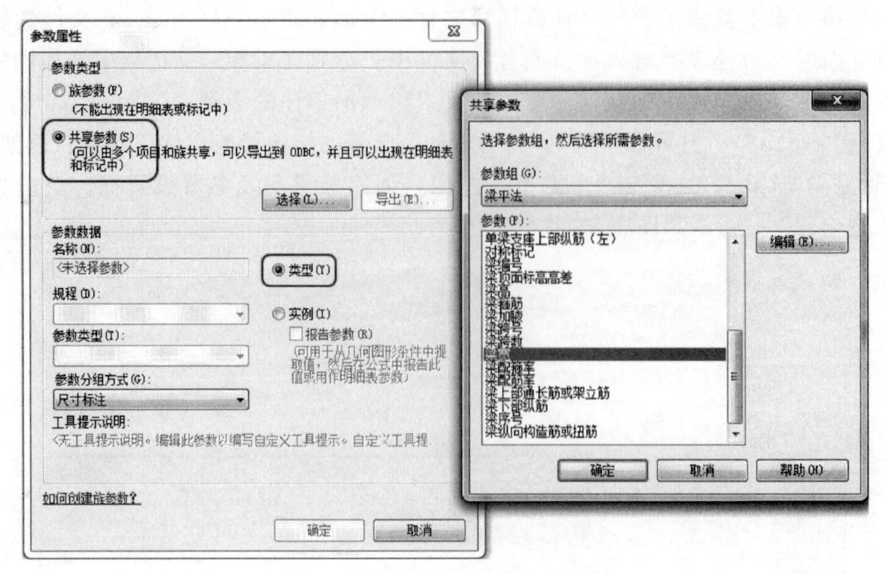

图 4.86　梁族类型新建共享参数

表 4.4　附着点设置

标　签	附　着　点	标　签	附　着　点
梁面标高	中点	右负筋	终点
梁截面	中点	梁面标高	中点
梁跨号	中点	腰筋	中点
梁编号	中点	底筋	中点
配筋集中标注	中点	架立筋	中点
左负筋	起点	箍筋	中点

图 4.87　创建注释族

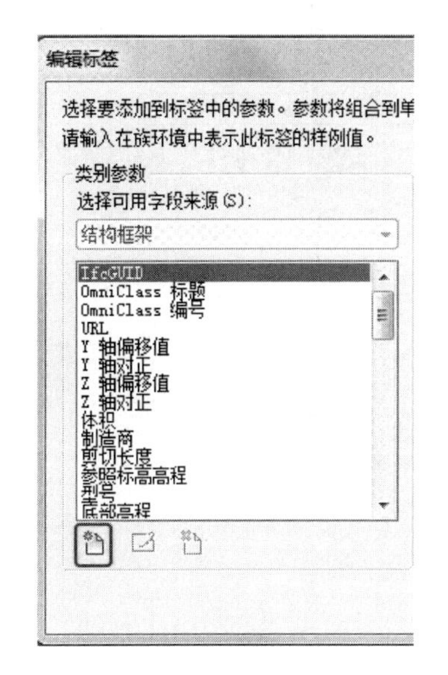

图 4.88　创建标签

图 4.89　为文字标签选择共享参数

选择参数“梁高”，并点击“确定”，“梁高”参数便添加到标签可用参数列表中，如图 4.90 所示。

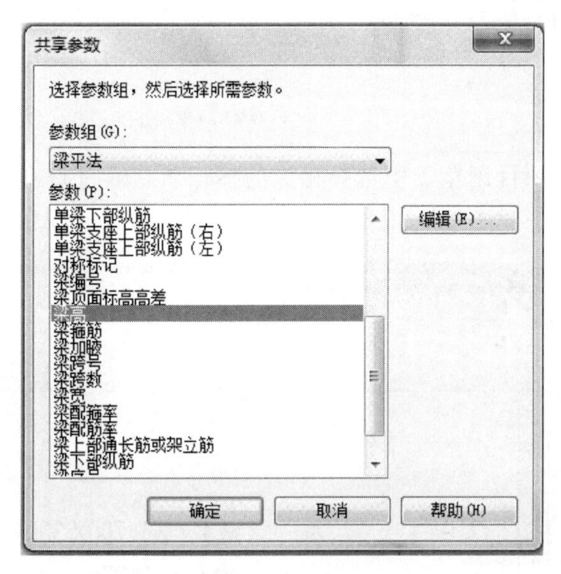

图 4.90　选择“梁高”添加到标签可用参数列表

同理，将“梁宽”参数也添加到标签可用参数列表中，在列表中调整顺序，并进行前缀、后缀、断开等设置，如图 4.91 所示。

设置完毕后点击“确定”，完成的标签如图 4.92 所示。同理，可定制其他标签。

(2) 梁截面标注　梁截面标注有两种方法，第一种方法是使用 Revit 提供的梁注释功能，如图 4.93 所示，使用该功能可以实现梁截面的批量注释，但由于标签是批量生

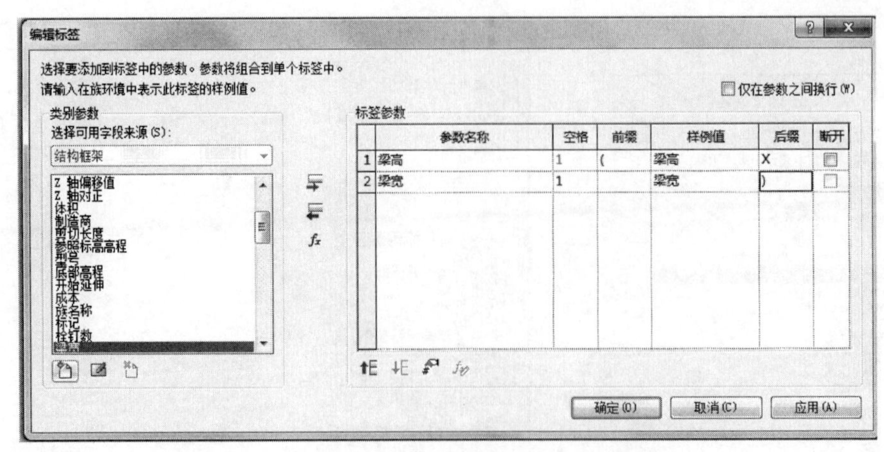

图 4.91 选择“梁宽”添加到标签可用参数列表

(梁高X 梁宽)

图 4.92 完成的文字标签

成的，当梁比较密集时，会出现标签重叠，需要人工调整。

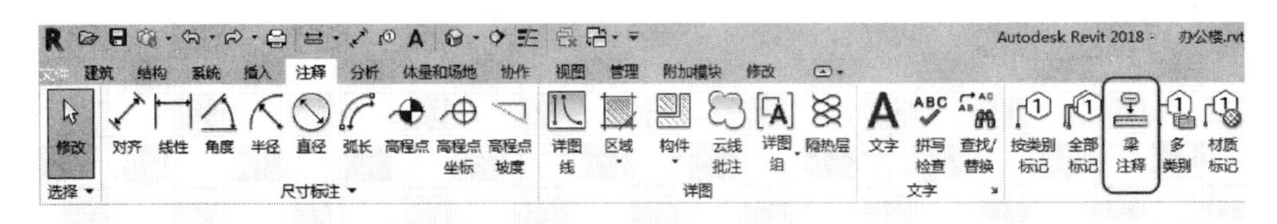

图 4.93 梁注释面板

第二种方法是在项目浏览器中选择相应的标记族，通过点击“右键”→“创建实例”对梁进行配筋集中标注，如图 4.94 所示。梁配筋原位标注信息的输入方法与集中

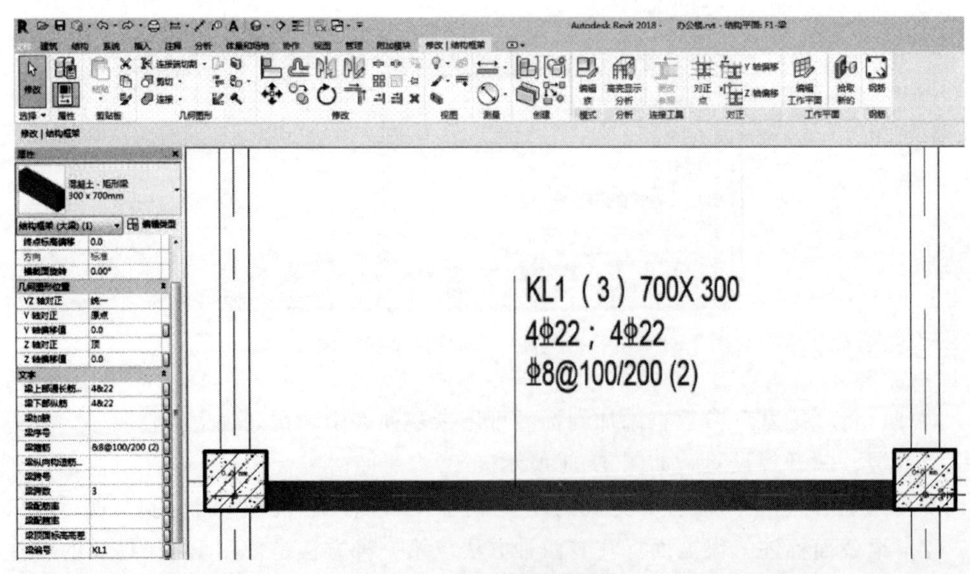

图 4.94 完成的梁集中标注

标注相同，信息输入完毕后，在“项目浏览器”→“族”→“注释符号”菜单下分别找到“左负筋集中标注”“右负筋集中标注”“梁底筋集中标注”等标记族，点击“右键”→“创建实例”，对梁进行配筋原位标注。

4.3 板的设计与建模

4.3.1 板的设计概要

楼板根据其构造不同，可分为有梁楼盖和无梁楼盖。有梁楼盖的楼板设梁支承，为常见的楼、屋盖形式；无梁楼盖为平板支承于柱上，根据抗冲切、抗弯的需要设置柱帽（也可不设），由于结构高度较小，多用于地下室隔板或顶板，也可用于公共建筑的楼、屋盖以减小结构高度。本节以下内容均为有梁楼盖的设计与构造。

根据受力状态，可将板区分为单向板与双向板。单向板指的是只有单向支承或虽有双向支承但长短边之比大于 3 的板；而双向板指双向有支承且长短边之比不大于 3 的板。若仅一边或两个相邻边有固定支座，则成为单向悬挑或双向悬挑板。

(1) 板厚 板的厚度一般由设计计算确定，应满足承载能力、刚度和裂缝控制、舒适性的要求，还应考虑使用要求（包括防火要求）、预埋管线、施工方便和经济方面的因素。

为便于设计，现浇板的厚度可参考如下数值：单向板取短向跨度的 1/30；双向板取短向跨度的 1/40；悬臂板取跨度的 1/12。跨度超过 4m 的板厚度应适当加大，荷载较大时板厚应另行考虑。考虑受力与施工的可行性，现浇板的最小厚度对单向板来说，民用建筑不小于 60mm，工业建筑不小于 70mm，行车道板不小于 80mm，双向板不小于 80mm。有关建筑结构设计规范中对房屋某些结构部位的最小楼板厚度提出了要求，如高层结构的现浇混凝土屋面板厚度不宜小于 120mm；普通地下室顶板厚度不宜小于 160mm。

考虑防火要求，现浇板厚度 80mm，保护层厚度 15mm 时，耐火时限为 1.45h（能满足二级耐火等级的要求），保护层厚度 20mm 时为 1.5h；板厚 90mm，保护层厚度为 15mm 时，耐火时限为 1.75h，保护层厚度为 20mm 时为 1.85h（以上几种均能满足一级耐火等级的要求）。

考虑管道预埋，要求板厚不小于 3 倍预埋管径，若管道有交叉板厚还需加大，应将管道预埋在双层钢筋网中间，且保证上下均有不小于 40mm 的保护层厚度。若上部无钢筋网，应采取增设防裂钢筋网等措施防止板沿垂直管道方向出现裂缝。住宅中的楼板，预埋 Dg25mm 管道时，板厚不小于 100mm；若有 Dg25mm 管道交叉预埋则板厚不应小于 120mm。

(2) 板的配筋 板配筋常用的钢筋直径：板厚不超过 100mm 时为 6～10mm，板厚

100～150mm 时为 8～12mm，板厚大于 150mm 时为 10～16mm。板的钢筋常用 HRB400 级钢筋。板的配筋方式有分离式和弯起式两种，分离式配筋因施工方便，已成为工程中目前主要采用的配筋方式。

① 单向板。图 4.95 为跨度相差不超过 20%时，连续板的分离式配筋示意。图中，当 $q \leqslant 3g$ 时，$a_i > l\text{n}_i/4$；当 $q > 3g$ 时，$a_i > l\text{n}_i/3$。q 为板的均布活荷载设计值；g 为均布恒荷载设计值。实际工程中，为施工方便，多按相邻跨的较大跨度计算 a_i，按支座两侧钢筋长度相同处理。对按塑性内力重分布设计跨度相差较大的连续板和必须按弹性分析的连续板，其上部受力钢筋伸过支座边缘的长度应根据弯矩包络图形确定，并需满足延伸长度和锚固的要求。

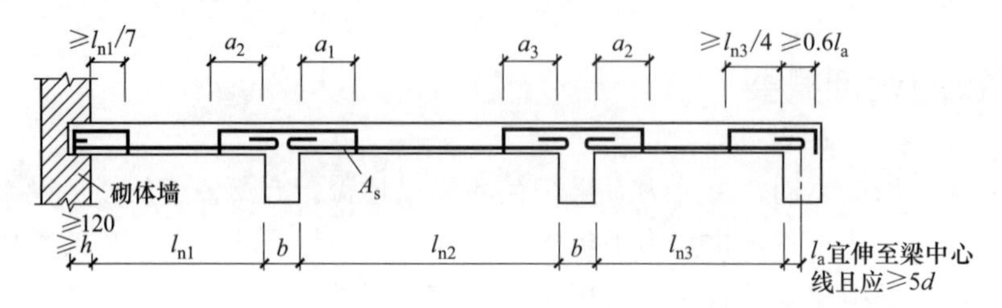

图 4.95　跨度相差不超过 20%时连续板的分离式配筋

② 双向板。图 4.96 所示为连续双向板分离式配筋示意，图中 L_1 取 L_1 与 L_2 中的较小值。双向板较大弯矩方向（短跨方向）的受力钢筋配置在外层，另一方向（长跨方向）的受力钢筋设在内层。

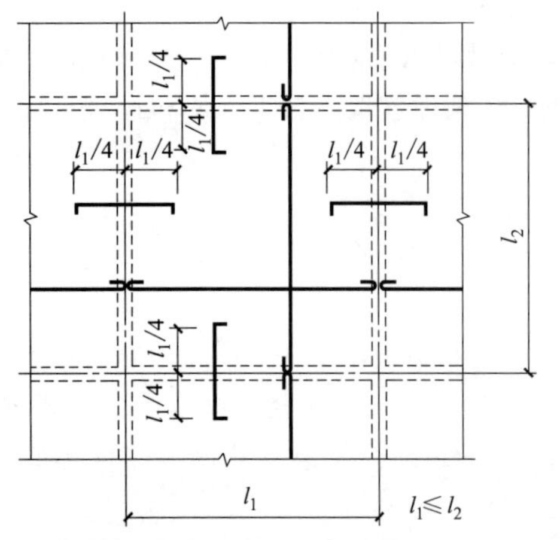

图 4.96　连续双向板分离式配筋

③ 悬挑板。悬挑板钢筋伸入墙、梁内的长度应按充分利用其抗拉强度的锚固长度的要求确定。如图 4.97 所示，该钢筋通常采用两种配筋方式：板的上部受力钢筋单独配置图 4.97（a）或与相连梁的箍筋合并配置图 4.97（b）。对高度离地面 30m 以上且悬挑长度大于 1.2m 的悬臂板，以及位于抗震设防区悬挑长度大于 1.5m 的悬臂板，底部需配置不少于Φ8@ 200 的钢筋。

④ 分布钢筋。板中分布钢筋的作用是：承受和传递分布板上局部荷载产生的内力；在浇灌混凝土时固定受力钢筋；抵抗混凝土收缩和温度变化产生的沿分布钢筋方向的拉应力。单向板垂直于受力钢筋方向以及双向板的支座负筋不构成双向钢筋网时，需要设置分布钢筋。分布筋规格与板厚及受力筋大小有关，单位宽度上分布钢筋的截面面积不宜小于单位宽度上受力钢筋截面面积的 15%，且配筋率不宜小于 0.15%；分布钢筋的直径不宜小于 6mm，间距不宜大于 250mm。

⑤ 构造钢筋。现浇板中的构造钢筋承受不便准确计算但又实际存在的内力（通常为负弯矩或拉力）。嵌固在砌体墙内的现浇混凝土板周边支座、单向板的短边支座板面构造钢筋的直径一般不宜小于 8mm，间距不宜大于 200mm。抵抗温度、收缩的构造钢

筋应配置在板的表面，其间距不宜大于200mm；并使板的上、下表面沿纵、横两个方向的配筋率（受力主筋可包括在内）均不宜小于0.1%。板面上表面抗温度、收缩构造钢筋可利用原有上部钢筋贯通布置，也可另行设置构造钢筋网，并与原有钢筋按受拉钢筋的要求搭接或在周边构件中锚固，如图4.98所示。

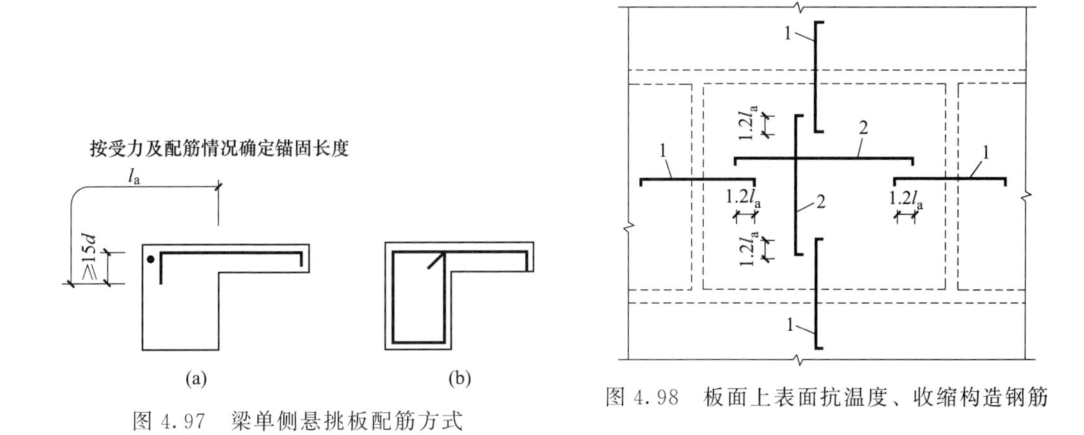

图4.97　梁单侧悬挑板配筋方式

图4.98　板面上表面抗温度、收缩构造钢筋

4.3.2　板的施工图表示方法

板的平法施工图是指在楼面板和屋面板的平面布置图上，采用平面注写的方式表达的施工图。板平法为目前普遍采用的施工图表示方法。平法注写包括板块集中标注和板支座原位标注。平法施工图一般默认结构平面的坐标方向为正交轴网的从左到右为 X 向，从下到上为 Y 向；向心轴网的切向为 X 向，径向为 Y 向；轴网较复杂时应在图上注明各部分的 X、Y 方向。

板块标注的内容为：板块编号，板厚，上部贯通纵筋、下部纵筋，以及当板面标高不同时的标高高差。所有板块应逐一编号，相同编号选择其一做集中标注，其他仅注圆圈内的板编号，以及当板面标高不同时的标高高差。板编号以LB表示楼板、WB表示屋面板、XB表示悬挑板。板厚注写“h=×××”，以mm为单位。如设置上部贯通筋则以“T：XΦ××@×××，YΦ××@×××”标注，下部纵筋以“B：XΦ××@×××，YΦ××@×××”标注，若上下纵筋相同则可简略注写“B&T”，X、Y 向纵筋相同则注写“X&Y”。板面标高高差，系指相对于结构层楼面标高的高差，应将其注写在括号内，且有高差则注，无高差不注。

支座原位标注的内容为板支座上部非贯通纵筋和悬挑板上部受力钢筋。板支座原位标注的钢筋，应在配置相同跨的第一跨表达。表示方法是在配筋相同跨的第一跨（或梁悬挑部位），垂直于板支座（梁或墙）绘制一段适宜长度的中粗实线，当钢筋通长设置在悬挑板或短跨板上部时，实线段应画至对边或贯通短跨，以该线段代表支座上部非贯通纵筋，并在线段上方注写钢筋编号、配筋值、横向连续布置的跨数（注写在括号内，仅一跨时可不注）。板支座上部非贯通筋自支座中线向跨内的伸出长度，注写在线段的下方，当中间支座两侧对称伸出时，仅注一侧；两侧非对称伸出时两侧长度分别注写。对贯通全跨或悬挑板的上部支座钢筋仅需注写另一侧的伸出长度。

同一编号板块的类型、板厚和纵筋均应相同，但板面标高、跨度、平面形状以及板支座上部非贯通纵筋可以不同，如同一编号板块的平面形状可为矩形、多边形及其他形状等。施工预算时，应根据其实际平面形状，分别计算各块板的混凝土与钢材用量。

板平法施工图局部示意如图 4.99 所示。板块集中标注表示 4 号楼板，板厚 120mm，板底 X 向钢筋为 HRB400 级⌀8@150，Y 向为⌀8@200。无上部贯通筋，板面标高与楼层结构标高相同。支座原位标注的⌀8@200（5）表示从本跨起右侧连续 5 跨均布置⌀8@200 的支座负筋，长度 1300mm（边跨为总长度）。

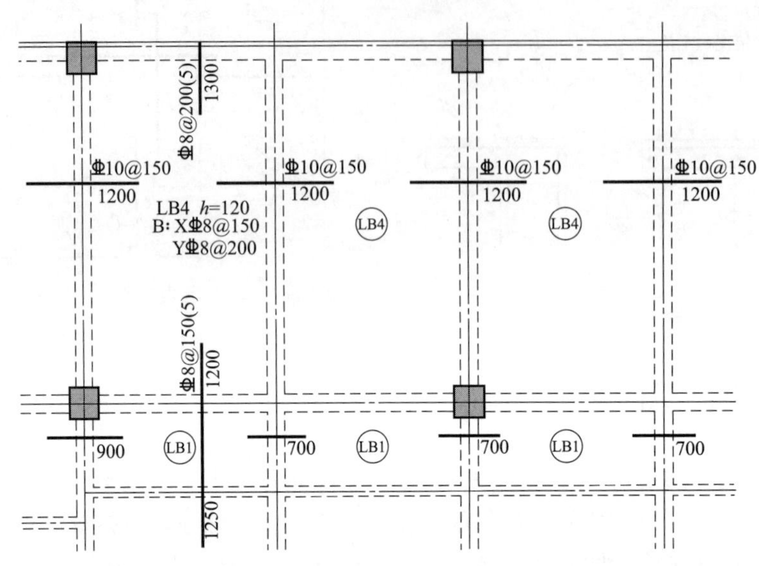

图 4.99 板平法施工图局部示意

4.3.3 板的建模

4.3.3.1 结构楼板的创建

楼板：结构命令“结构”→“选项卡”→“结构”→“面板”→“楼板”。

快捷键：“SB”。

在下拉菜单中，可以选择“楼板：结构”“楼板：建筑”或“楼板：楼板边”，如图 4.100 所示。点击图标或使用快捷键启动命令，程序会默认选择“楼板：结构”。

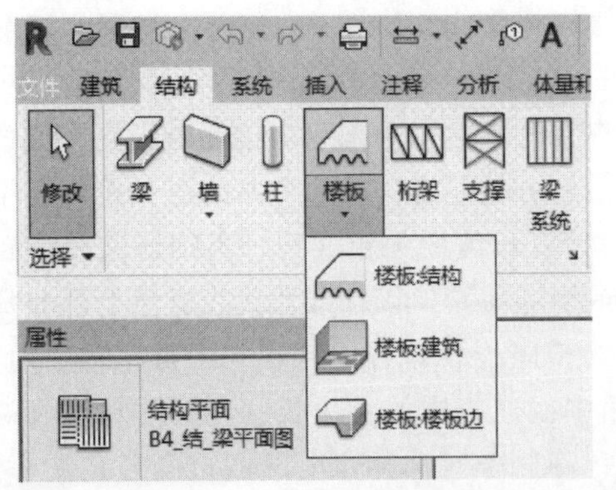

图 4.100 结构楼板的创建

结构楼板也是系统族文件，只能通过复制的方式创建新类型。

启动命令后，在功能区会显示“修改|创建楼层边界”选项卡，包含了楼板的编辑命令。默认选择为“边界线”，其中包含了绘制楼板边界线的“直线”“矩形”“多边形”“圆”等工具，如图 4.101 所示。

图 4.101 “修改 | 创建楼层边界”选项卡

在属性面板的“类型”选择器中，选择“常规-300mm”。点击“编辑类型”，在弹出的类型属性对话框中，点击“复制”，在弹出的对话框中为新创建的类型命名为“常规-150mm”，如图 4.102 所示。

点击类型属性对话框中的“编辑”按钮，弹出“编辑部件”对话框，设置结构层的厚度为 150mm，点击“确定”完成更改，即完成类型创建，如图 4.103 所示。

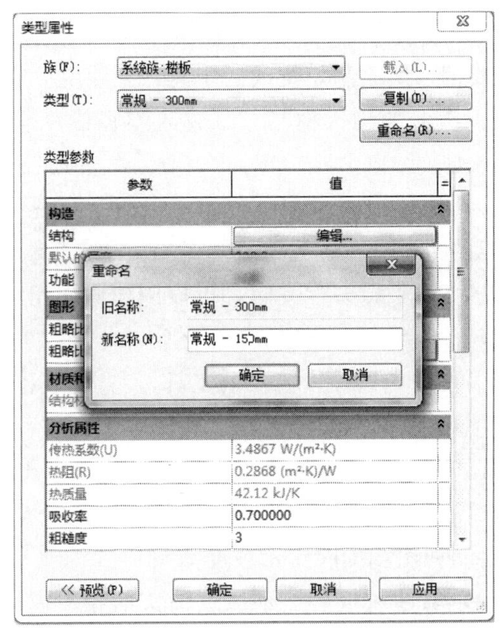

图 4.102 修改楼板族类型属性

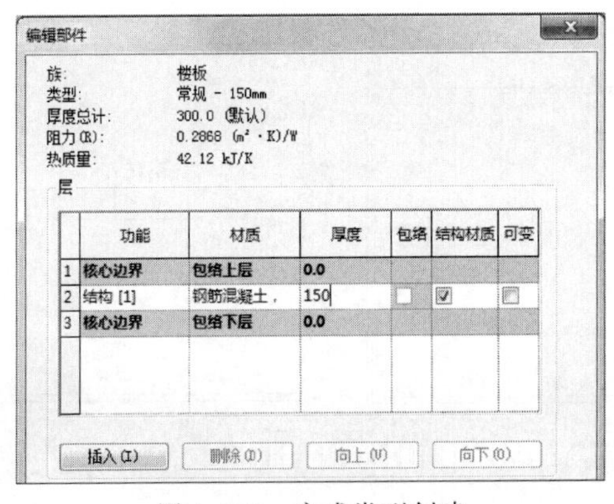

图 4.103 完成类型创建

4.3.3.2 结构楼板的放置

在属性面板类型选择器中，选择好楼板类型后，进行楼板放置。属性面板中，楼板各实例参数的含义，在本节最后介绍。

(1) 绘制边界 在“绘制”面板→“边界线”中选择合适的楼板边界的绘制方式，本例选择“直线”。在选项栏中，可以进行绘制时定位线的相关参数设置，如图 4.104 所示。选项栏中的内容会随着绘制方式的改变而改变。

图 4.104 绘制楼板边界参数

①“链”：默认为选中状态，用户可以连续地绘制边界线，也可根据需要取消勾选。

②“偏移”：指边界线偏移所绘制定位线的距离，方便用户创建悬臂板。

③“半径”：勾选后，右侧的输入框激活，输入半径值。绘制的两段定位线之间，会以设定好半径的弧相连接。

添加双坡屋顶，进入“标高 2”。使用创建的“常规-150mm”楼板，在绘图区域绘制如图 4.105 所示的楼板的边缘。

(2) 坡度箭头 点击“坡度箭头”按钮，可以创建倾斜结构楼板。不添加坡度箭头，程序会创建平面楼板。

“绘制”面板中提供了两个绘制坡度箭头的工具，“直线”和“拾取线”，“直线”被默认选中。

第一次点击鼠标左键，确定了坡度箭头的起点，此时显示出一根鼠标处带有箭头的蓝色虚线。将鼠标移至坡度线的终点，再次点击鼠标左键，完成坡度箭头的创建。

在绘图区拖动鼠标绘制如图 4.106 所示坡度箭头。

点击鼠标确定终点后，属性面板会显示坡度箭头的相关属性。在属性面板中完成设置。

①“指定”：包含“尾高”和“坡度”两个选项。默认会选择“尾高”。

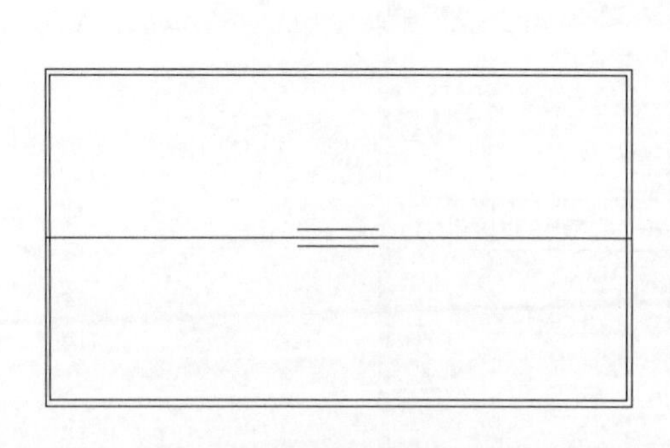

图 4.105 绘制楼板边缘

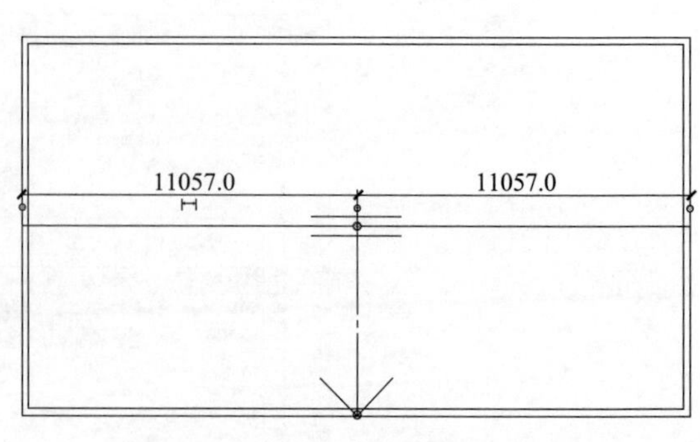

图 4.106 坡度箭头

②“最低处标高、尾高度偏移”：这两项对应坡度箭头的起点，即没有箭头的一端。在最低处标高一栏选择一个标高，尾高度偏移指楼板在坡度起点处相对于该标高的偏移量。

③“最高处标高、头高度偏移”：这两项对应坡度箭头的终点，各项含义与上述相同。

(3) 跨方向 用户可以使用绘图面板里的“直线”“拾取线”等工具来设定板的跨度方向。跨度方向指金属板放置的方向。使用楼板跨方向符号更改钢面板的方向。

完成上述操作后，点击“修改｜编辑轮廓”面板→“模式”选项卡→“√”按钮，退出编辑模式。此时，程序会弹出提示框，如图 4.107 所示。

此处点击“否”，同样的方法完成另一半楼板的创建。若选择“是”，墙体将会附着在楼板上。下面介绍通过“附着顶部/底部”命令，完成该操作的方法。

进入东立面视图，选中墙体点击“修改｜墙”选项卡→“修改墙”面板→“附着顶部/底部”。点击楼板，可将墙的顶部附着在楼板上，如图 4.108 所示。同样操作，完成墙体对另一半楼板的附着。进入西立面视图，将墙体附着在楼板上。

进入三维视图，如图 4.109 所示。

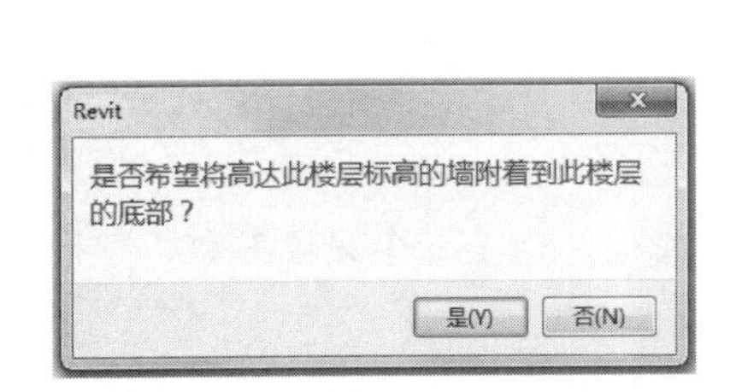

图 4.107 “墙附着到楼层底部”提示框

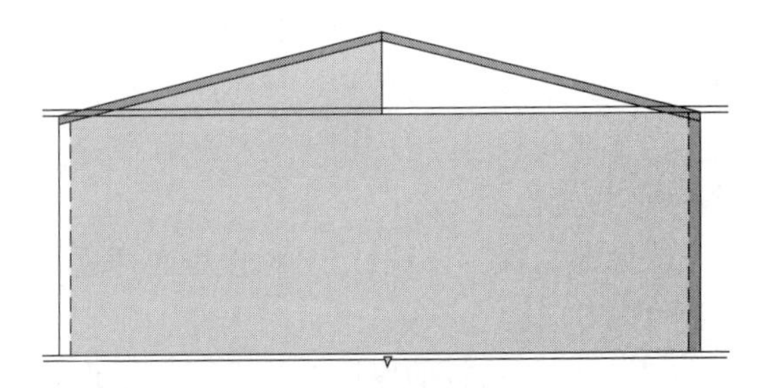

图 4.108 附着墙顶部到楼板

添加楼板边：点击“结构”选项卡→“结构”面板→“楼板”中的“楼板：楼板边”。

点击需要添加楼板边的楼板边缘线，点击“↓↑”图标调整楼板边缘的方向。在平面、立面、三维视图中均可进行楼板边缘的创建。为了方便观察和调整，建议在三维视图中完成创建。添加后的效果如图 4.110 所示。

图 4.109 完成墙附着的三维视图

图 4.110 添加楼板边缘

楼板属性面板中的实例参数介绍如下。

①“限制条件”。

“标高”：将楼板约束到的标高。

“标高的高度偏移”：指定楼板顶部相对于标高参数的高程。

“房间边界”：表明楼板是以房间为边界的图元。

“与体量相关”：指示此图元是从体量图元创建的。该值为只读。

②“结构”。

“结构”：指示此图元有一个分析模型。

“启用分析模型”：显示分析模型，并将它包含在分析计算中。默认情况下处于选中状态。

“钢筋保护层-顶面”：与楼板顶面之间的钢筋保护层距离。

“钢筋保护层-底面”：钢筋与楼板底面之间的钢筋保护层距离。

“钢筋保护层-其他面”：钢筋与楼板其他面之间的钢筋保护层距离。

③“尺寸标注”。

“坡度”：将坡度定义线修改为指定值，而无须编辑草图。如果有一条坡度定义线，则此参数最初会显示一个值；如果没有坡度定义线，则此参数为空并被禁用。

“周长”：楼板的周长，该值为只读。

“面积”：楼板的面积，该值为只读。

“体积”：楼板的体积，该值为只读。

“顶部高程”：指示用于对楼板顶部进行标记的高程。这是一个只读参数，它报告倾斜平面的变化。

“底部高程”：指示用于对楼板底部进行标记的高程。这是一个只读参数，它报告倾斜平面的变化。

“厚度”：楼板的厚度。除非应用了形状编辑，而且其类型包含可变层，否则这将是一个只读值。如果此值可写入，可以使用此值来设置一致的楼板厚度。如果厚度可变，此条目可以为空。

4.3.4 板的配筋

进行楼板施工图绘制前，应先将视图样板选为“结_结构工作视图”样板。由于楼板族无法编辑，共享参数不能添加到族参数中，只能使用共享参数结合项目参数的方法添加楼板参数。同时，在当前情况下，楼板钢筋很难以实体钢筋的形式进行表达，建议采用详图大样族来表示楼板钢筋。

(1) 注释内容与配套族 对于板施工图，需要注释的内容主要有：板面标高、板厚、板面筋、板底筋。其中，板面标高使用系统命令标注，板厚使用共享参数结合标记族的方法添加，板面筋、板底筋使用标记族绘制。

当使用楼板集中标注时，尚需标注：板编号、通长筋。通长筋包括：上部 X 向通长筋、上部 Y 向通长筋、下部 X 向通长筋、下部 Y 向通长筋。

绘制板施工图时，需要的标记族是板厚标记族。

需要的详图族有板负筋族、板底筋族。

楼板施工图需要添加的共享参数和参数类型详见表 4.5。

表 4.5　板施工图共享参数和参数类型

参　数　名	参数类型	实　例　值
板厚	文字	$h=120$
板编号	文字	LB1
上部 X 向通长筋	文字	X&12@200
上部 Y 向通长筋	文字	Y&12@200
下部 X 向通长筋	文字	X&12@200
下部 Y 向通长筋	文字	Y&12@200

(2) 板筋标注方法

① 用填充的方式表示板筋。在 Revit 中，有两种方法能实现填充：第一种方法是使用“填充区域”功能，这是最基本的方法，但是不智能，如图 4.111 所示；第二种方法是使用过滤器功能。可使用 Revit 提供的视图过滤器功能，通过设置一定的过滤条件和填充样式，软件可自动搜索满足条件的构件，并使用设置的填充样式对满足条件的构件进行填充。填充过滤器设置如图 4.112 所示。

② 楼板集中标注。楼板集中标注的内容为：板块编号、板厚、通长纵筋，以及当板面标高不同时的标高高差。楼板集中标注的标注采用共享参数结合项目参数的方法，先将“板块编号”“板厚”“上部 X 向通长筋”“上部 Y 向通长筋”“下部 X 向通长筋”“下部 Y 向通长筋”等共享参数添加到楼板中，再创建“楼板标记”标记族，通过点击“创建”→“文字”→“标签”添加标签参数，并进行相应设置，如表 4.6 所示。

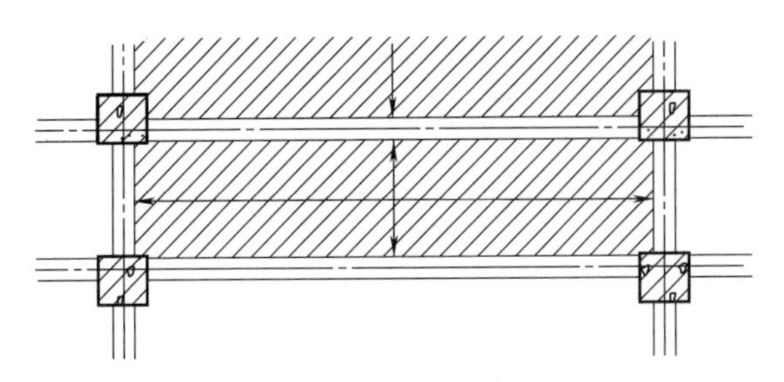

图 4.111　区域直接填充

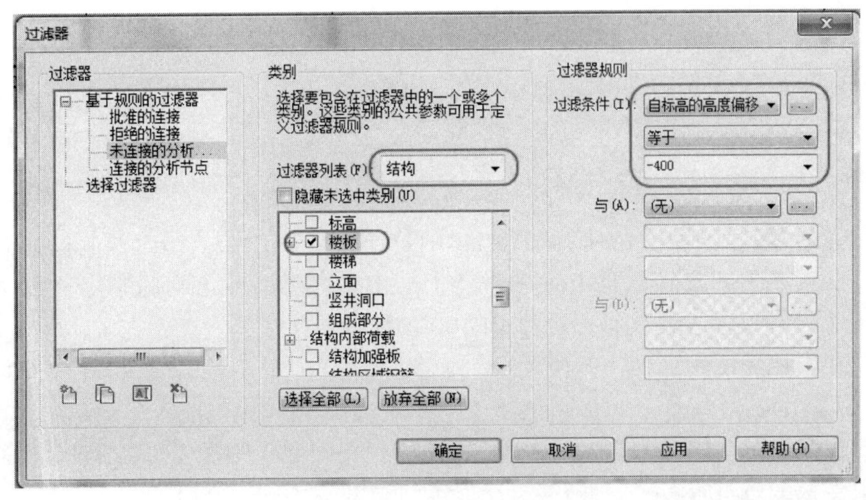

图 4.112　使用过滤器填充

表 4.6　楼板集中标注标签参数设置

序号	参数名称	空格	前缀	样例值	后缀	断开
1	板厚	1		h＝120		
2	板块编号	2		LB1		√
3	上部 X 向通长筋	0	T:	&10@200		√
4	上部 Y 向通长筋	0	（三个空格）	&10@200		√
5	下部 X 向通长筋	0	B:	&10@200		√
6	下部 Y 向通长筋	0	（三个空格）	&10@200		

图 4.113　完成后的集中标注标签

完成后的集中标注标签如图 4.113 所示。

进行标注前，先在绘图窗口中选择需要标注板厚的楼板，在“类型属性”窗口中填入板厚、板编号、通长筋数值，如图 4.114 所示。选择“项目浏览器”→“族”→“注释符号”→“楼板标记”，点击鼠标右键→“创建实例”将标签添加到需要标注的楼板上，在“属性”窗口中取消勾选“引线”，标注完成如图 4.115 所示。

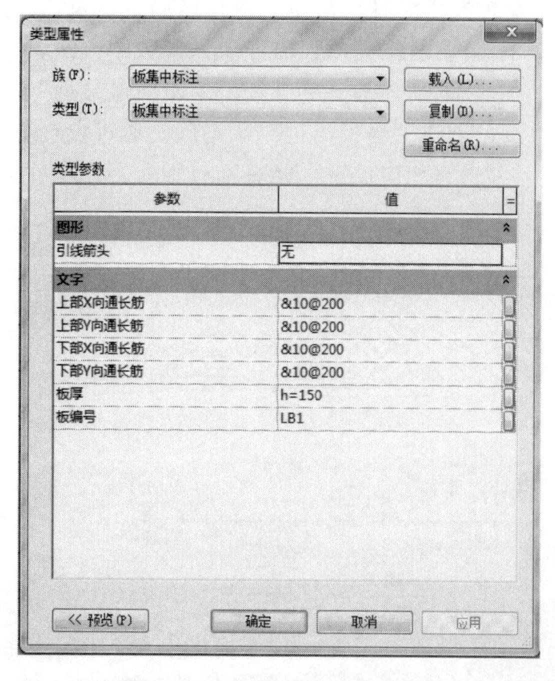

图 4.114　编辑板集中标注标签

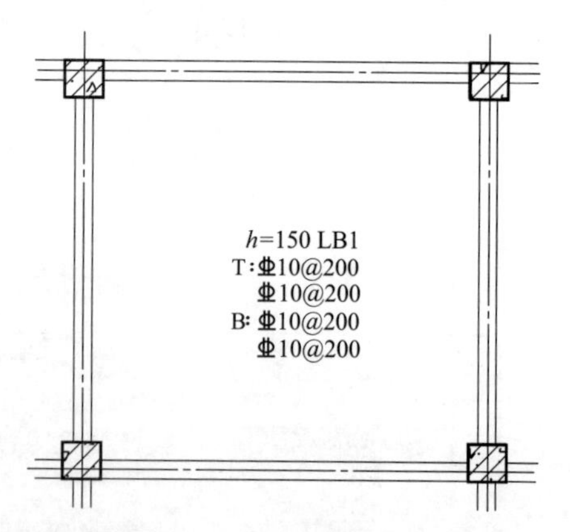

图 4.115　完成后的板集中标注

(3) 其他方式　此处介绍使用探索者出图设计软件 ForRevit 2018 绘制板施工图。

打开探索者出图设计软件 ForRevit 2018，打开“数据中心”选项→“导入”面板→“导入数据”。在 jws 文件中选择 PKPM 的模型文件。

选择“板配筋设计”在“钢筋生成”面板中设置“板参数”，选择“绘图楼层设定”，点击“确定”，如图 4.116 所示。

生成板配筋图，如图 4.117 所示。还可以通过探索者软件的“板配筋设计”功能进行已生成楼板配筋图的修改，如图 4.118 所示。这里就不一一介绍了。

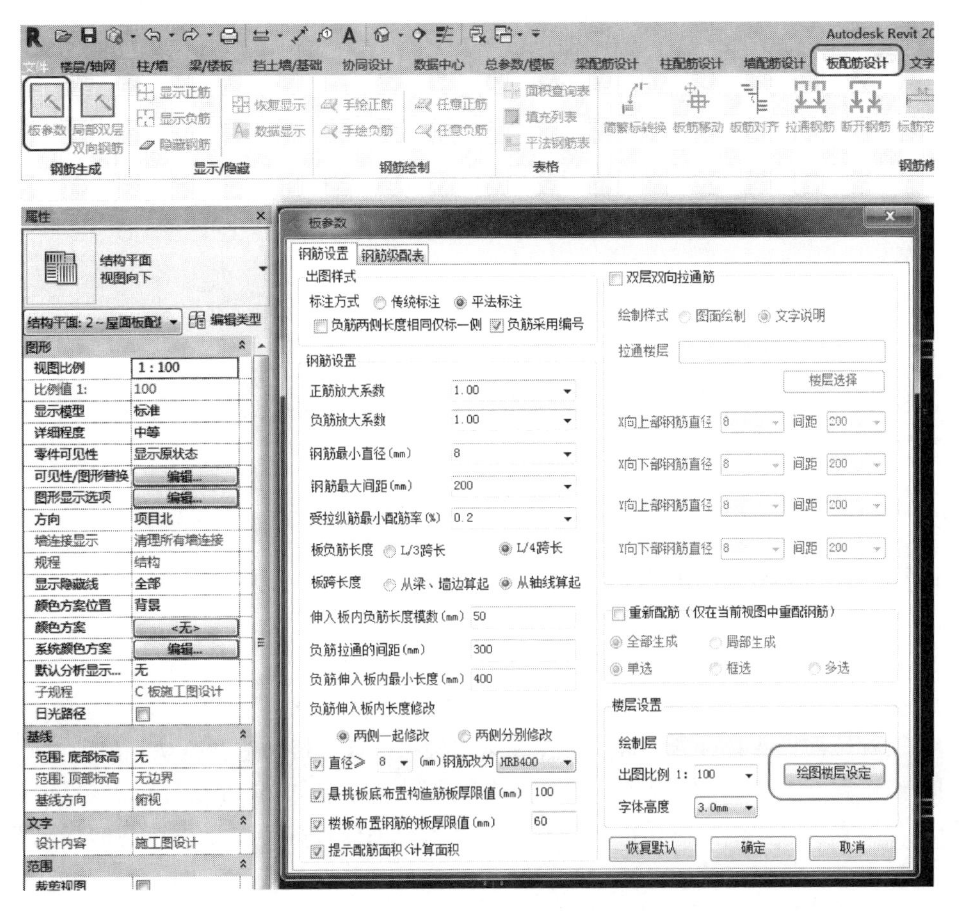

图 4.116　修改板配筋设计参数

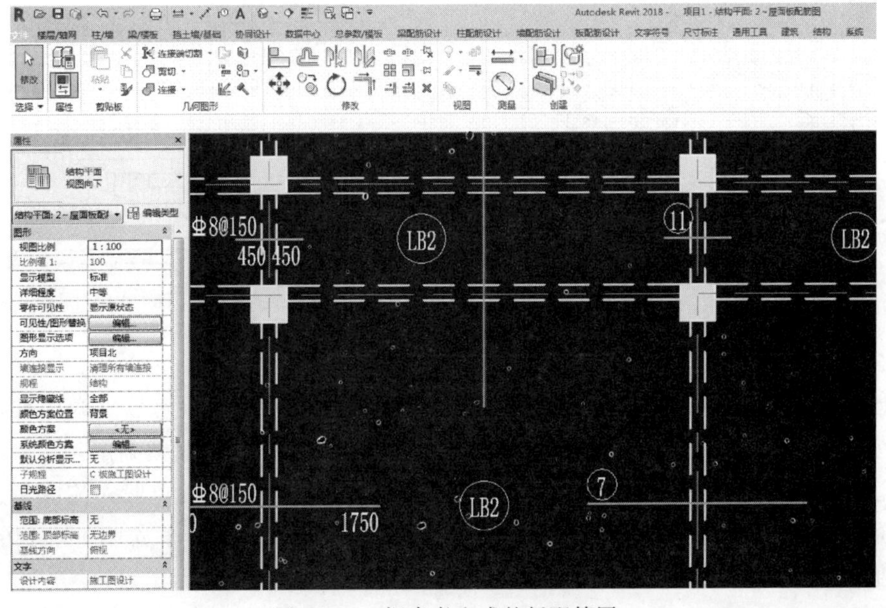

图 4.117　探索者生成的板配筋图

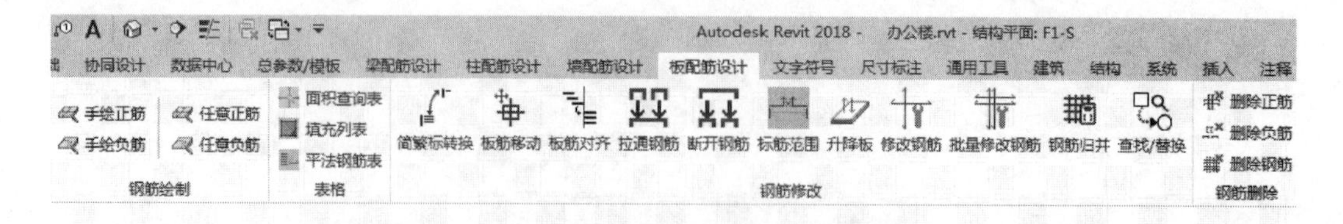

图 4.118 探索者“板配筋设计”面板

4.4 楼梯的设计与建模

4.4.1 楼梯的设计概要

(1) 楼梯的分类 楼梯一般可分为直跑楼梯、双跑楼梯（双分双合式）、三跑楼梯、悬挑式楼梯（图 4.119）、螺旋式楼梯（中空圆旋式楼梯，图 4.120）。

根据梯段的构造又可分为板式楼梯和梁式楼梯。板式楼梯造型美观，施工方便，虽适用的经济跨度一般在 4m 以下，但在实际应用中，不超过 6m 的梯段也多采用板式。梯段板跨度较大时，采用板式楼梯不经济，可采用梁式楼梯，以梁板结构的形式跨越。梁式楼梯可减小板厚，节约材料，适用跨度显著大于板式楼梯，常见的有双梁式梯段和单梁双侧悬挑式梯段。

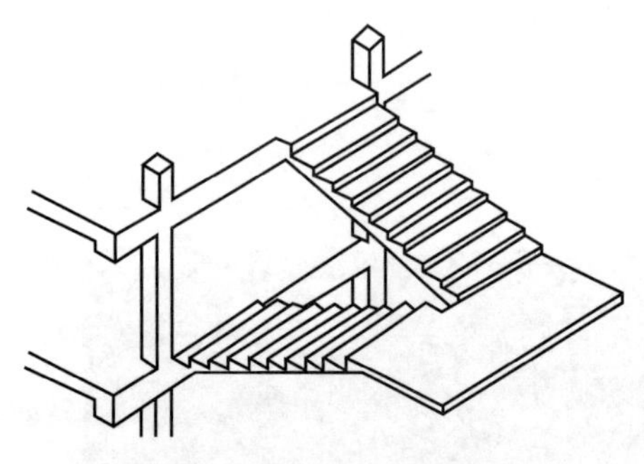

图 4.119 悬挑式楼梯

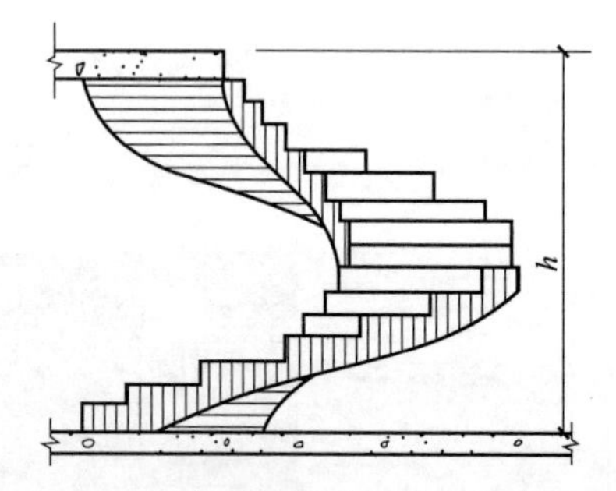

图 4.120 板式螺旋楼梯（中空圆旋式楼梯）

(2) 楼梯尺度

① 楼梯宽度。楼梯间开间尺寸和楼梯宽度应符合《建筑楼梯模数协调标准》及防火规范安全疏散等有关规定。楼梯段净宽应根据使用过程中人流股数确定，一般按每股人流宽度为 0.55+(0～0.15)m 计算，并不应少于两股人流。一般单股人流应考虑携带物品通过的需要，梯段净宽不小于 900mm，两人通行的楼梯梯段净宽 1100～1400mm，三人通行的楼梯梯段净宽 1650～2100mm。

② 平台宽度。楼梯平台包括楼层平台和中间平台。直跑楼梯的中间平台宽度不小

于 $2b+h$，其余楼梯的中间平台及封闭楼梯间的楼层平台宽度均不应小于楼梯梯段宽度，有家具搬运需求时要核算家具尺寸的转折尺寸要求。

③ 梯段净高。考虑行人肩扛物品的实际需要，防止行进中碰头或产生压抑感，楼梯梯段净高应不小于 2200mm，平台部分的净高应不小于 2000mm。梯段的起始、终了踏步的前缘与顶部凸出物的内边缘线的水平距离应不小于 300mm。

④ 楼梯踏步尺寸与坡度。坡度为 30°左右的楼梯，行走最舒适。室内楼梯的最大坡度不宜超过 38°，踏步的高度不宜大于 210mm，也不宜小于 140mm。计算踏步高度和宽度的一般公式为：步距 $s=2h+b\approx 600$mm，h 为踏步高，b 为踏步宽。具体尺度需根据建筑功能进行选择，如住宅楼梯 $b\times h=(250\sim300)$mm$\times(175\sim150)$mm，医院门诊楼及病房楼梯 $b\times h=300$mm$\times150$mm。

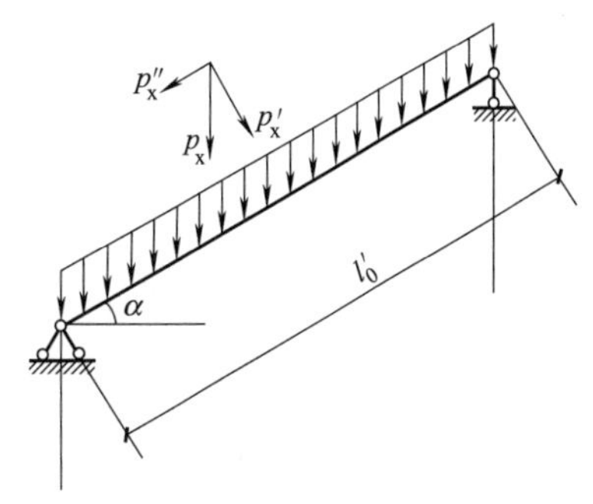

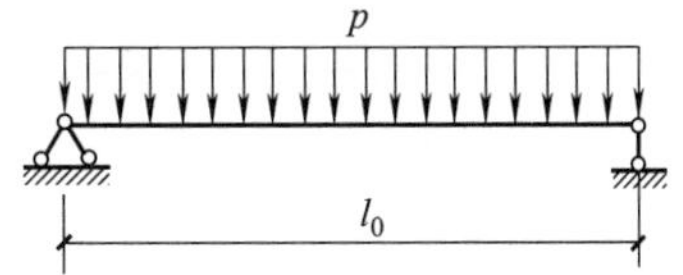

图 4.121 板式楼梯计算简图

(3) 板式楼梯结构设计 板式楼梯由斜板、踏步、平台梁及平台板组成。

① 结构计算。梯段板厚 h 通常取 $(1/30\sim1/25)\,l_n$，l_n 为楼梯的水平投影长度。板式楼梯计算简图如图 4.121 所示。斜梯段受力简图可按水平梁等效，其中 p 为斜板在水平投影面上的垂直均布荷载，对恒荷载有 $p=p_x/\cos\alpha$，活荷载无须除以 $\cos\alpha$；$l_0=l_0'\cos\alpha$。梯段板的跨中弯矩有 $M=\frac{1}{8}pl_0^2$。带有平台的板式楼梯，考虑支座不同的嵌固作用，其跨中弯矩可取 $M=\left(\frac{1}{10}\sim\frac{1}{8}\right)pl_0^2$，支座应配置承受负弯矩钢筋。支座配筋一般取跨中配筋量的 1/3，且不少于Φ 8@200，配筋范围为 $l_n/4$。支座负筋可伸入平台内，也可锚固在平台梁里。

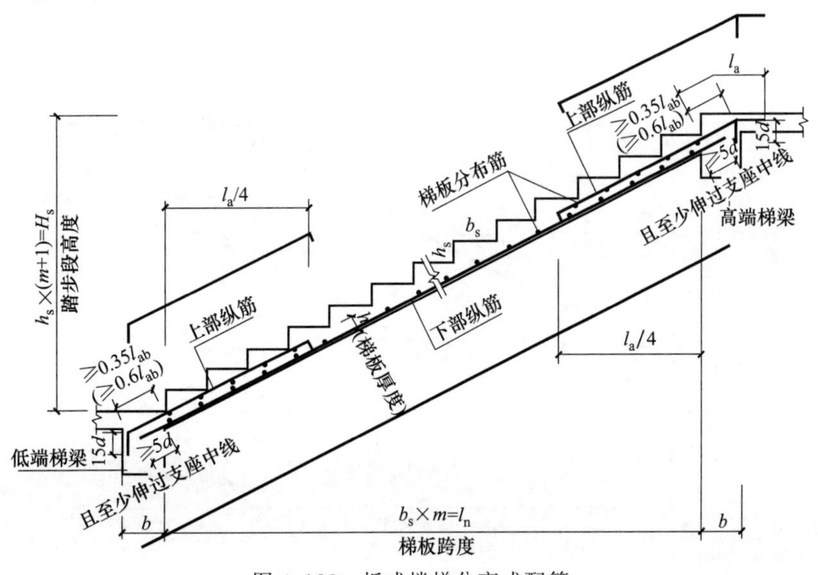

图 4.122 板式楼梯分离式配筋

② 配筋构造。板式楼梯配筋有弯起式和分离式两种。弯起筋伸入支座可替代部分支座负筋，可节约钢材，但施工麻烦；分离式配筋（见图 4.122）用钢量比弯起式配筋增加不多，施工方便，工程中被广泛使用。

带有平台板的板式楼梯，折角处若处于负弯矩作用区段内应设置负筋。下折板式楼梯配筋和上折板式楼梯配筋的结构如图 4.123、图 4.124 所示。对上折板式梯段，折角处由于节点约束作用，即使折角处已经超过负弯矩作用区段，也应设置承受负弯矩的钢筋，其配筋范围可取 $L_1/4$，L_1 为梯段斜段水平投影长度。

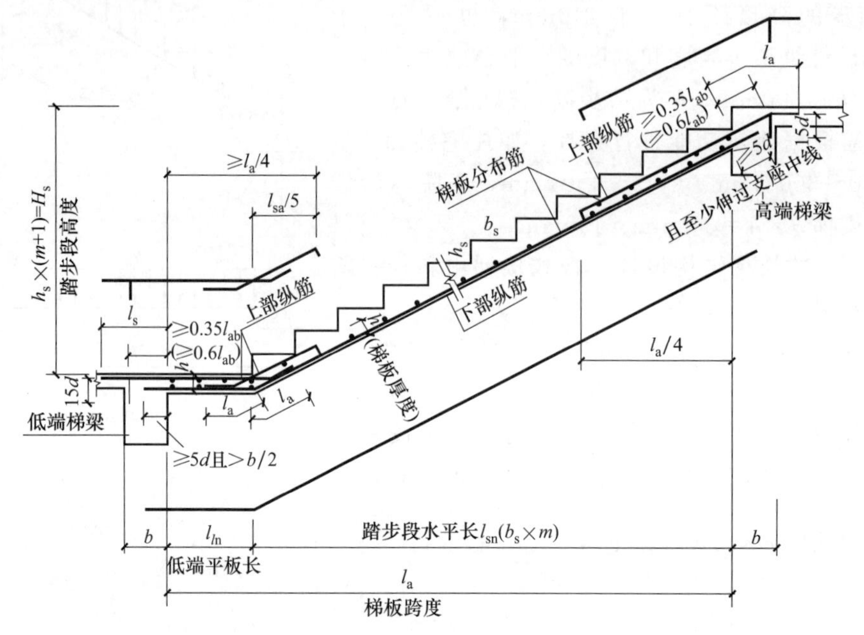

图 4.123 下折板式楼梯配筋

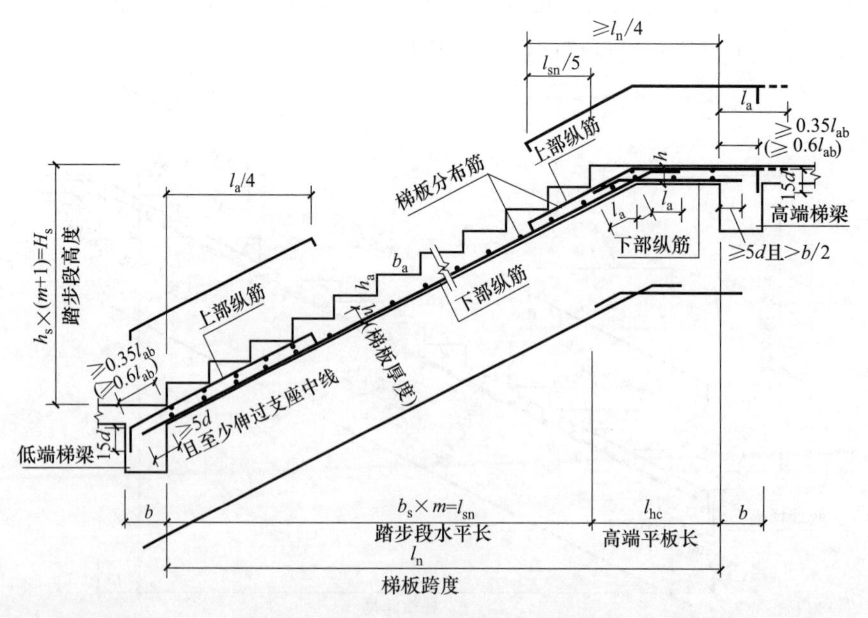

图 4.124 上折板式楼梯配筋

横向构造钢筋通常在每一踏步下放置 1Φ6 或Φ6@250。

框架结构中的楼梯在地震作用下，由于梯段板在空间形成 K 形或 X 形弱支撑，使楼梯间的刚度显著增大，常规设计的楼梯需要承受较大的地震作用，使楼梯及相邻框架受力状态显著变化。合理的抗震楼梯设计应该弱化楼梯的支撑作用，做法包括斜梯段底部设置滑动支座、采用无梯柱梯梁的折板式梯段、中间平台与主体结构脱开等方式，同时应适当加强梯段板。滑动支座一般采用聚四氟乙烯垫板或双层厚度不小于 0.5mm 的塑料片，以释放梯段底部与平台的水平剪力，做法如图 4.125 所示。

抗震梯段板采用双层双向配筋，并加强梯段板两侧纵筋，一般附加 2Φ16 纵筋，1、2 号筋为梯段板底部通长筋与上部通长筋，见图 4.126。

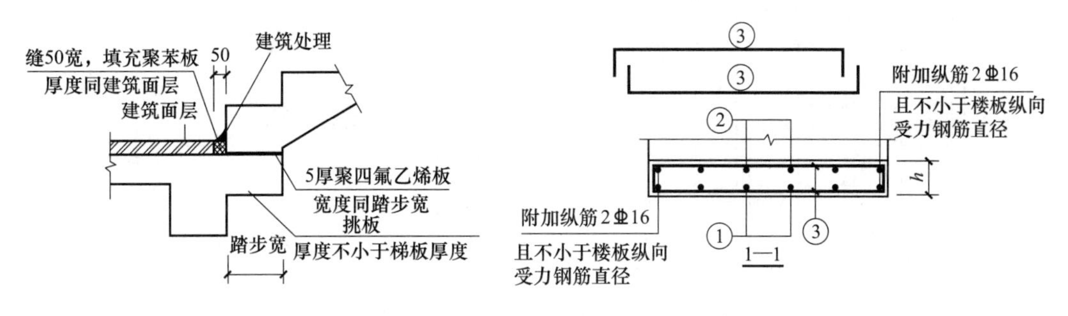

图 4.125　抗震楼梯的滑动支座

图 4.126　抗震梯段板剖面示意

4.4.2　板式楼梯的施工图表示方法

板式楼梯施工图一般采用平法表示，包括平面注写、剖面注写和列表注写三种，工程中常用的标注方式是平面注写，必要时加绘结构剖面布置图。

平面注写方式是在楼梯结构各层平面布置图中，注写梯板截面尺寸和配筋具体数值来表达楼梯施工图，包括集中标注和外围标注。梯梁、梯柱、平台板的注写方式同梁、板、柱、墙平法。

梯段常用类型包括 AT 型（梯板全部由踏步段构成，如图 4.122 所示）；BT 型（梯板由低端平板和踏步段构成，如图 4.123 所示）；CT 型（梯板由踏步段和高端平板构成，如图 4.124 所示）；DT 型（梯板由低端平板、踏步板和高端平板构成）；ET 型（梯板由低端踏步段、中位平板和高端踏步段构成）。抗震楼梯则包括 ATa 型（梯段全部由踏步段构成，以下 ATx 同此。梯板低端带滑动支座支承在梯梁上）、ATb 型（梯板低端带滑动支座支承在挑板上）、ATc 型（楼段两端均支承在梯梁上，梯板两侧设置边缘构件加强）、CTa 型与 CTb 型、ATa 型、ATb 型类似，但梯段高端有平板。

梯板集中标注项包括五项：梯板类型代号与序号（如 ATx）；梯板厚度（h=xxx）；踏步段总高度与踏步数（如 1500/10）；梯段支座上部钢筋与下部钢筋，中间以“;”分隔（如Φ8@150；Φ10@150）；梯板分布筋，以“F”开头注写分布筋具体规格，该项也可不注而在图中统一说明。例如：AT1，h=120——AT 型梯板，板厚 120mm；1800/12——梯板踏步总高度 1800mm，总步数 12 步；Φ8@150 与Φ10@150——分别表示支座上部纵筋和下部纵筋；F ϕ 8@250——梯板分布钢筋（可统一说明）。

外围标注包括楼梯间的平面尺寸、楼层结构标高、层间结构标高、楼梯的上下方向、梯板的平面几何尺寸、平台板配筋、梯梁及梯柱配筋等。楼梯结构平面布置图及对应剖面如图 4.127、图 4.128 所示。

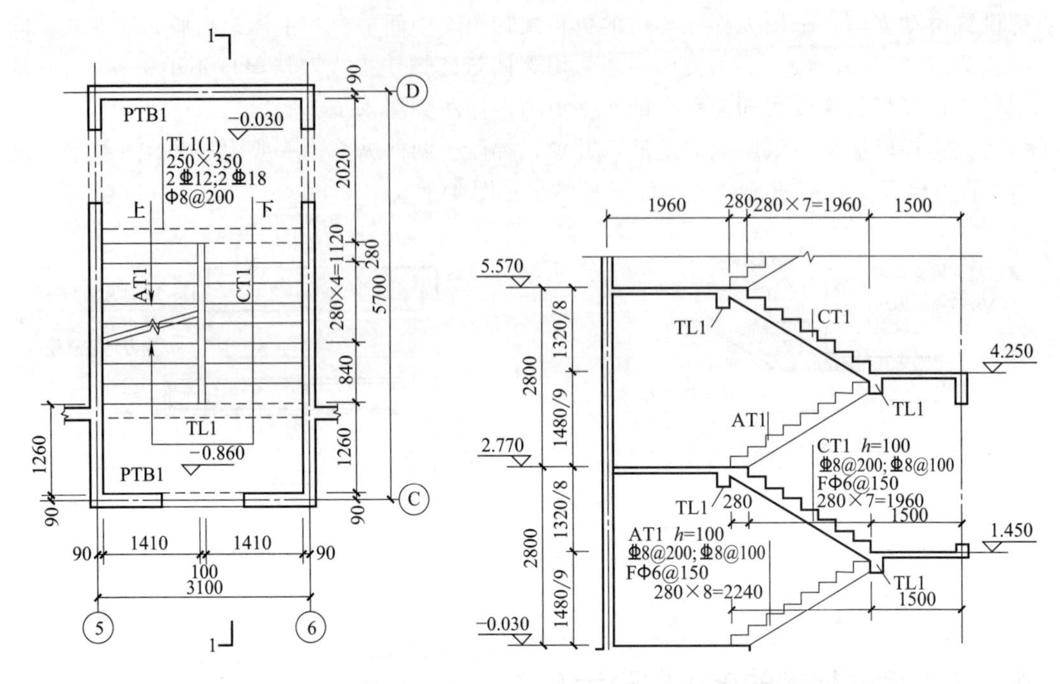

图 4.127 标高－0.860～－0.030 楼梯平面布置图（楼梯结构平面布置图示例）

图 4.128 楼梯 1—1 剖面图（局部示意）

4.4.3 楼梯的建模

楼梯命令：“建筑”选项卡→“楼梯坡道”面板→“楼梯”，楼梯建模面板如图 4.129 所示。

图 4.129 楼梯建模面板

(1) **参数设置** 在属性面板类型选择器中，可以选择“现场浇筑楼梯”“组合楼梯”或“预浇筑楼梯”，本节以“预浇筑楼梯”为例。点击“属性”面板中“编辑类型”打开“类型属性”对话框，如图 4.130 所示。点击“复制”可以创建新的类型。

① 设置“类型属性”对话框中的参数。“类型属性”对话框中的参数说明如下。

a. “计算规则”。

“最大踢面高度”：用于指定楼梯图元上每个踢面的最大高度。

“最小踏板深度”：设置沿所有常用梯段的中心路径测量的最小踏板宽度（斜踏步、螺旋和直线）。此参数不影响创建绘制的梯段。

“最小梯段宽度”：设置为常用梯段的宽度。此参数不影响创建绘制的梯段。

“计算规则”：点击“编辑”，打开“楼梯计算器”对话框，可使用楼梯计算器进行坡度计算。

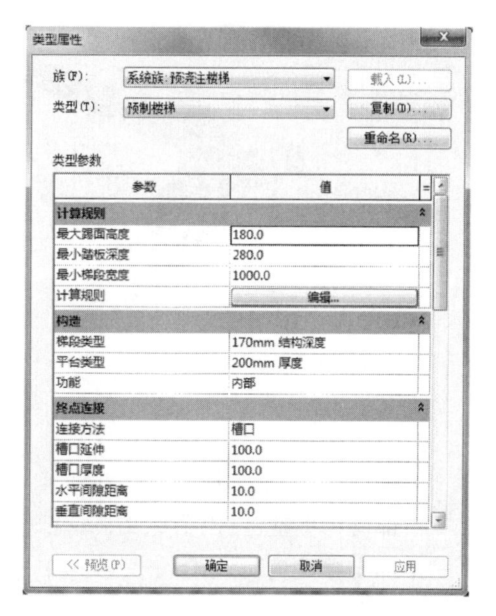

图 4.130　“类型属性”对话框

b.“构造”。

“梯段类型”：用于定义楼梯图元中的所有梯段的类型。

“平台类型”：用于定义楼梯图元中的所有平台的类型。

“功能”：用于定义楼梯是建筑物内部的还是外部的。

c.“终点连接”（仅限预制楼梯）。

“连接方法”：用于定义梯段和平台之间的连接样式，包含槽口和直线剪切两种，如图 4.131 所示。当选择“槽口”时，可以修改“槽口延伸”“槽口厚度”“水平间隙距离”和“垂直间隙距离”。

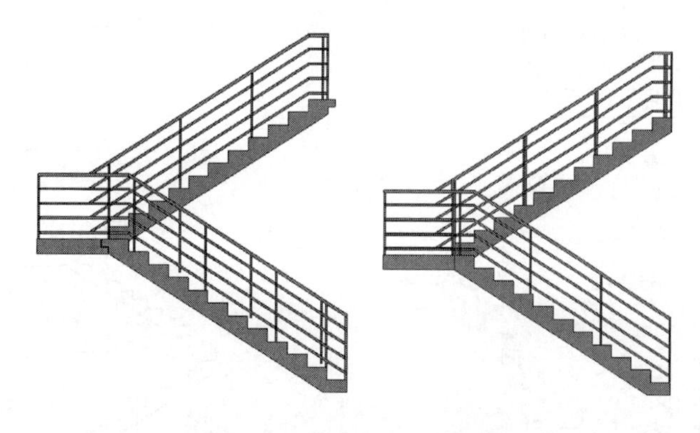

图 4.131　梯段与平台连接样式

d.“支撑”。

“右侧支撑”：用于指定是否连同楼梯一起创建“梯边梁（闭合）”“踏步梁（开放）”或没有右支撑。其中，“梯边梁”将踏板和踢面围住，“踏步梁”将踏板和踢面露出。具体区别如图 4.132 所示。

“右/左侧支撑类型”：用于定义楼梯右/左侧支撑的类型，点击[...]可编辑移动“梯边梁”或“踏步梁”的类型属性。

“右/左侧侧向偏移”：用于定义右/左侧支撑从梯段边缘以水平方向偏移的距离。

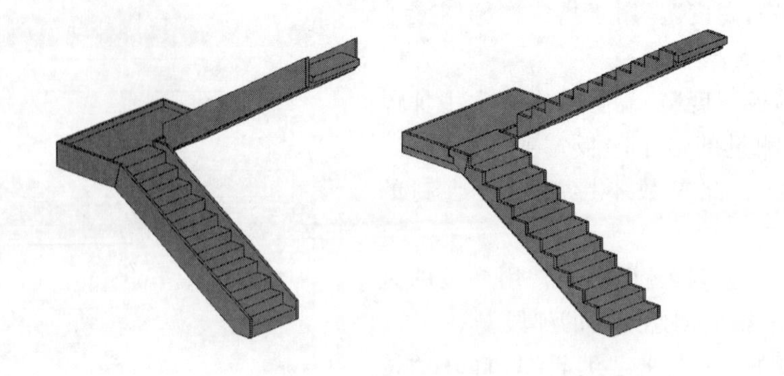

图 4.132　梯边梁和踏步梁

“中部支撑”：用于指示是否在楼梯中应用中部支撑。

“中部支撑类型”：用于定义楼梯中部支撑的类型。

“中部支撑数量”：用于定义楼梯中部支撑的数量。

e. 图形。

“剪切标记类型”：指定显示在楼梯中剪切标记的类型。

② 设置“属性”面板中的实例参数，如图 4.133 所示，参数说明如下。

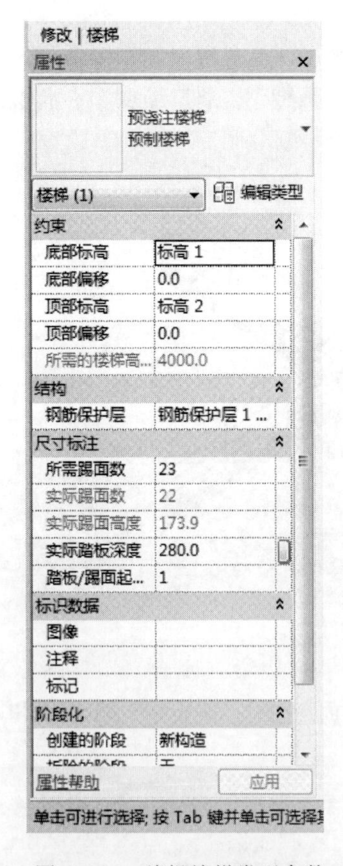

图 4.133　编辑楼梯类型参数

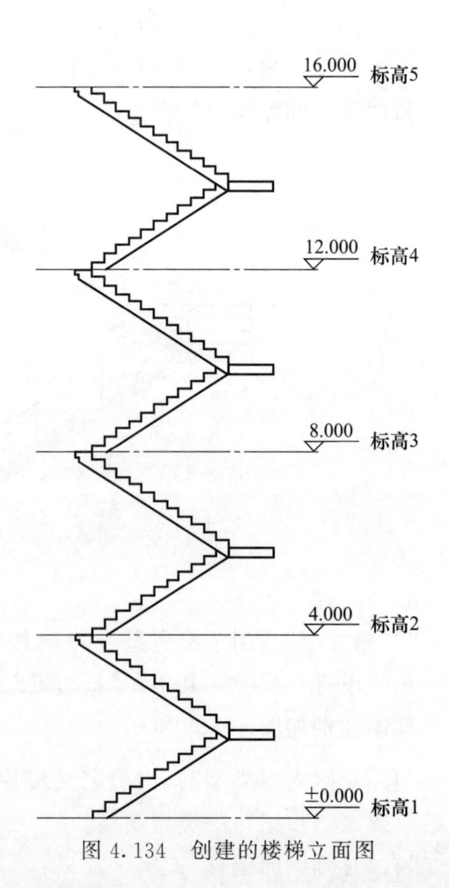

图 4.134　创建的楼梯立面图

a. “约束”。

“底部标高”：用于指定楼梯底部的标高。

“底部偏移”：用于定义楼梯底部与底部标高之间的偏移距离。

“顶部标高”：用于指定楼梯顶部的标高，顶部标高一定要高于底部标高，或者选择“无”。

“顶部偏移”：用于定义楼梯顶部与顶部标高之间的偏移距离。如果“顶部标高”选择“无”时不适用。

“所需的楼梯高度”：用于指定楼梯底部和顶部之间的距离。只有当“顶部标高”选择“无”时才可以修改。

“多层顶部标高”：用于设置多层建筑中楼梯的顶部。当楼层层高相同时，只需要绘制一层楼梯，然后修改此值为所需楼层处的标高即可创建多层楼梯。使用此功能创建的多层楼梯会成为一个整体，当修改楼梯和扶手参数后，所有楼层楼梯均会自动更新。例如，设置“多层顶部标高”为“标高 5”，创建一层楼梯后的立面图如图 4.134 所示。

b. 尺寸标注。

“所需踢面数”：踢面数是基于两个标高之间的高度计算得出的。用户可根据需要进行选择，但不能低于某个数值，因为有最大踢面高度的限制，否则系统会发出警告，如图 4.135 所示。

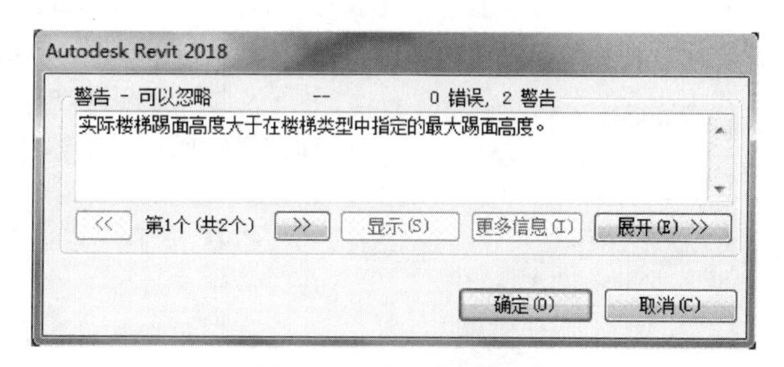

图 4.135　踢面高度警告

“实际踢面数”：通常与“所需踢面数”相同，但是，如果没有为给定楼梯的梯段完成添加正确的踢面数，可能会有所不同。此参数只读，不可修改。

“实际踢面高度”：用于指定实际踢面的高度，此值应小于或等于“最大踢面高度”，它会随着踢面数的变化而向动改变。此参数只读，不可修改。

“实际踏板深度”：用于指定实际踏板的深度，用户可以直接设置此值以修改踏板深度，而不必创建新的楼梯类型。此外，楼梯计算器也可修改此值以实现楼梯平衡。

“踏板/踢面起始编号”：为踏板/踢面编号注释指定起始编号。

③ 对选项栏进行设置，楼梯建模选项栏如图 4.136 所示，各参数说明如下。

“定位线”：用于指定创建梯段时的绘制路径，包括“梯边梁侧：左”；“梯段：左”；“梯段：中心”；“梯段：右”和“梯边梁外侧：右”五种，系统默认“梯段：中心”。

“偏移”：绘制路径相对于定位线的偏移距离。

“实际梯段宽度”：用于指定不含独立侧支撑宽度的踏步宽度值。

“自动平台”：勾选后会在两个梯段之间自动生成平台。

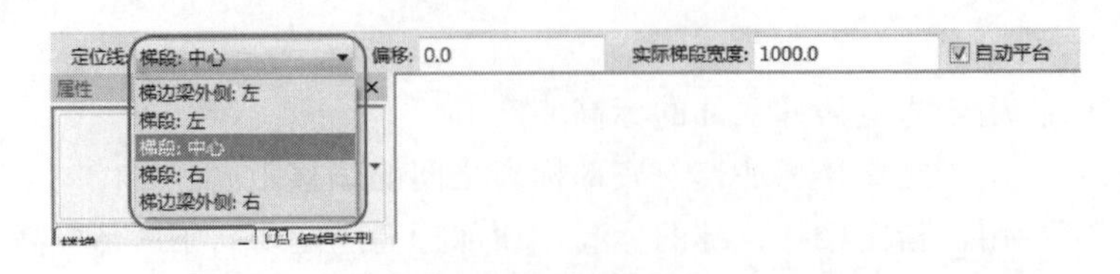

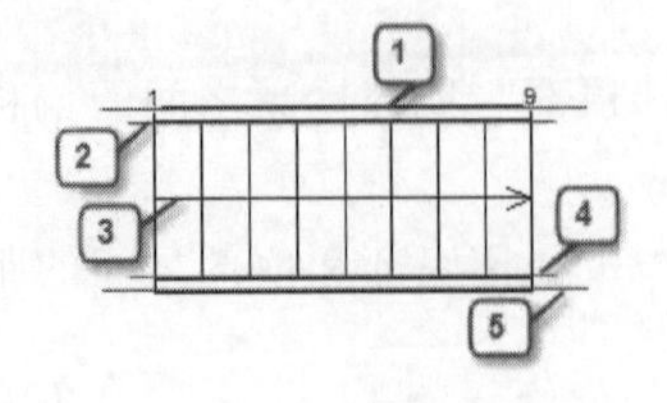

图 4.136　楼梯建模选项栏

(2) 创建楼梯　创建大多数楼梯时，可在楼梯部件编辑模式下添加常见和自定义绘制的构件。

在楼梯零件编辑模式下，可以直接在平面视图或三维视图中装配构件。平铺视图可以在进行装配时提供完整的楼梯模型全景。

楼梯包括以下内容：

梯段：直梯、螺旋梯段、U 形梯段、L 形梯段、自定义绘制的梯段。

平台：在梯段之间自动创建，通过拾取两个梯段，或通过创建自定义绘制平台。

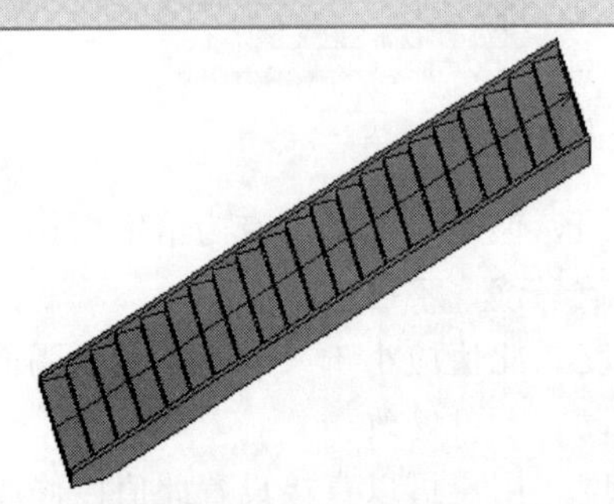

图 4.137　直梯

支撑（侧边和中心）：随梯段自动创建，或通过拾取梯段或平台边缘创建。

栏杆扶手：在创建期间自动生成，或稍后放置。

使用单个构件组合楼梯时，使用梯段构件工具来创建常用的梯段，例如直梯、弧梯、螺旋楼梯或斜踏步梯。

使用基本的通用梯段构件工具可以创建以下类型的梯段。

直梯，如图 4.137 所示。

全踏步螺旋梯段（可以大于 360°），如图 4.138 所示。

圆心-端点螺旋梯段（小于 360°），如图 4.139 所示。

L 形斜踏步梯段，如图 4.140 所示。

U 形斜踏步梯段，如图 4.141 所示。

(3) 创建单条直梯段

① 选择“直梯段构件”工具，然后指定初始选项和属性。参见选择梯段构件工具并指定选项。

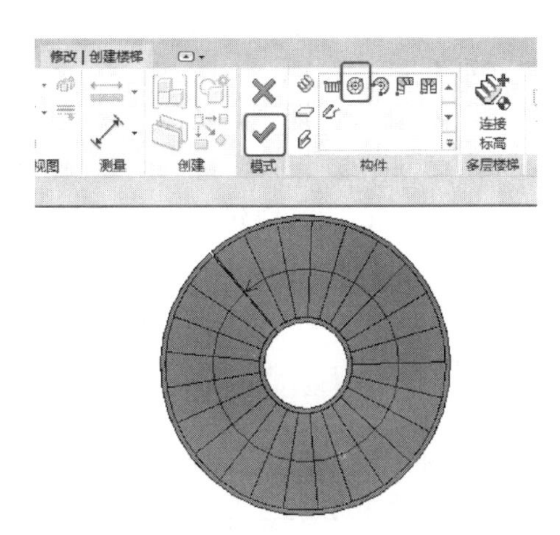

图 4.138　全踏步螺旋梯段

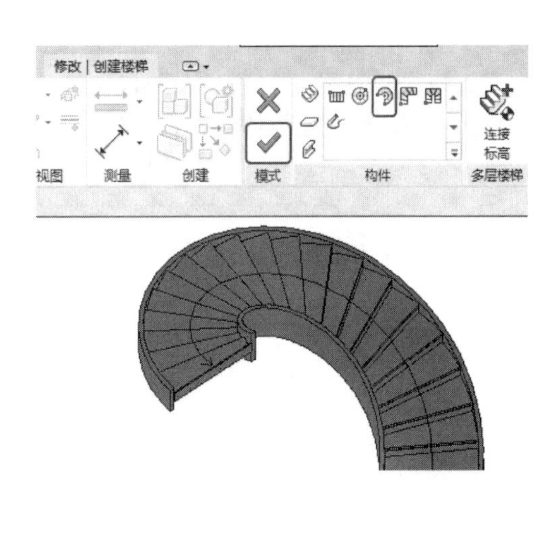

图 4.139　圆心-端点螺旋梯段

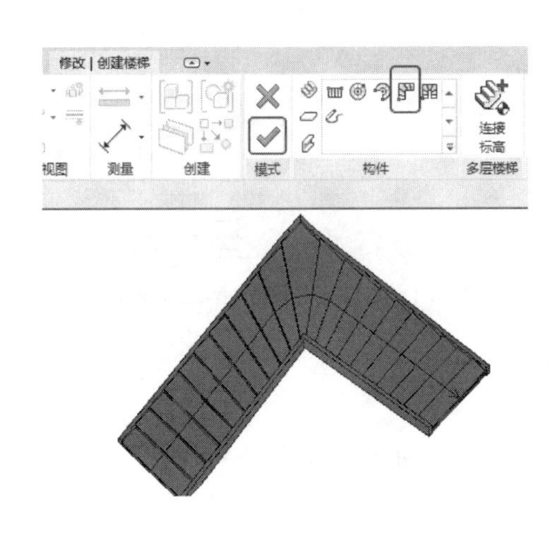

图 4.140　L 形斜踏步梯段

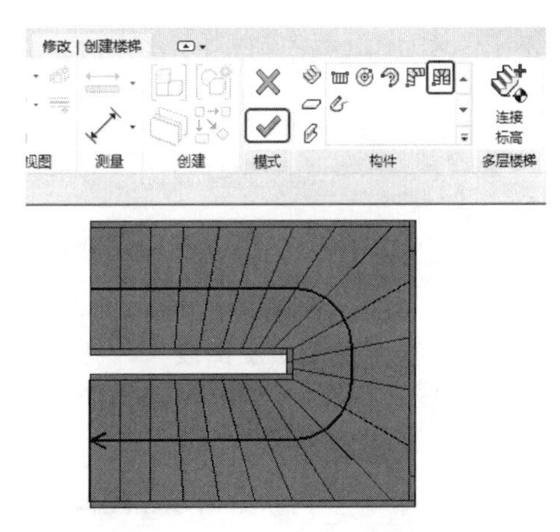

图 4.141　U 形斜踏步梯段

② 在绘图区域中，单击以指定梯段的起点。

在绘制时，Revit 将指示梯段边界和达到目标标高所需的完整台阶数，如图 4.142 所示。

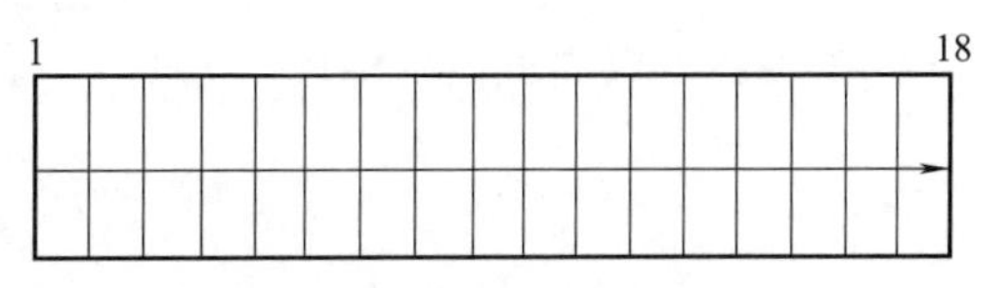

图 4.142　梯段边界和台阶数

③ 移动光标以绘制梯段，然后单击以指定梯段的终点和踢面总数。

④ 可选：在快速访问工具栏上，单击“三维视图”，在退出楼梯编辑模式之前以三维形式查看梯段。

⑤ 在“模式”面板上，单击“√”完成编辑。

(4) 创建两个由平台连接的垂直梯段

① 选择直梯段构件工具并指定初始选项。参见选择梯段构件工具并指定选项。

② 在选项栏上选择“定位线”的值（梯段：在后面插图中选择的是“右”）。确认

“自动平台”处于选定状态。

③ 单击以开始绘制第一个梯段。

④ 在达到所需的踢面数后，单击以定位平台，如图 4.143 所示。

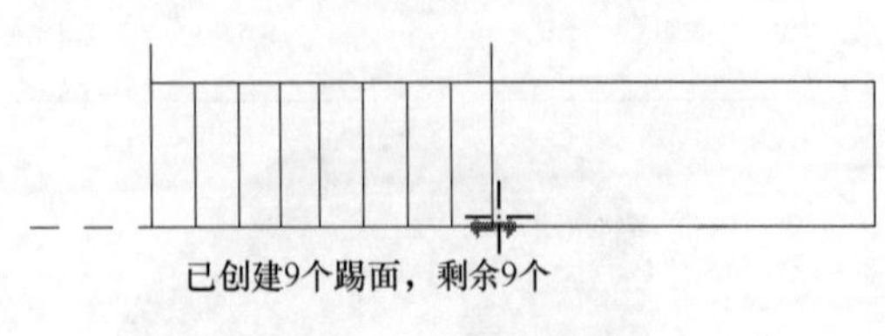

图 4.143　定位平台

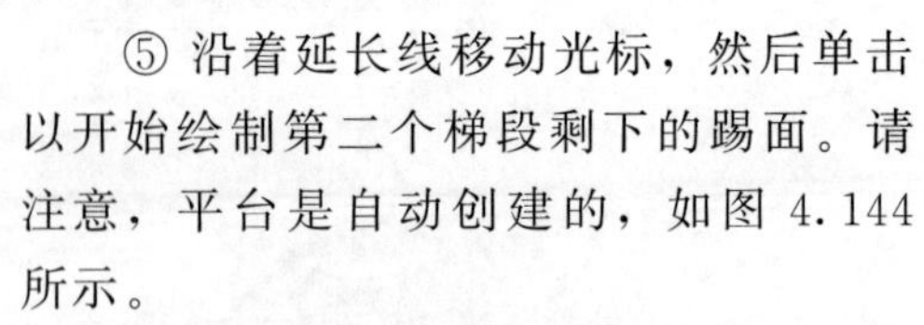

⑤ 沿着延长线移动光标，然后单击以开始绘制第二个梯段剩下的踢面。请注意，平台是自动创建的，如图 4.144 所示。

⑥ 单击以完成第二个梯段，如图 4.145 所示。

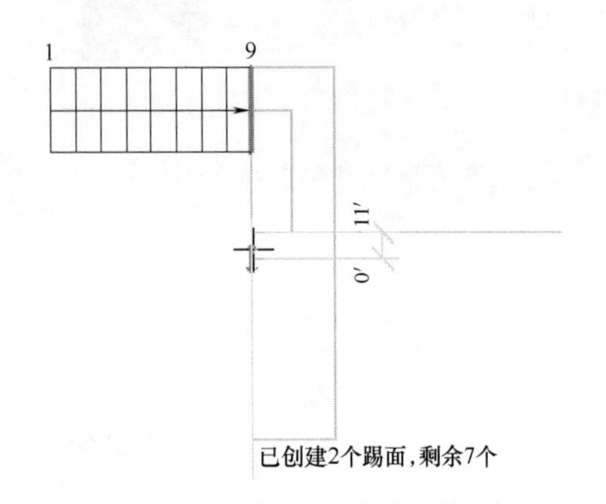

图 4.144　绘制第二个梯段剩下的踢面

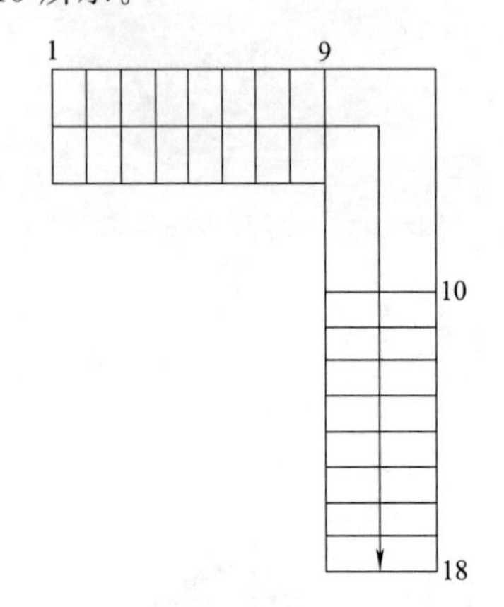

图 4.145　绘制完成的第二个梯段

⑦ 在“模式”面板上，单击“√”完成编辑。

(5) 创建全台阶螺旋梯段

① 选择“全台阶螺旋”梯段构件工具，然后指定初始选项和属性。参见选择梯段构件工具并指定选项。

② 在绘图区域中，单击以指定螺旋梯段的中心点。

③ 移动光标以指定梯段的半径。

在绘制时，工具提示将指示螺旋梯段边界和达到目标标高所需的完整台阶数，如图 4.146 所示。默认情况下，按逆时针方向创建梯段。

④ 单击终点以完成螺旋梯段，如图 4.147 所示。

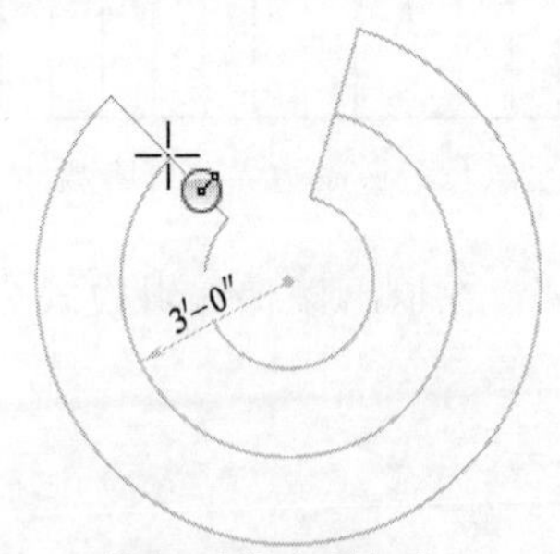

图 4.146　螺旋梯段边界和完整台阶数

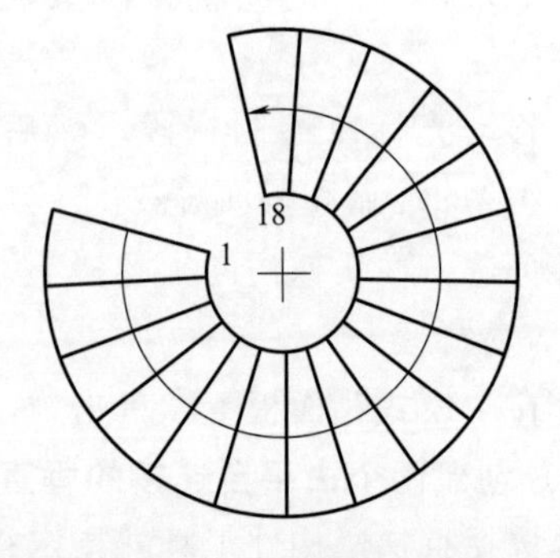

图 4.147　完成的螺旋梯段

⑤ 可选：在快速访问工具栏上，单击“三维视图”，在退出楼梯编辑模式之前以三维形式查看梯段，如图 4.148 所示。

⑥ 可选：在“工具”面板上，单击（翻转）可将楼梯的旋转方向从逆时针更改为顺时针。

⑦ 在“模式”面板上，单击“√”完成编辑。

(6) 创建多层楼梯 在创建楼梯时，使用“多层：选择标高”工具可在选定标高上创建多层楼梯。

① 单击“建筑”选项卡→“楼梯坡道”面板→“楼梯”，然后创建所需的楼梯构件。

② 单击“修改 | 创建楼梯”选项卡→“编辑”面板→“多层：选择标高”。

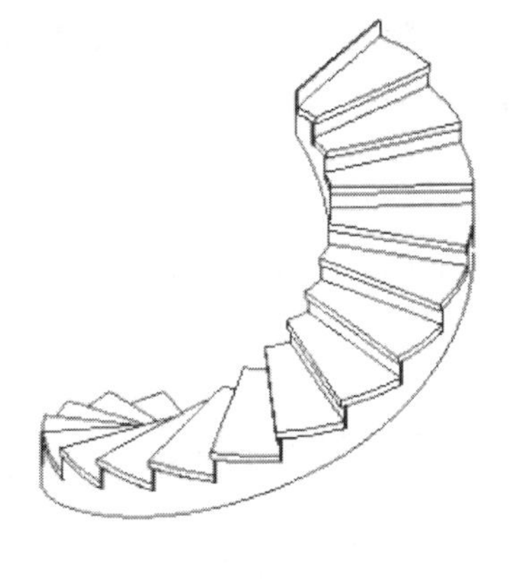

图 4.148 螺旋楼梯三维视图

③ 如果出现提示，请打开立面视图或剖面视图，如图 4.149 所示。

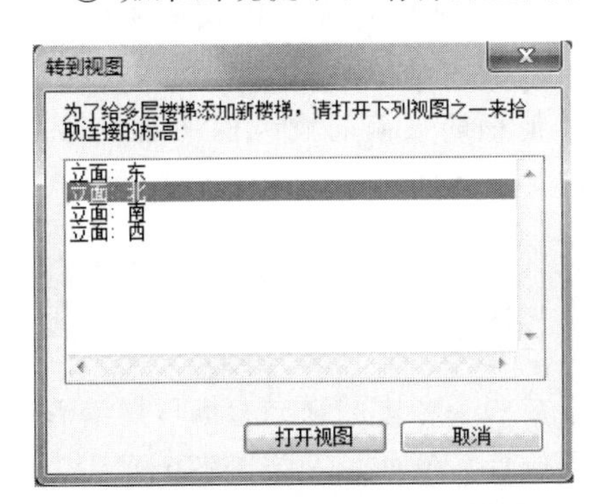

图 4.149 “转到视图”对话框

④ 选择延伸到楼梯的标高。

例如，使用选择框，或按住“Ctrl”键同时单击标高以增加标高，按下“Shift”键并单击标高以取消选择。

选定标高高亮显示，但要等到单击“完成”后才能看到楼梯延伸。

⑤ 在“编辑”面板单击“对齐方式”，选择通过“中间平台”或“梯段起点”对齐楼梯。

⑥ 可选：在“编辑”面板上→单击“编辑楼梯”以继续创建基于构件的楼梯。

⑦ 单击“√”完成编辑。

4.5 结构钢筋

钢筋主要起承载和构造作用，是结构深化设计中极为重要的部分。目前结构施工图多采用平法表示，通常情况下钢筋并不绘制。受计算机硬件条件的限制，目前也不建议将实体钢筋添加到 Revit 模型中。但为了表示直观，有时候用户也可以选用个别构件或复杂节点添加实体钢筋作为示意。

混凝土结构的钢筋建模主要为布置箍筋和纵筋，在 Revit 中掌握了这两种钢筋的布置方法，基本可应对大部分建模需求。弯起钢筋、吊筋、异形钢筋等的建模方法与前两种钢筋基本相同。故本节以介绍箍筋和纵筋的建模方法为主，详细讲解钢筋的手工建模方法。此外，Autodesk 公司为方便钢筋建模开发了 Revit Extensions 插件，本节对

Extensions插件也进行了简单介绍。

实际工程中，建议先使用 Extensions 插件进行钢筋布置，再采用手工建模的方法进行局部修改。故作为一名合格的 BIM 工程师，这两种方法均需要掌握。当需要对结构进行钢筋下料、清单报价等细致的工作时，Revit 仍然力不从心，需要借助第三方软件如“广联达”“鲁班”等完成该类工作。

此外，应特别说明，手工钢筋建模是无法在“非剖面”视图中创建钢筋实体的，每个需要配置实体钢筋的构件均需要创建剖面视图，在剖面视图中布置钢筋。

4.5.1 钢筋限制条件和保护层

箍筋建模操作前需要对钢筋限制条件和保护层设置有一定的了解。

钢筋限制条件用于设置和锁定各个钢筋实例相对于混凝土主体图元的几何图形。钢筋保护层是钢筋参数化延伸到混凝土主体的内部偏移量。钢筋图元具有以下特殊性：由完全灵活的几何图形组成；受制于钢筋形状的定义；尺寸和位置完全由其他主体图元确定。

可以指定以下类型的限制条件：钢筋保护层；其他钢筋（箍筋操纵柄平面）；到主体表面。在图 4.150 中，箍筋和四个简单的直筋应用了下述四种不同的限制条件。

钢筋 A：限制到梁顶面的钢筋保护层。

钢筋 B：限制到其他钢筋的箍筋。

钢筋 C：限制到最近的平行主体表面。

钢筋 D：特殊的限制条件情况。在箍筋中，放置在弯头旁边的纵向直筋可以沿着这些镫筋中的弯头限制到不同位置。例如，围绕着各个弯头、以45°为增量的点，例如 0°、45°、90°、135° 等。系统会对限制条件应用一定量的偏移，从而将纵向钢筋以所需的角度位置依靠在箍筋弯头的内侧。

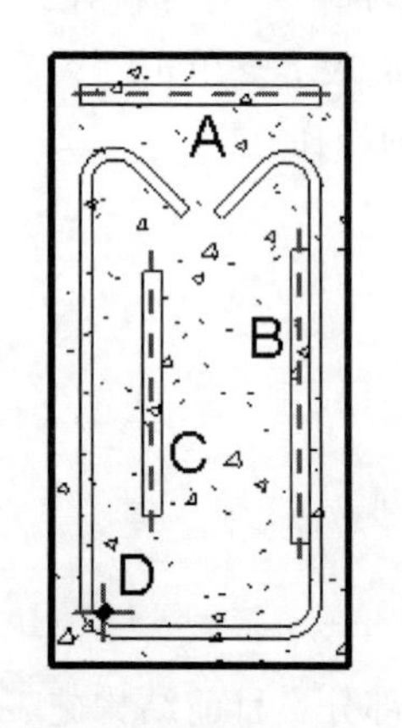

图 4.150　四种不同的限制条件

放置钢筋的默认限制条件逻辑顺序如下（仅限直筋）：钢筋寻找箍筋弯头参照点来限制其边缘以及平面位置操纵柄→钢筋寻找最近的主体图元保护层面→标准样式钢筋还查找箍筋控制柄，忽略任何已被箍筋占据的主体保护层。如果在要求的允差内找不到保护层面或箍筋，则钢筋寻找最近的主体表面（无论带或不带保护层），从而形成到该表面的恒定距离锁定限制条件。

在模型中选择一个钢筋图元，“修改｜结构钢筋”选项卡“钢筋约束”面板自动打开，单击“编辑约束”（编辑限制条件），如图 4.151 所示。沿着钢筋会有圆形控制柄表示分段或钢筋末端。纵筋和限制边界高亮显示，纵筋旁边出现控制框，注写有约束尺寸。不选择控制框，约束尺寸为纵筋到主体表面的距离；选择控制框，约束尺寸为纵筋到保护层面的距离。该数值可以修改，从而改变纵筋的定位。

钢筋保护层的设置相对比较简单，处理钢筋及其主体时，可以编辑整个图元或特定

图 4.151　编辑钢筋限制条件

面的钢筋保护层。

使用钢筋保护层工具时，可以决定现有的钢筋保护层设置，方法是：将光标悬停在单个面或整个图元上，单击“结构”选项卡“钢筋”面板“保护层”。在选项栏上，单击“拾取图元”以拾取整个图元，或单击“拾取面”以拾取图元的单个面，选择要修改的图元或图元面，在选项栏上，从“保护层设置”下拉列表中选择保护层设置。如图 4.152 所示。

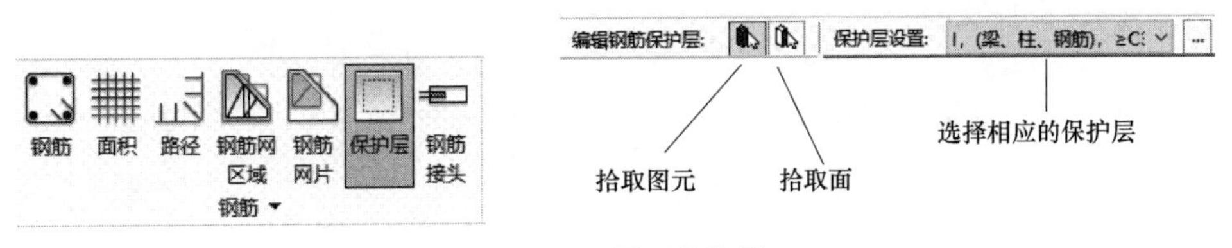

图 4.152　设置保护层

如果没有需要的保护层，可创建其他设置，单击“选项栏”上的“…”或单击“结构”选项卡“钢筋”面板下拉列表（钢筋保护层设置），在对话框添加或选择一个现有的保护层类型，调整保护层类型的说明和保护层类型的偏移距离即可完成，如图 4.153 所示。

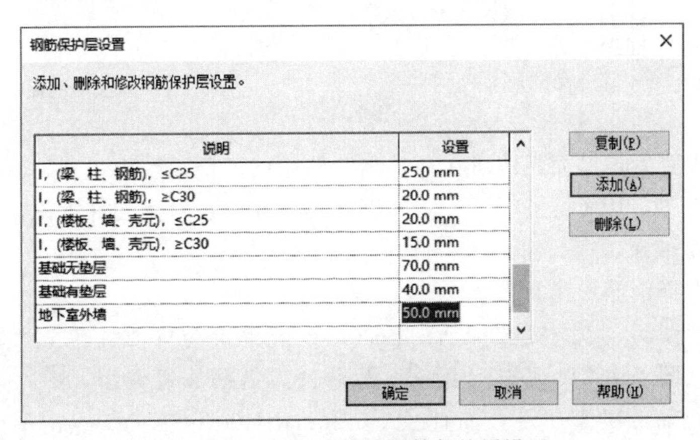
钢筋保护层设置

添加、删除和修改钢筋保护层设置。

说明	设置
I, (梁、柱、钢筋), ≤C25	25.0 mm
I, (梁、柱、钢筋), ≥C30	20.0 mm
I, (楼板、墙、壳元), ≤C25	20.0 mm
I, (楼板、墙、壳元), ≥C30	15.0 mm
基础无垫层	70.0 mm
基础有垫层	40.0 mm
地下室外墙	50.0 mm

复制(P)　添加(A)　删除(L)

确定　取消　帮助(H)

图 4.153　添加或修改钢筋保护层设置

4.5.2 箍筋建模

步骤一：创建剖面视图。

无论是对何种构件配置实体钢筋，第一步均为对其创建剖面视图。

创建方法："视图"命令面板→"创建"面板→点击"剖面"命令→在要创建剖面的构件上布置剖面符号，如图 4.154 所示。对柱构件来说，由于 Revit 无法创建水平向的剖面，故在布置柱钢筋时，可以先生成竖向剖面 1（图 4.154），在剖面 1 的视图中创建剖面 2（图 4.155），再选中剖面 2 的视图框，选中"修改｜视图"面板的"旋转"按钮，将剖面 2 旋转 90°（图 4.156），使其变为水平剖面（图 4.157），通过该方法，可实现对柱子的水平剖切，并在剖面 2 视图中布置钢筋。

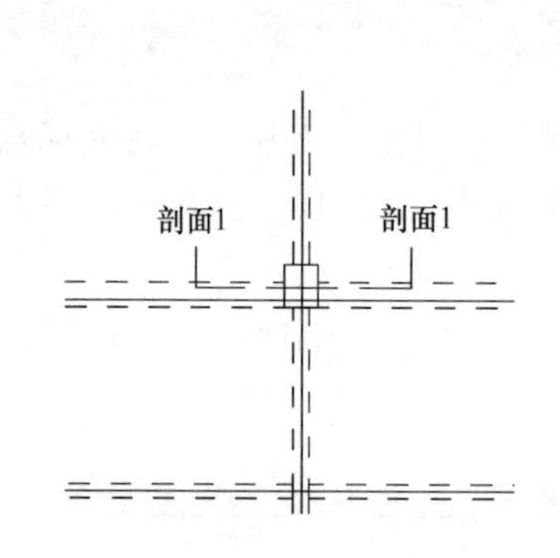

图 4.154　生成竖向剖面 1

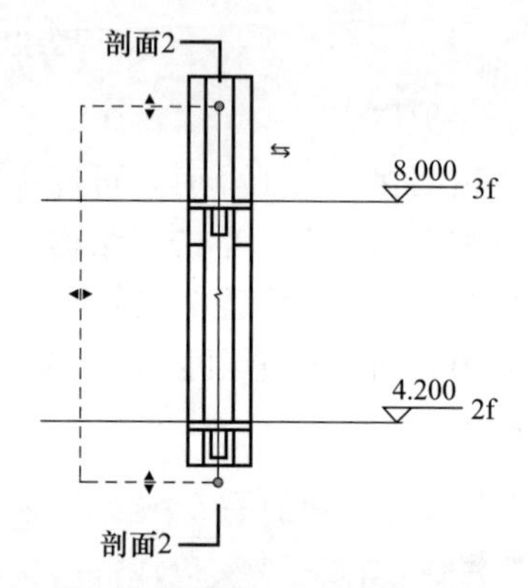

图 4.155　在剖面 1 视图中创建剖面 2

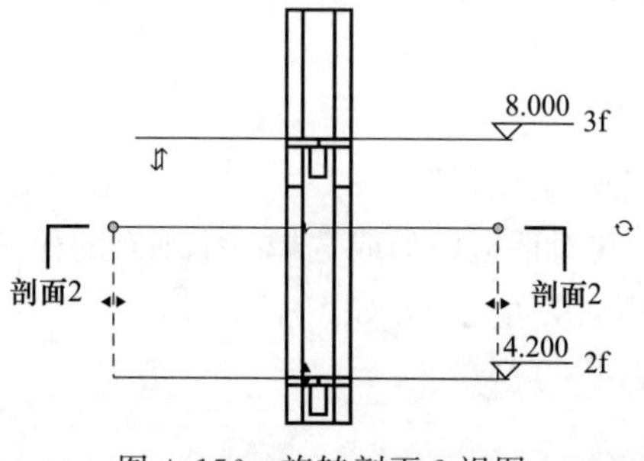

图 4.156　旋转剖面 2 视图

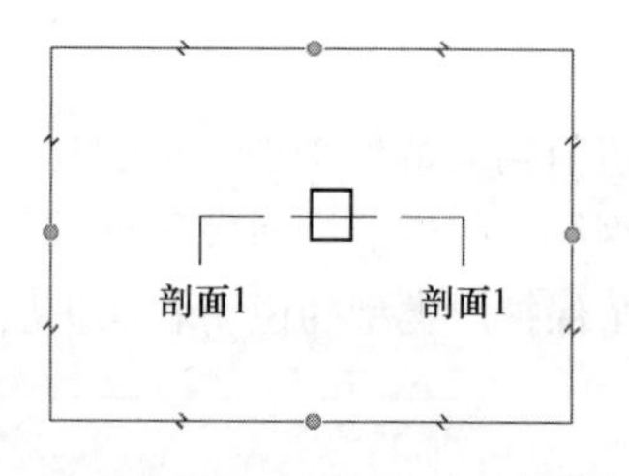

图 4.157　水平剖面 2 视图

完成剖面设置后，剖面视图可在项目浏览器中的"剖面"中找到。双击相应的剖面即可进入剖面视图，从而可进行下一步的钢筋建模操作。对梁构件来说，创建一次剖面即可进行钢筋的布置。

步骤二：选择钢筋形状及直径。

进入剖面视图后，点选需要配筋的构件，系统菜单会自动跳转至"修改｜结构框架"命令面板（图 4.158），点击"钢筋"命令进入钢筋放置界面（图 4.159）。在"属性栏"中选择钢筋族类型属性，如直径 10mmHRB400 级钢筋。点击图中的"…"按钮，可切换显示"钢筋形状浏览器"（图 4.160）。在"钢筋形状浏览器"中选择合适的钢筋形状，如箍筋形状为 33 的钢筋。

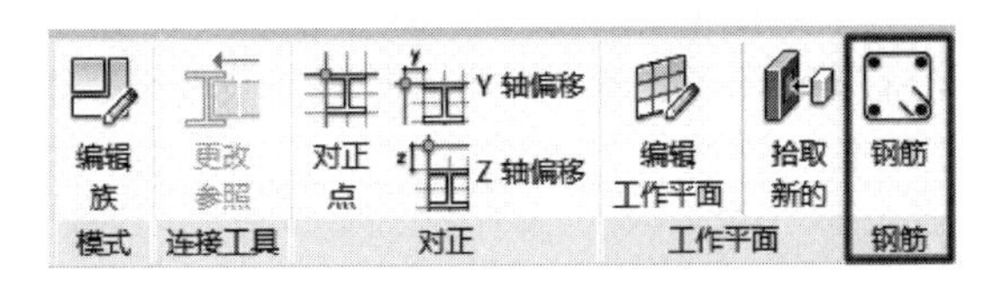

图 4.158 “修改 | 结构框架”命令面板

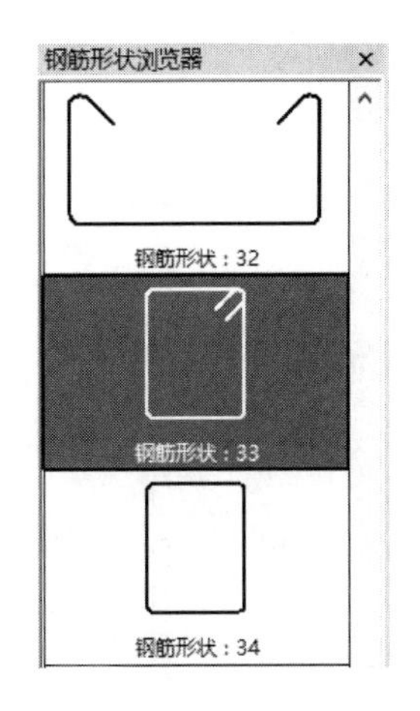

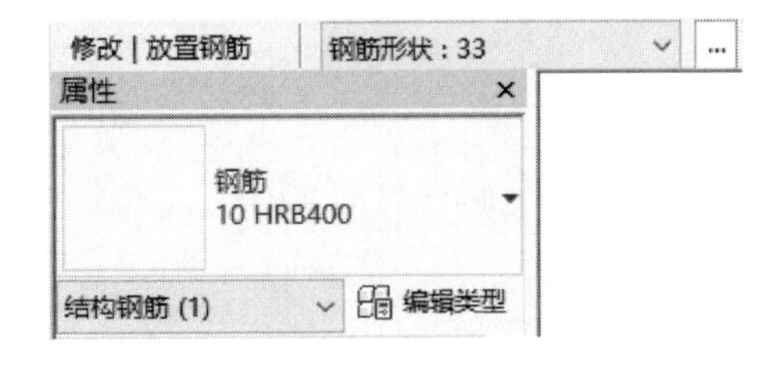

图 4.159 钢筋放置界面

图 4.160 钢筋形状选择

步骤三：钢筋布置。

在“钢筋形状浏览器”中点选合适的箍筋形状后，放置方向选择“平行于工作平面”，随后点选构件，即可将箍筋布置入构件中（图 4.161）。此时，钢筋集可先设置为“单根”。图中线宽设置为细线，虚线表示钢筋限制条件，受保护层等设置的影响。

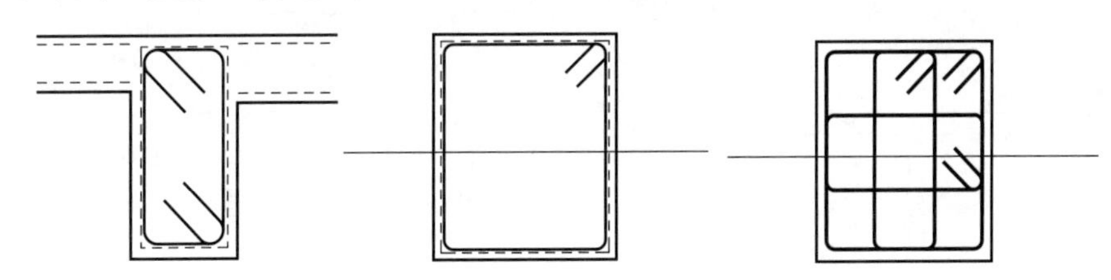

图 4.161 箍筋放置效果

步骤四：设置箍筋间距。

以梁为例：一般情况，构件中的箍筋可分为“箍筋加密区”和“箍筋非加密区”。箍筋间距加密区的设置在剖面视图中无法实现，此时需返回平面视图进行操作。

返回平面视图会发现刚才布置的单根箍筋，正处于剖切面上，点击箍筋，在“钢筋集”面板中将“布置”改为最小净距，并设置钢筋间距。此时，箍筋将会根据设定间距均匀布满整个构件（图 4.162）。选中钢筋集，拖动端部的拉伸控制柄，可对钢筋集的长度进行控制。而钢筋集末端的方框，则用于控制是否在钢筋集末端布置箍筋。

步骤五：创建加密区与非加密区。

一般情况，梁在端部需设置箍筋加密区，加密区长度为 1.5～2 倍梁高，梁中间部分的非加密区，以下介绍创建方法。

拖动钢筋集控制柄，缩短钢筋集长度，使钢筋集两端均离开框架梁的端部（由于要使用尺寸标注来控制钢筋集长度，故必须进行端部分离，否则尺寸标注捕捉的两端均为钢筋集，会令数值调整失效），随后使用“对齐尺寸标注”命令，对钢筋集端部与梁端部进行尺寸标注。完成标注后，点选钢筋集，尺寸标注的数值会变为可修改状态，此时点击尺寸标注数值修改为加密区长度即可。随后拖动钢筋集的另一端，使其与梁端部预留 50mm，如图 4.163 所示。至此完成梁一端的箍筋加密区建模工作。

选中钢筋集，通过“复制”命令，创建新的箍筋钢筋集，并将其放置到框架梁的另一端，如图 4.164 所示。

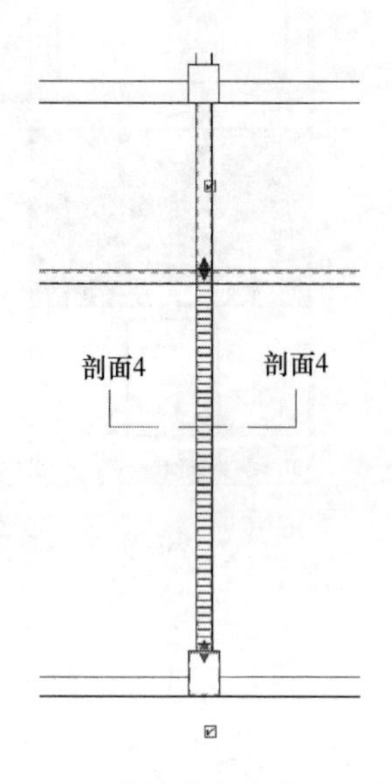

图 4.162　箍筋均匀布满整个构件

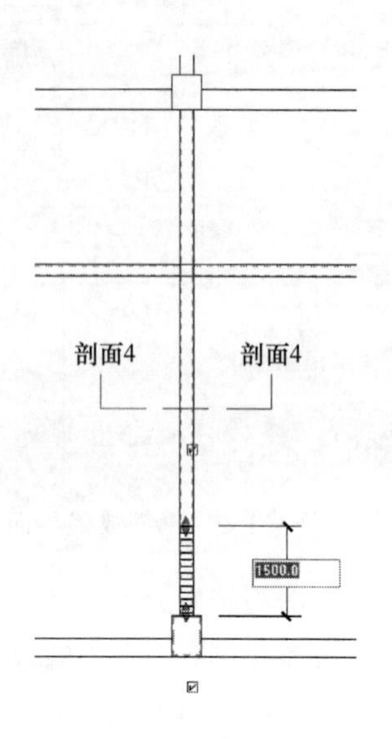

图 4.163　调整加密区范围

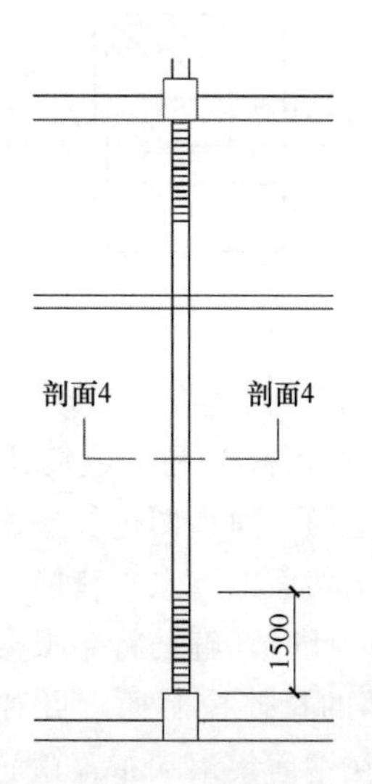

图 4.164　复制形成另一侧加密区

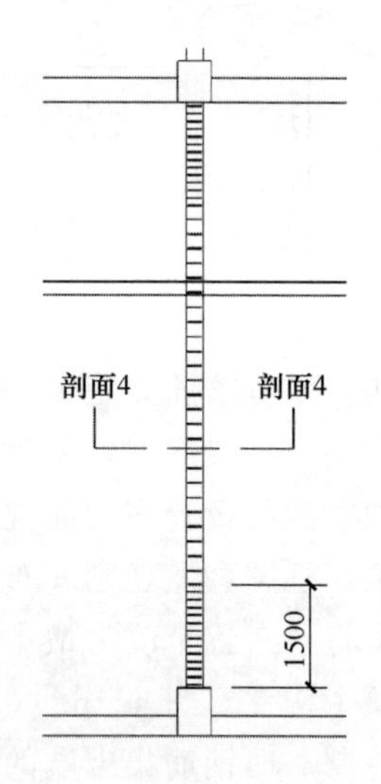

图 4.165　非加密区箍筋创建

同样，通过“复制”命令创建中间非加密区箍筋，根据需要修改钢筋集“间距”设置和钢筋族类型（直径、强度等级）。通过拖动钢筋集控制柄的方法，使其处于加密区中间，并取消勾选钢筋集端部的方框，如图 4.165 所示。

注意：必须取消勾选非加密区钢筋集的两端方框内容，否则会在加密区端部布置钢筋，从而导致加密区与非加密区端部箍筋的重叠，在钢筋用量统计时会被重复计算。

最后删除不必要的“尺寸标注”即完成单根构件的箍筋布置。

其他构件的箍筋布置方法均类似，总体流程均为：创建构件剖面→布置单根箍筋→返回相应视图进行箍筋间距设置→创建不同的箍筋间距区段→控制不同区段的钢筋集长度→完成建模。

4.5.3 纵筋建模

首先进入梁构件的剖面视图，点选构件后在菜单栏点击“钢筋”命令，进入钢筋建模界面。在“钢筋形状浏览器”中选择直线型钢筋（钢筋形状 1），然后在属性栏中修改钢筋族类型，选择合适的钢筋直径和强度等级。将“放置方向”设置为“垂直于保护层”，随后可在构件中布置纵筋。注意“钢筋集”中的“布局”宜设置为“单根”，“钢筋约束”选择“受约束的放置”，可使纵筋布置沿箍筋内侧且保证保护层厚度。

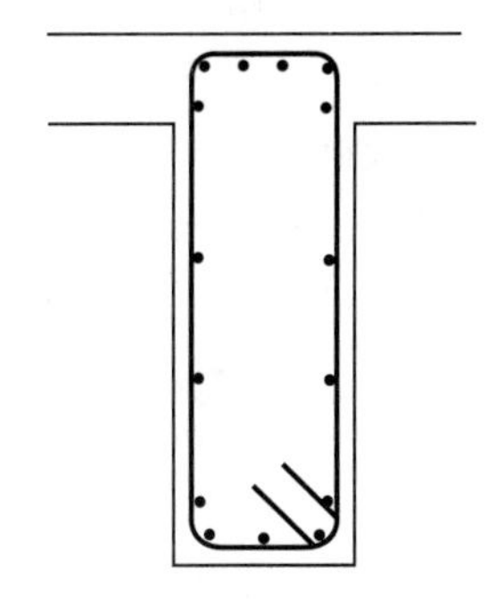

图 4.166　纵筋布置完成

采用相同的方法布置其余纵向钢筋，也可采用复制命令创建其余纵向钢筋，复制的方式更为方便，因为复制可保证钢筋在同一线上，且可进行距离控制。完成后效果如图 4.166 所示。

其他构件的纵筋布置方法均类似。这种方式布置的纵筋，其长度均与构件长度一致。对于纵筋的锚固长度、上部钢筋切断点位置等信息均需另做调整，而且调整操作复杂。

注意：无论对何种构件进行实体配筋建模，首根钢筋的建模均在剖面视图，而平面视图主要用于钢筋位置的调整。

4.5.4 楼板及墙体分布筋建模

楼板和剪力墙的分布筋具有钢筋间距相同（或者分区域相同），均为纵向钢筋的特点。因而可采用“区域钢筋”进行钢筋布置。下面以楼板为例，介绍分布钢筋的建模方法。

选择需要布置钢筋的混凝土楼板，在菜单栏的“钢筋”面板中点击“区域”按钮，在属性栏中进行钢筋族类型的设置，使用“绘制”面板工具绘制布筋区域（图 4.167），绘制首尾封闭的线框作为布筋区域，点击“√”完成建模。完成建模后，效果如图 4.168 所示。

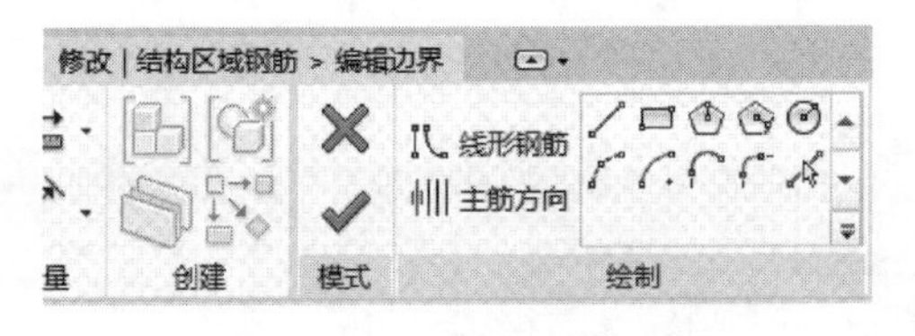

图 4.167　绘制布筋区域

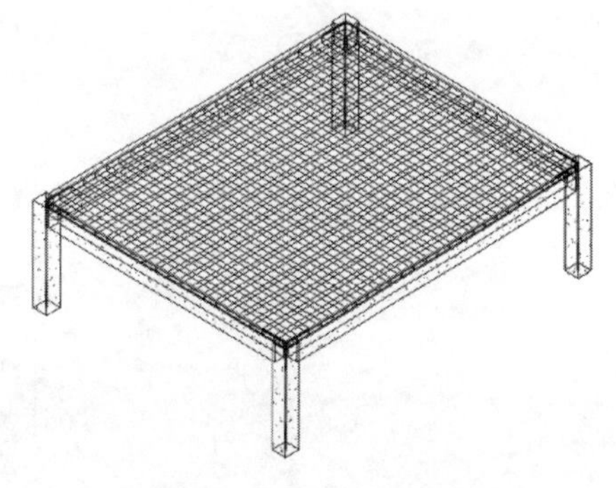

图 4.168　板布筋完成

以上方式难以处理对于板上部中央区域不需要放置钢筋的情况。

4.5.5 Extensions插件钢筋建模

Revit钢筋的手工建模操作十分烦琐，需要来回在平面视图和剖面视图中进行切换，且难以实现非通长钢筋的参数化建模。实际工程中，钢筋数量十分庞大，使用手工建模的方法难以完成。

Revit Extensions（速博插件）是Revit为简化建模增加的插件，在安装完Revit软件后，再安装相应版本的Revit Extensions，将在主菜单中增加“Extensions”命令面板，如图4.169所示。该面板中含有“建模”“钢筋”和“工具”三个模块，其中“建模”模块可对“轴网”“木结构屋顶”“框架结构”“屋顶桁架”进行快速建模，“钢筋”模块可对板（目前无法对板进行整体布筋）、梁、基础、柱、墙等构件进行半自动的钢筋建模。

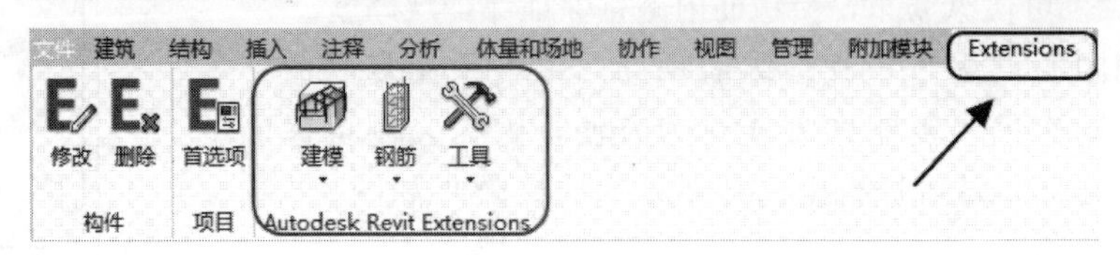

图4.169 “Extensions”命令面板

点选需要创建钢筋的构件后，如选择梁构件，在Extensions的“钢筋”下拉菜单中选择对应的构件类型（图4.170）“梁”，即可弹出钢筋布置对话窗口（图4.171）。

图4.170 “钢筋”下拉菜单

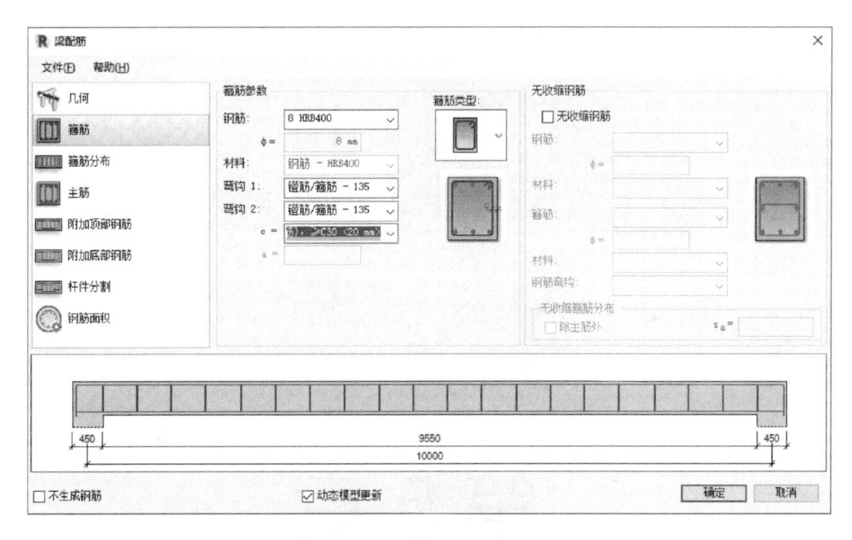

图 4.171　钢筋布置对话窗口

根据配筋需要在配筋对话窗口（图 4.171）中完成相应的设置，如对梁构件依次完成“箍筋”“箍筋分布”“主筋”“附加顶部钢筋”“附加底部钢筋”等信息设置，点击“确定”按钮即可完成该梁的配筋。“箍筋分布”中的“分布类型”可选择“均匀布置箍筋”或“设置加密区布筋”。其中附加钢筋为非贯通筋，需要给定其伸入梁内长度。插件可自动处理箍筋的加密区与非加密区、纵筋的锚固长度、弯折长度等构造措施。

使用 Extensions 插件完成钢筋建模的效果如图 4.172 所示（注：楼板分布筋用 Revit 区域钢筋绘制）。

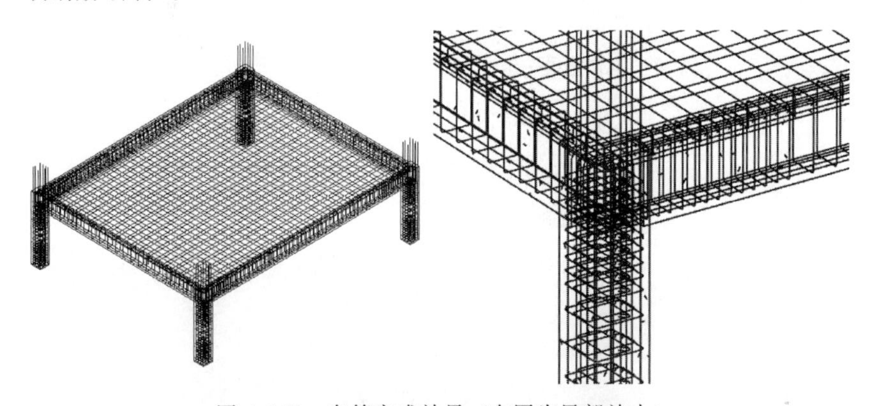

图 4.172　布筋完成效果（右图为局部放大）

第5章 钢结构建模

本章要点

介绍钢结构构件的建模

钢结构连接的设计及节点建模

介绍钢支撑的建模

介绍钢桁架的建模

5.1 钢结构构件建模

5.1.1 钢柱建模

钢结构柱创建：“结构”选项卡→“结构”面板→“柱”（快捷键：“CL”），在“属性面板”类型选择器中选择合适的结构柱类型进行放置，如图 5.1 所示。

在类型选择器中，选择任意类型的钢结构柱，如图 5.2 所示。钢结构柱断面修改详见 4.1.2 结构柱的建模。

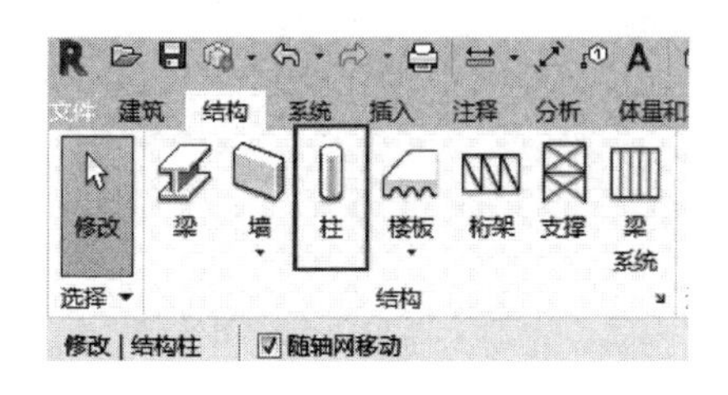

图 5.1　柱创建面板

图 5.2　柱类型选择面板

5.1.2 钢梁建模

钢结构框架梁命令：“结构”选项卡→“结构”面板→“梁”，快捷键“BM”，如图 5.3 所示。

图 5.3　梁创建面板

在类型选择器中，选择任意类型的钢结构梁，如图 5.4 所示。钢结构柱断面修改详见 4.2.3 梁的建模。

5.1.3 楼板建模

钢结构楼板的创建步骤如下。

楼板结构命令→“结构”选项卡→“结构”面板→“楼板”，快捷键：“SB”。

在楼板下拉菜单中，可以选择“楼板：结构”“楼板：建筑”或“楼板：楼板边”，如图 5.5 所示。点击图标或使用快捷键启动命令，程序会默认选择“楼板：结构”。

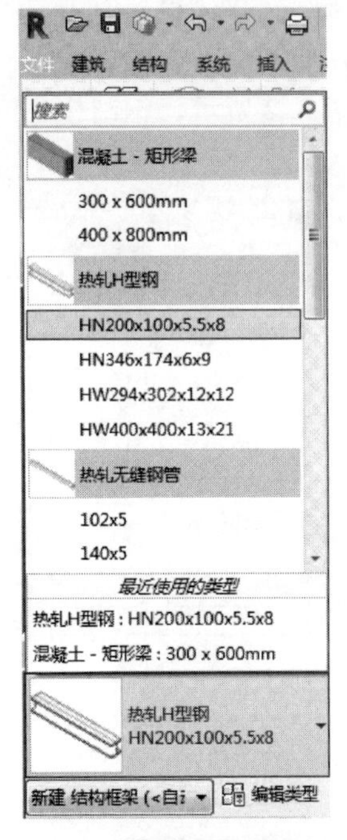

图 5.4 梁类型选择面板

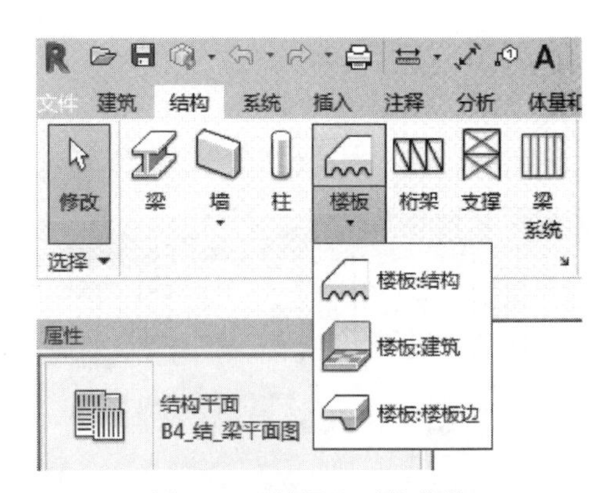

图 5.5 “楼板”下拉菜单

结构楼板也是系统族文件，只能通过复制的方式创建新类型。

启动命令后，在功能区会显示“修改｜创建楼层边界”选项卡，包含了楼板的编辑命令，默认选择为“边界线”，其中包含了绘制楼板边界线的“直线”“矩形”“多边形”“圆”等工具，如图 5.6 所示。

图 5.6 “修改｜创建楼层边界”面板

在属性面板的“类型”选择器中，选择“常规－300mm”，点击“编辑类型”，在弹出的类型属性对话框中，点击“复制”，在弹出的对话框中为新创建的类型命名为“钢结构楼板－100mm”，如图 5.7 所示。

点击“类型属性”对话框中的“编辑”按钮，弹出“编辑部件”对话框，插入“压型板”设置结构层的厚度为 100mm，点击“确定”完成更改，然后“确定”完成类型创建，如图 5.8 所示。

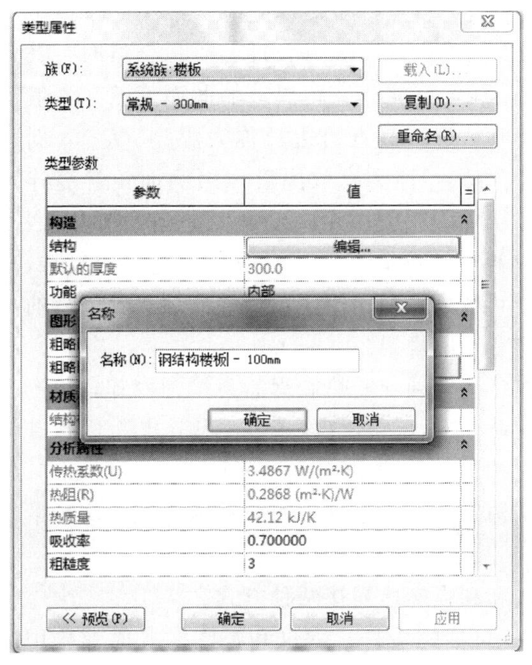

图 5.7 “类型属性”对话框

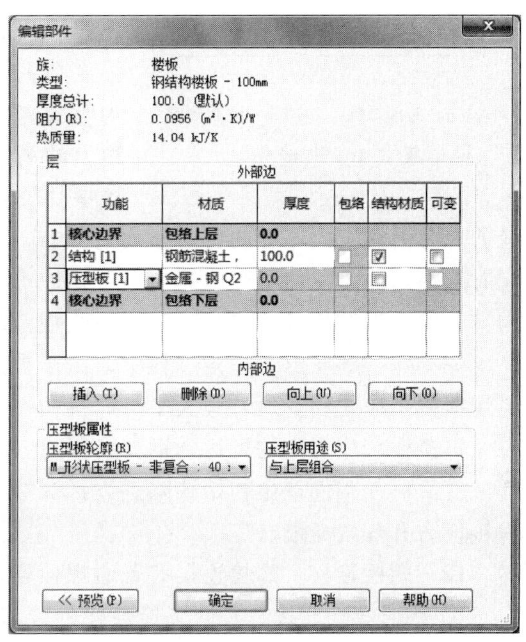

图 5.8 “编辑部件”对话框

5.2 钢结构的连接和节点设计及建模

5.2.1 钢结构的连接

钢结构连接常用焊接连接、螺栓连接或铆钉连接。如图 5.9 所示。螺栓连接又分普通螺栓连接和高强螺栓连接。

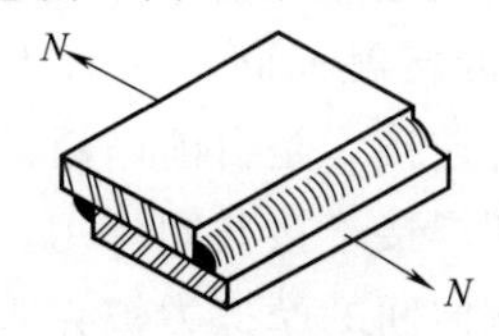

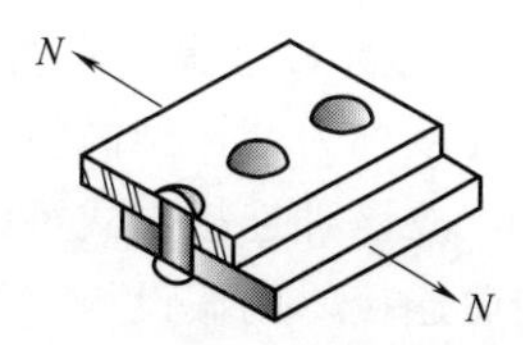

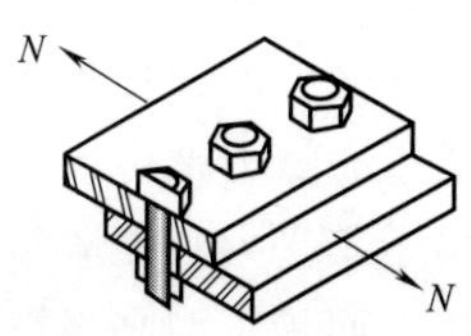

图 5.9 连接方式（从左到右依次为焊接连接、铆钉连接、螺栓连接）

(1) 焊接 钢结构中的焊接，主要采用电弧焊（即在构件连接处，借电弧产生的高温，将置于焊缝部位的焊条或焊丝金属熔化，从而使构件连接在一起）。电弧焊又分手工焊、自动焊和半自动焊。自动焊和半自动焊，可采用埋弧焊或气体（如二氧化碳气）保护焊，多用于工厂加工。手工焊多用于现场施工，但质量波动大、劳动强度大、效率低。焊缝的基本形式可分为对接焊缝和角焊缝，如图 5.10 所示。

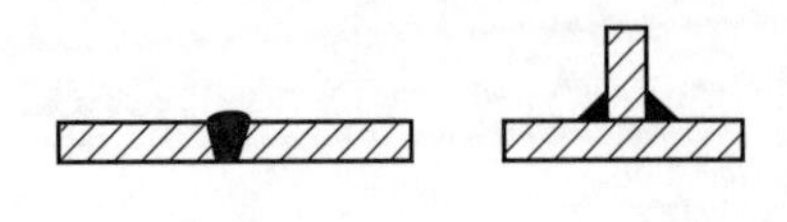
(a) 对接焊缝　　(b) 角焊缝

图 5.10　焊缝分类

焊缝连接受力特点：对接焊缝应当采用与主体金属相适应的焊条或焊丝，施焊合理、质量合格时，其强度与主体金属强度相当。角焊缝的截面形状，一般为等腰直角三角形，其直角边长称为焊脚（h_f），斜边上的高（$0.7h_f$）称为有效厚度。用侧面角焊缝连接承受轴向力时，焊缝主要承受剪切力。计算时，假设剪应力沿着有效厚度的剪切面均匀分布，只验算其抗剪强度。正面角焊缝受力复杂，同时存在弯曲、拉伸（或压缩）和剪切应力，其破坏强度比侧面角焊缝高。关于焊缝的构造要求，钢结构设计规范及施工验收规范均有专门规定。

焊接应力和变形：焊接过程中，由于被连接构件局部受热和焊后不均匀冷却，将产生焊接残余应力和变形，其大小与焊接构件的截面形状、焊缝位置和焊接工艺等因素有关。焊接残余应力高的可达到钢材屈服点，对构件的稳定和疲劳强度均有显著的影响。焊接变形可使构件产生初始缺陷。设计焊接结构以及施工过程中都应采取措施，应减少焊接应力和焊接变形。

(2) 螺栓连接 螺栓连接有普通螺栓连接和高强螺栓连接两种方式。

① 普通螺栓连接。普通螺栓连接的连接件包括螺栓杆、螺母和垫圈。普通螺栓用普通碳素结构钢或低合金结构钢制成，分粗制螺栓和精制螺栓两种。粗制螺栓（C 级）由未经加工的圆杆制成，螺栓孔径比螺栓杆径大 1.0～1.5mm，制作简单，安装方便，但受剪切力时性能较差，只用于次要构件的连接或工地临时固定，或用在借螺栓传递拉力的连接上。精制螺栓（A 级和 B 级）由圆钢在车床上切削加工制成，杆径比孔径小 0.3～0.5mm，其受剪力的性能优于粗制螺栓，但由于制作和安装都比较复杂，很少应用。

考虑施工方便和受力要求，螺栓要按一定规定排列。排列方式有并列排列和错列排列两种。并列排列简单整齐，所用连接板尺寸小，但对构件截面的削弱较大，错列排列则与之相反。规范考虑受力、构造、施工等方面的要求规定了螺栓的最小容许间距和端距。

② 高强螺栓连接。高强螺栓连接传递剪力的机理和普通螺栓连接不同，普通螺栓是靠螺栓抗剪和承压来传递剪力的，而高强螺栓连接首先是靠被连接板件间的强大摩擦阻力传递剪力的。安装时通过特别的扳手，以较大的扭矩上紧螺母，使螺杆产生很大的预拉力。高强螺栓的预拉力把被连接的部件夹紧，使部件的接触面间产生很大的摩擦力，外力通过摩擦力来传递。这种连接称为摩擦型高强螺栓连接，是目前广泛采用的连接方式，由于其受力时无滑移变形，故该种连接方式可以和焊接连接共同作用，形成栓焊混合连接。而承压型高强螺栓抗剪连接，则假设板束接触面间的摩擦力被克服后，栓杆与孔壁（孔径比杆径大 1.0～1.5mm）接触，借螺栓抗剪和孔壁承压来传力。

螺栓的性能统一用螺栓的性能等级表示，如 4.6 级、8.8 级、10.9 级。小数点前的数字表示螺栓材料的抗拉强度，小数点及后面的数字表示屈强比。

因为摩擦型高强螺栓抗剪连接的承载力取决于高强螺栓的预拉力和板束接触面间的摩擦系数（亦称滑移系数）的大小，常对板件接触面进行处理（如喷砂）以提高摩擦系数。高强螺栓的预拉力并不降低其抗拉性能，其抗拉连接与普通螺栓抗拉连接相似，当被连接构件的刚度较小时，应计入杠杆力的影响。每个螺杆所受外力不应超过预拉力的80％，以保证板束间保持一定的压力。高强螺栓连接的螺栓排列，也有一定的构造规定。

(3) 铆钉连接 铆钉连接的韧性和塑性好，但铆接比栓接费工，比焊接费料，只用于承受较大的动力荷载的大跨度钢结构。一般情况下在工厂几乎全为焊接所代替，在工地几乎为高强螺栓连接所代替。

5.2.2 钢结构的连接节点

(1) 拼接 在制造过程中，当材料的长度不能满足构件的长度要求时，必须进行接长拼接。材料的工厂拼接一般是采用焊接连接。通常，钢材的工厂拼接连接多按构件截面面积的等强度条件进行计算。梁拼接做法如图 5.11 所示。

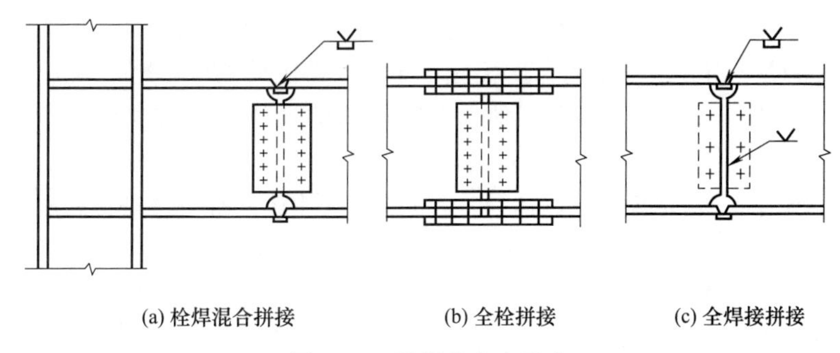

图 5.11 梁拼接节点示意

(2) 柱脚节点 柱脚节点根据受力状态的不同可分为刚接柱脚和铰接柱脚。

① 刚接柱脚。多层和高层钢结构与基础刚接的柱脚，依连接方式不同，分为埋入式柱脚、外包式柱脚和外露式柱脚。

超过 12 层的高层钢结构宜采用埋入式柱脚，6、7 层时也可采用外包式柱脚。外露式柱脚可用于刚接柱脚，也可用于仅传递竖向荷载的铰接柱脚，底板增设抗剪键后也可用于剪力不大的铰接柱脚。

a. 埋入式柱脚。将钢柱直接埋入刚度较大的地下室墙或基础的柱脚，如图 5.12(a) 所示。埋入式柱脚由钢柱侧面混凝土的支承压力传递弯矩。埋入深度对轻型工字形柱，不得小于钢柱截面高度的 2 倍；对大截面 H 形钢柱和箱形截面柱不得小于钢柱截面高度的 3 倍。钢柱埋入部分上部应设置水平加劲肋或隔板，加劲肋或隔板的板件宽厚比应符合塑性设计的要求。

为保证埋入钢柱与周边混凝土的整体性，钢柱翼缘上应设置栓钉。栓钉的直径不小于 19mm，水平及竖向中心距不大于 200mm，且栓钉至钢柱边缘的距离不大于

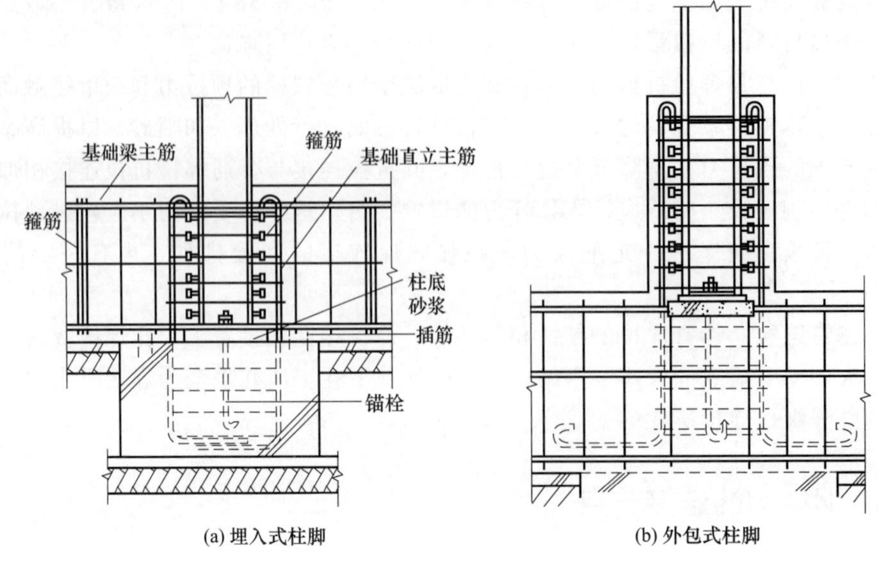

图 5.12　柱脚节点示意

100mm。埋入式柱脚钢柱的混凝土最小保护层厚度对中间柱不得小于 180mm，对边柱和角柱外侧不宜小于 250mm。

埋入式柱脚的钢柱四周应设置主筋和箍筋，主筋的最小含钢率为 0.2%，并不宜小于 4 Φ 22，上端设弯钩。主筋锚固长度不应小于 35d，主筋的中心距不宜大于 200mm。

b. 外包式柱脚。将钢柱直接置于地下室墙或基础梁顶面，和由基础上伸出的钢筋在钢柱四周外包一段混凝土者，称为外包式柱脚，如图 5.12 (b) 所示。

外包式柱脚通过柱翼缘栓钉抗剪，将弯矩传递给外包混凝土。外包式柱脚的栓钉直径不小于 19mm，水平和竖向中心距不大于 200mm。外包式柱脚钢柱与基础可视为铰接，弯矩全部由外包的钢筋混凝土承担，剪力除由底板和混凝土之间的摩擦力抵消一部分外，其余均由外包钢筋混凝承担，不考虑钢柱与混凝土的抗剪黏结。

外包式柱脚的混凝土外包高度与埋入式柱脚埋入深度要求相同；钢柱的外侧保护层厚度不得小于 180mm。在外包混凝土顶部应设置加强箍，不得小于 3 Φ 12，间距 50mm。

c. 外露式柱脚。分刚接柱脚和铰接柱脚两种。最简单的轴心受压柱可以设计成铰接柱脚，设计时底板尺寸应满足混凝土抗压要求。偏心受压柱在垂直于弯矩轴方向要做得宽一些，整体式柱脚由底板、靴梁、锚栓及锚栓支承托座组成。外露式刚接柱脚尺寸较大，建筑处理上比较困难。

② 铰接柱脚。铰接柱脚一般采用外露式柱脚，与刚接柱脚的区别在于锚栓数量少，且集中于柱脚中央布置，柱脚尺寸较小，多结合柱底抗剪键解决剪力传递。

(3) 柱-梁节点

① 刚性连接。梁与柱刚性连接系指节点具有足够的刚性，能使所连构件间的夹角在达到承载力之前，实际夹角不变的接头，连接的极限承载力不低于被连接构件的屈服承载力。梁与柱刚性连接的构造形式分为以下几种。

a. 全焊接节点。梁的上、下翼缘用坡口全熔透焊缝，腹板用角焊缝与柱翼缘连接，如图 5.13（a）所示。

b. 栓焊混合连接节点。仅梁的上下翼缘用坡口全熔透焊缝与柱翼缘连接，腹板用高强度螺栓与柱翼缘上的剪力板连接，是目前多层和高层钢结构梁与柱连接最常用的构造形式，如图 5.13（b）所示。

c. 全栓接节点。梁翼缘和腹板借助 T 形连接件用高强度螺栓与柱翼缘连接，螺栓数量众多，安装并不方便，耗费材料和人工，且节点刚性并不好，除了严寒地区冬季施工可能应用外，实际工程中应用不多。

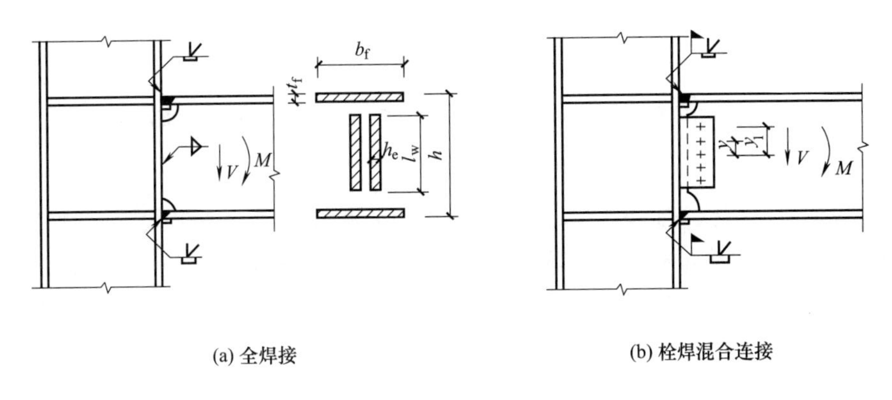

图 5.13　梁柱刚接节点

为了保证柱腹板的局部抗压承载力和柱翼缘板的刚度，一般设置柱腹板水平加劲肋，水平加劲肋的厚度与梁翼缘相同或相近，并刨平顶紧柱腹板和翼缘，采用角焊缝或 K 形焊缝焊接。

为避免在地震作用下，梁与柱连接处焊缝发生破坏，宜采用能将塑性铰自梁端外移的做法，可以采用削弱上下翼缘的骨形连接，也称犬骨式节点；或者加强节点附近梁翼缘，如节点附近梁上下翼缘加设盖板或者局部加宽翼缘的方式处理。

② 柔性连接。柔性连接基本不能承受弯矩，多作为简支梁的支承，梁端不能平动但可以转动，即所谓铰接。典型的梁与柱柔性连接节点由柱翼缘连接角钢（或节点板）或由支座连接角钢传递剪力。如图 5.14 所示。

当柱弱轴方向与梁连接时，在构造上仍应首先设置柱水平加劲肋和竖向连接板，通过高强螺栓与梁腹板连接（图 5.15）。

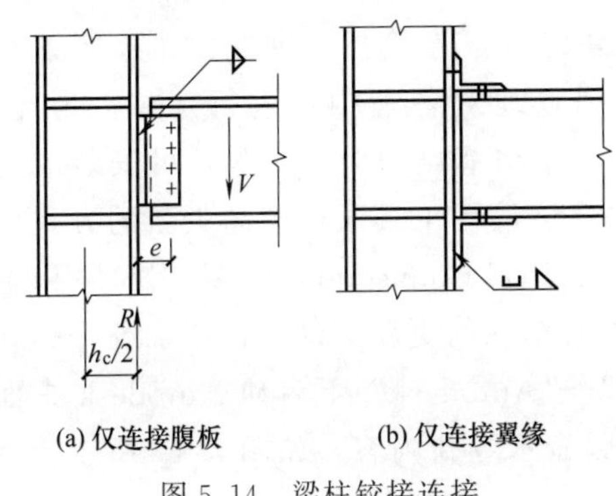

图 5.14　梁柱铰接连接

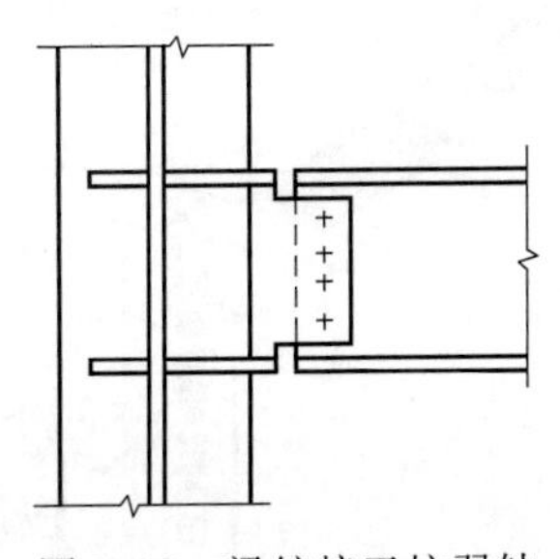

图 5.15　梁铰接于柱弱轴

(4) 主梁-次梁节点

① 铰接连接。次梁与主梁的连接通常设计为铰接。次梁与主梁的竖向加劲板用高强螺栓连接。当次梁内力和截面较小时，也可直接与主梁腹板连接，如图 5.16 所示。

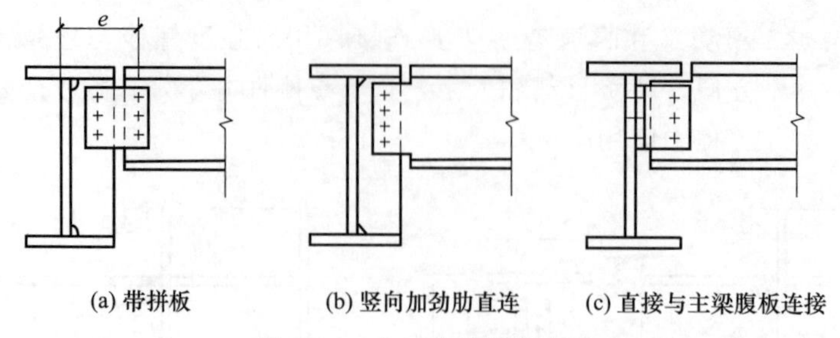

(a) 带拼板　　(b) 竖向加劲肋直连　　(c) 直接与主梁腹板连接

图 5.16　主、次梁铰接连接

② 刚接连接。当次梁跨数较多、跨度较长、荷载较大时，或者次梁悬挑段在次梁与主梁连接处形成刚接，刚接可以减小次梁的挠度，节约钢材。常见的次梁刚接连接做法如图 5.17 所示。

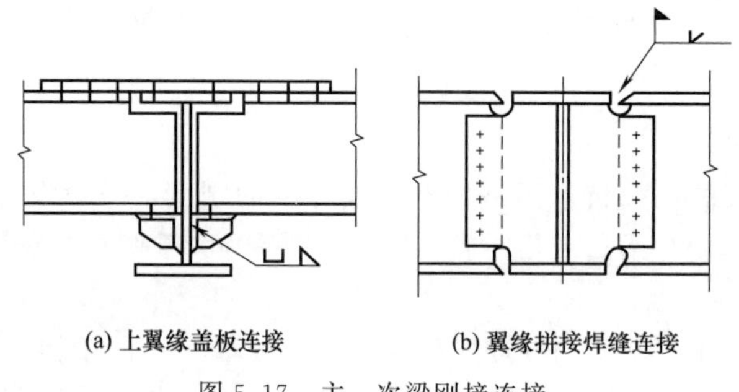

(a) 上翼缘盖板连接　　(b) 翼缘拼接焊缝连接

图 5.17　主、次梁刚接连接

5.2.3　钢结构节点建模

钢结构梁柱建模后的结构连接如图 5.18 所示，梁柱构件连接无任何处理措施，故需要对模型的梁柱构件连接节点进行建模。

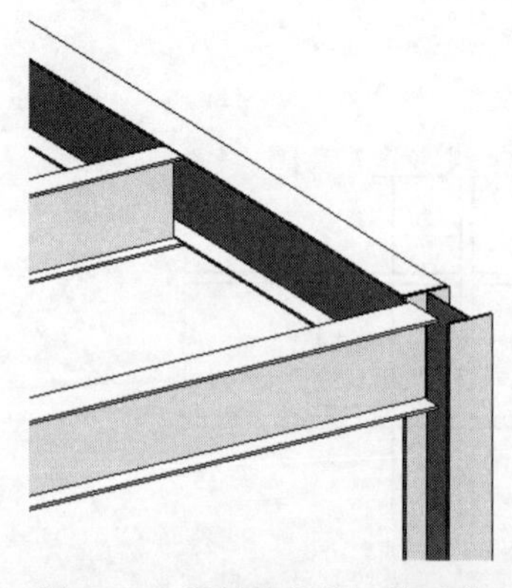

图 5.18　钢结构梁柱三维示意

在 Revit 中直接对钢结构的连接节点进行建模工作量巨大，需要创建螺栓、连接板、拼板、焊缝等各种族，并需要十分细致地对各种构件进行定位。为此，Autodesk 提供了钢结构节点的设计工具，可安装成为 Revit 的一个模块。该设计工具通过产品更新的方式发布，名称为“Revit Steel Connections”，针对 2016 以上的各个 Revit 版本有单独的更新文件。在“系统”→“开始”→“所有程序”→“Autodesk”下启动 Autodesk 桌面应用程序，登录后显示更新内容，如图 5.19 所示。点击“更新”按钮即可安装该插件。

图 5.19　Revit 2018 Steel Connections 更新

更新 Revit 2018 Steel Connections 后，打开 Revit，在主菜单“结构”选项卡中将增加“连接”模块，如图 5.20 所示。

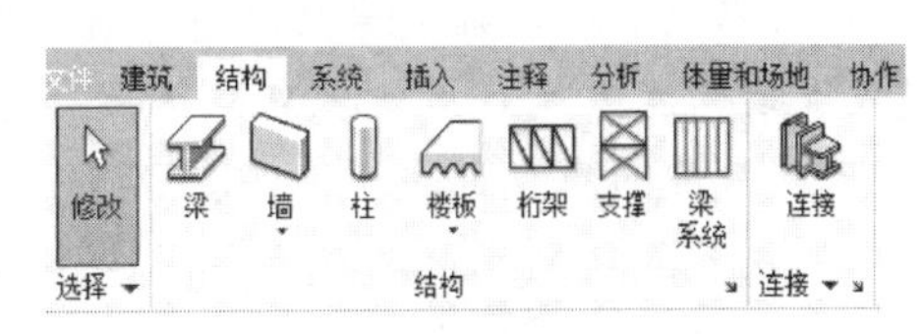

图 5.20　新增“连接”模块

单击“连接”选项卡右下角的斜箭头，可打开“结构连接设置”对话框，如图 5.21 所示。

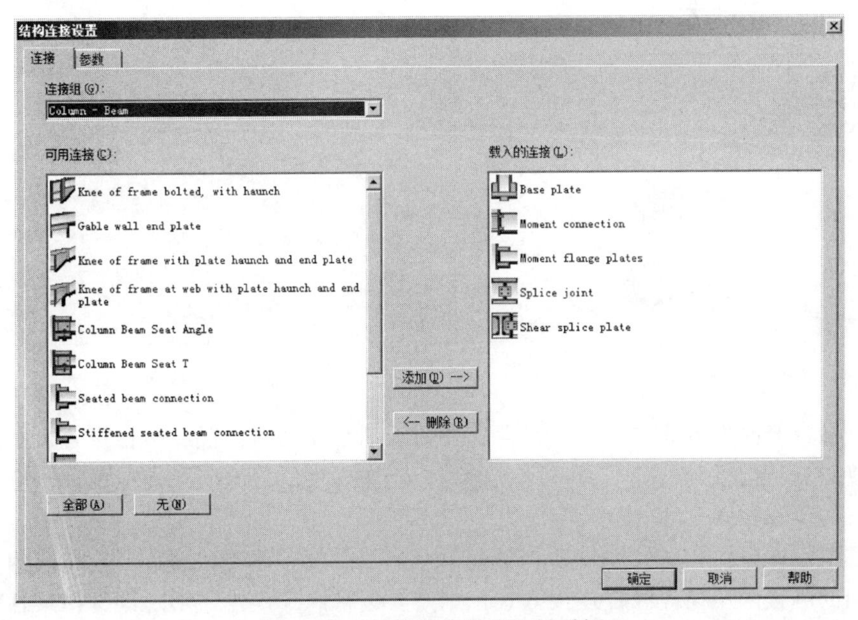

图 5.21　“结构连接设置”对话框

在连接组内可选择柱脚节点、柱-梁节点、主梁-次梁节点等不同的节点类型；在“可用连接”中将显示对应的连接组中可用的连接节点，如柱-梁节点组中有角钢座、T形钢座、上下翼缘角钢连接、弯矩连接（刚接）、带翼板的弯矩连接（刚接）等节点类型，主次梁节点有抗剪板连接、弯矩连接（刚接）节点等类型。将需用的连接添加到右侧“载入的连接”框中，单击“确定”完成节点类型的载入。

节点建模操作：在主菜单“结构”→“连接”选项卡中单击“连接”，在“属性”→“类型选择器”区域单击选择所用的连接类型，如本例选择主次梁节点的“抗剪板连接”节点。根据提示选择需要连接的主次梁，选择后按“回车”键确认即可。切换到精细视图选项，查看完成节点的三维及剖面视图，如图 5.22 所示。

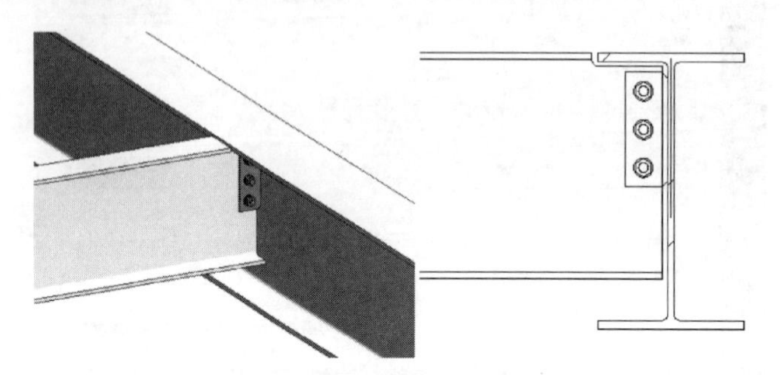

图 5.22　生成的未经调整的节点

若需修改节点，调整螺栓、节点板厚度等信息，可单击生成的连接节点，在弹出的“修改 | 结构连接”上下文选项卡中，单击“修改参数”按钮，如图 5.23 所示，将弹出对应节点参数的修改对话框，如图 5.24 所示。

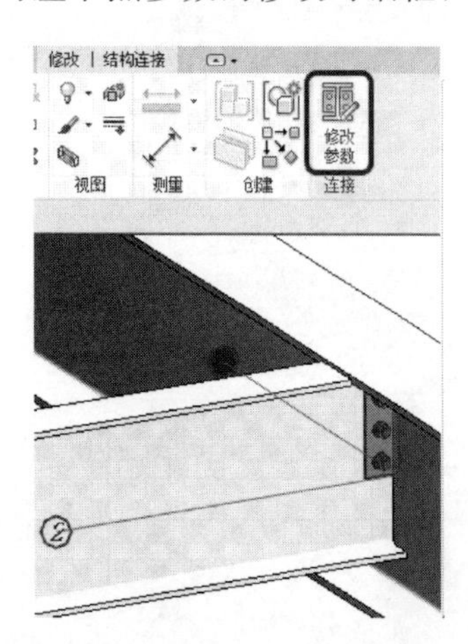

图 5.23　“修改参数”按钮

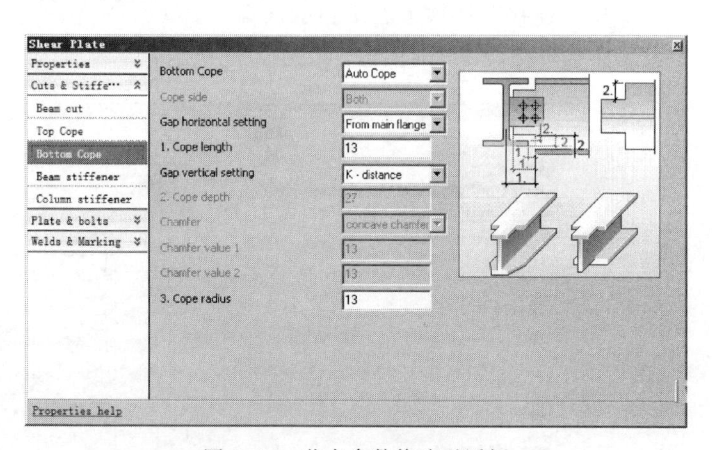

图 5.24　节点参数修改对话框

节点参数修改内容非常细致，包含次梁的切割与加劲肋设置、螺栓设置、节点板设置、焊接与标记设置等内容，通过修改参数，能实现个性化的节点连接设计。修改参数后的完成的节点如图 5.25 所示。

梁柱节点的建模相对较为复杂，每个节点都不是由一种类型的节点族组成的。比如强轴方向的刚接采用栓焊混合连接方式，则需要进行两次操作：第一次选择梁柱节点的“弯矩连接（moment connection）”完成上下翼缘与柱翼缘的拼接焊连接；第二次选择

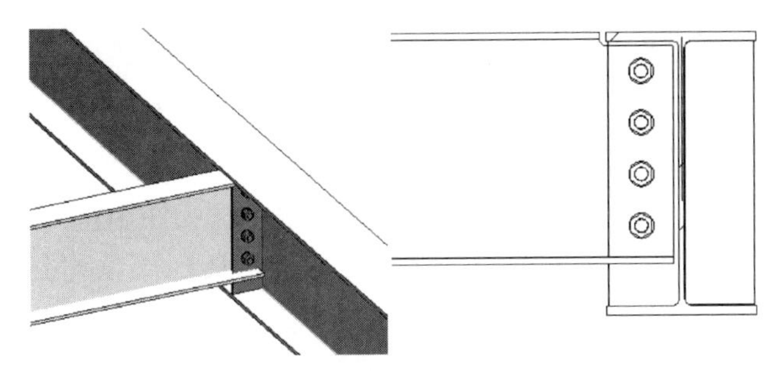

图 5.25 修改参数后的节点

梁-梁节点的“抗剪板连接（shear plate）”完成梁腹板与柱的高强螺栓连接。完成后的梁柱连接节点如图 5.26 所示。

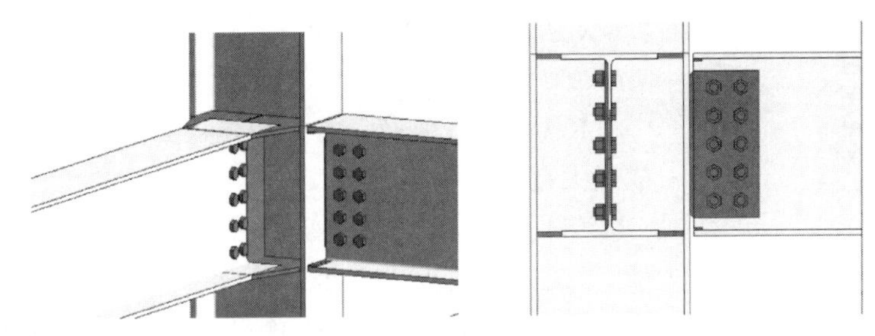

图 5.26 完成的梁柱连接节点

5.3 钢支撑与桁架

5.3.1 钢支撑建模

布置支撑前首先得确保系统已经载入了所需的支撑类型。若项目中无所需的支撑族应先将其载入至项目中。Revit 提供了方便的斜向支撑建模功能，可适应绝大部分支撑布置情况。Revit 为支撑建模提供了以下两种方法。

方法一：两点建模法。

该方法首先设定好第一点（起点）和第二点（终点）的标高值，然后在水平工作平面上点选两点，即可完成支撑的布置。其建模步骤为：“结构”命令面板→“结构”面板→点击“支撑”按钮→设置起终点标高→平面视图中点击起点和终点位置→完成建模。

该方法的操作主要在水平工作平面上完成，竖向高层信息主要通过建模菜单和属性栏进行设置，如图 5.27、图 5.28 所示。注意，该方法不宜勾选“三维捕捉”，否则容易出现捕捉出错的情况。建议建模时在图 5.27 中的建模菜单中进行设置，而模型修改时在图 5.28 中的属性栏中进行设置。

修改 | 放置 支撑　起点: 标高 1　0.0　终点: 标高 1　0.0　三维捕捉

图 5.27　建模菜单

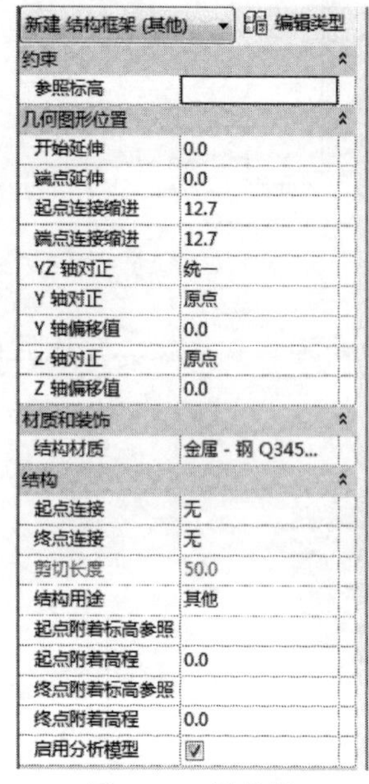

图 5.28　属性栏

方法二：三维捕捉法。

该方法主要应用在三维视图中进行支撑布置，适用于布置平、立面关系较为复杂的支撑构件。其建模步骤为："结构"命令面板→"结构"面板→点击"支撑"按钮→进入三维视图→勾选"三维捕捉"→点击支撑的起点和终点→完成建模。

三维捕捉及完成效果如图 5.29 所示。

5.3.2　钢桁架建模

Revit 提供了强大的桁架建模系统，利用自身功能能完成绝大部分的桁架建模工作。

(1) 添加桁架　桁架建模步骤如下："结构"命令面板→"结构"面板→点击"桁架"按钮→"属性"栏中选择合适的桁架形式→设置放置平面→点击"编辑类型"进入"类型属性"对话框→设置上、下弦杆和腹杆的类型→水平工作平面中点击布置桁架→完成建模。建模流程如图5.30～图 5.34 所示。

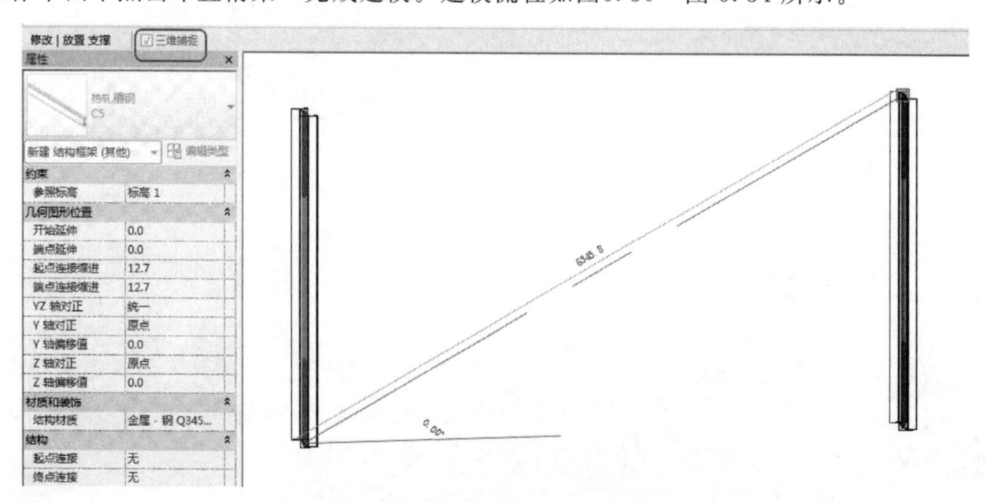

图 5.29　三维捕捉及完成效果

图 5.30　"结构"面板

修改 | 放置 桁架　放置平面：标高：标高 1　链

图 5.31　修改放置平面面板

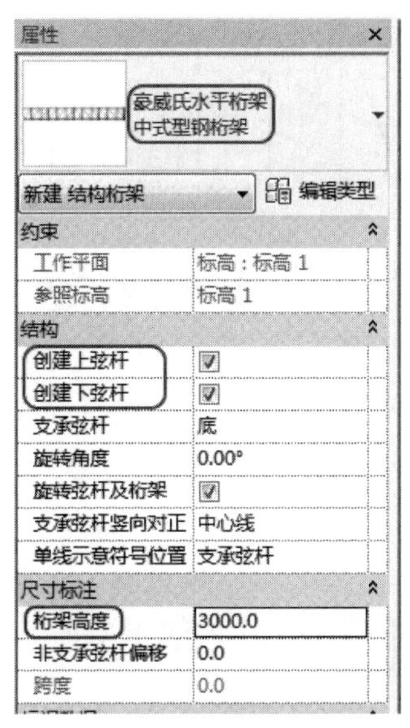

图 5.32　“属性”对话框

图 5.33　“类型属性”对话框

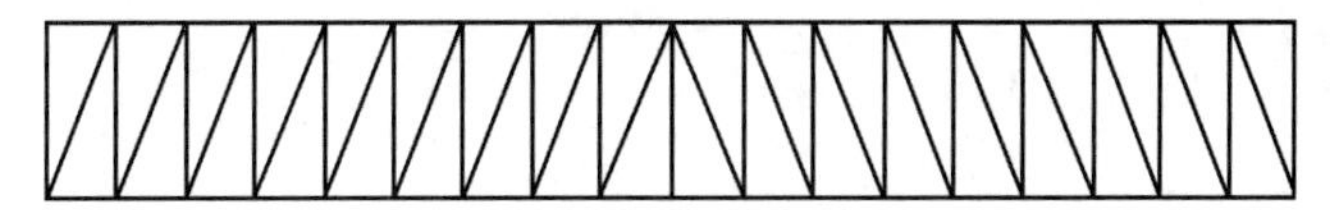

图 5.34　完成建模效果

应注意图 5.33 的弦杆和腹杆提供选择的类型由已加载的“豪威氏水平桁架”族决定，若“类型”中缺少所需的构件类型，需载入后再作选择。

桁架板间宽度（竖向腹杆间距）需在完成桁架布置后方可设置，设置方法：点击选中桁架模型，然后在其属性栏中对“MaxPane|Width”数值进行设置即可，如图 5.35 所示。应注意，系统会根据 MaxPane|Width数值自动进行 NumberPanels 和 ActualPane|Width的计算。

$$\text{NumberPanels}=\frac{\text{桁架长度}}{2\times \text{MaxPane|Width}}+1$$

$$\text{ActualPane|Width}=\frac{\text{桁架长度}}{2\times \text{NumberPanels}}$$

NumberPanels：板面数量，桁架中对称单侧的图元数。

MaxPane|Width：最大板面宽度，桁架中最大的单元宽度。

ActualPane|Width：实际板面宽度，桁架中实际的单元宽度，其参数设置如图 5.35 所示，对应的生成效果如图 5.36 所示。

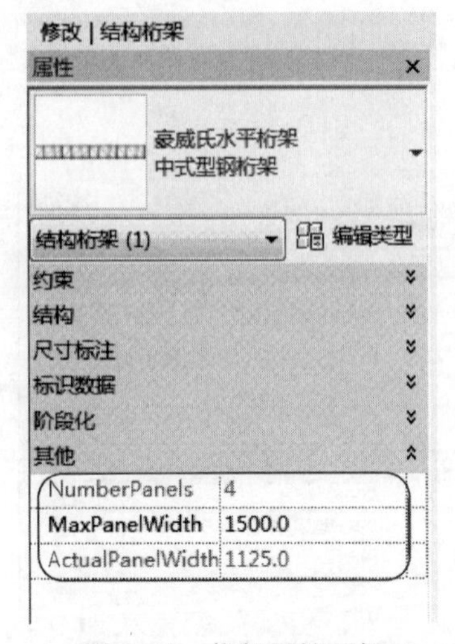

图 5.35 桁架属性面板

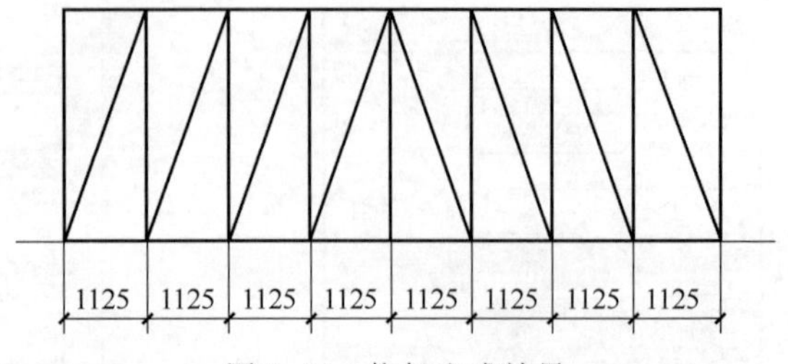

图 5.36 桁架生成效果

(2) 编辑桁架轮廓 若标准上、下弦杆的形状不能满足工程需求，可通过“编辑轮廓”命令进入轮廓编辑界面进行上、下弦杆的编辑。操作步骤：点击选中桁架→点击“编辑轮廓”（图 5.37）→进入“编辑轮廓”界面（图 5.38）→点击“上（下）弦杆”按钮→选择绘图工具进行弦杆绘制→点击“√”完成轮廓编辑。系统默认粉色线为上弦杆轮廓，蓝色线为下弦杆轮廓。轮廓编辑绘图界面如图 5.39 所示，完成效果如图 5.40 所示。

图 5.37 点击“编辑轮廓”

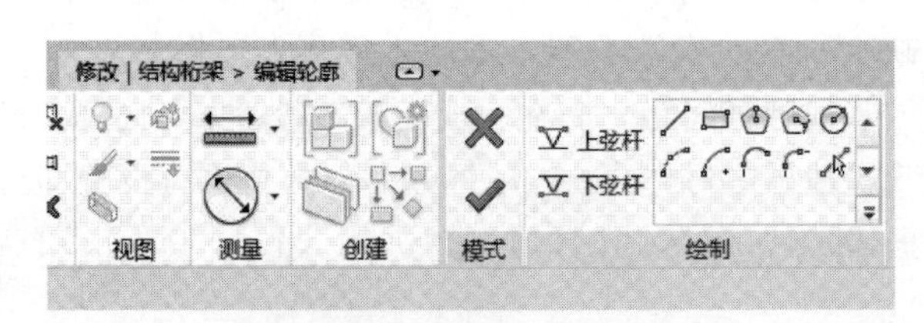

图 5.38 “编辑轮廓”界面

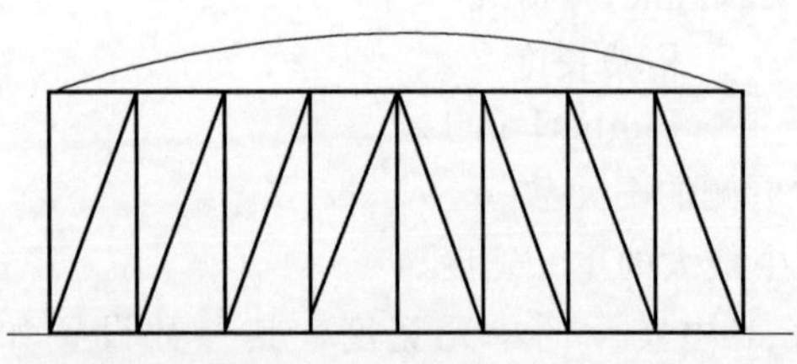

图 5.39 绘图界面

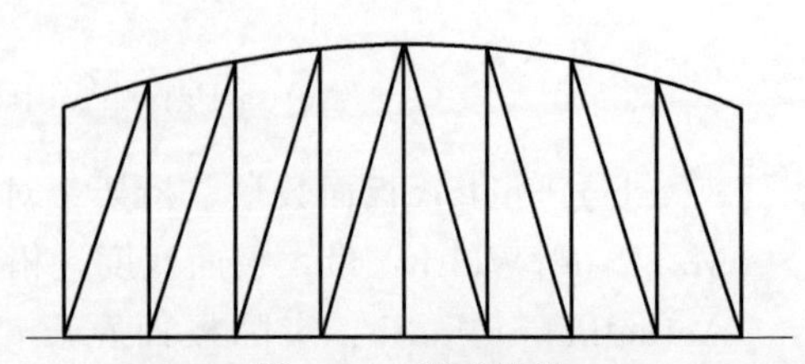

图 5.40 完成效果

若轮廓编辑出错或不符合要求，可通过点击“重设轮廓”按钮，实现轮廓的初始化，轮廓将会还原默认值。

注意：“重设轮廓”功能为还原桁架类型的默认轮廓，不改变桁架构件类型；而“重设桁架”功能将桁架构件类型还原为默认值，不改变桁架轮廓。

(3) 桁架与屋顶或结构楼板附着方法 若上（下）弦杆走向为曲线或折线，且桁架上为楼板，则可以先使用标准桁架进行布置，然后通过附着命令让桁架上（下）弦杆附着至楼板或屋面，从而完成斜弦杆桁架的布置。附着前后的效果分别如图 5.41、图 5.42 所示。

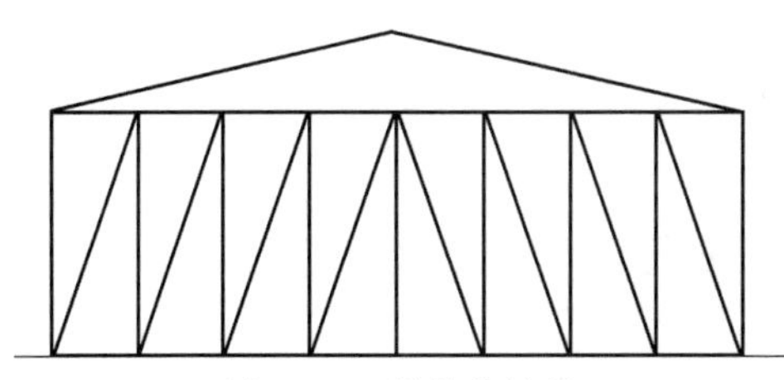

图 5.41 附着前效果

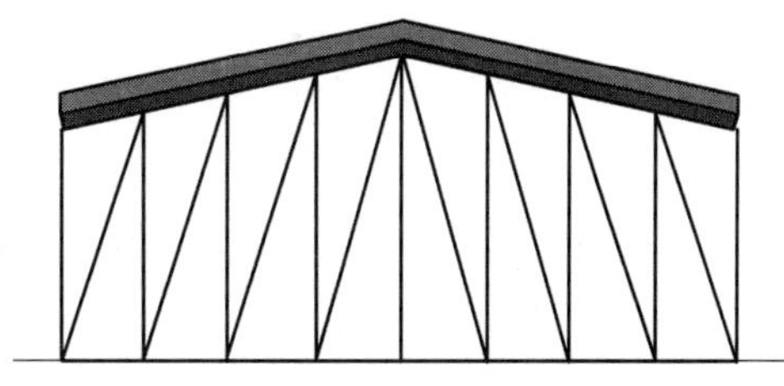

图 5.42 附着后效果

点击选中桁架→点击“附着顶部/底部”按钮→点击选中所需附着的楼板或屋面→完成附着。桁架修改面板如图 5.37 所示。

(4)“删除桁架族”功能 Revit 中桁架实质为结构梁的组合，Revit 通过族的形式将其行为规则进行了参数定义。Revit 提供的桁架族数量有限，并不能满足千变万化的工程情况，因而 Revit 提供了“删除桁架族”的功能，该功能可实现将桁架中的各构件从族中进行剥离，将各杆件还原为独立个体，类似于 AutoCAD 的炸开命令。执行“删除桁架族”命令如图 5.43、图 5.44 所示。

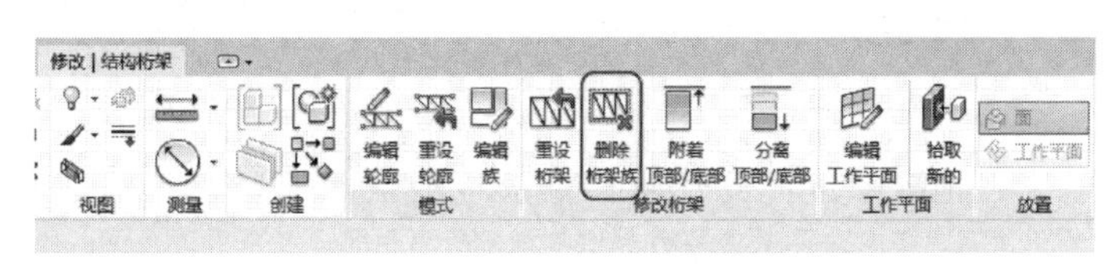

图 5.43 点击“删除桁架族”

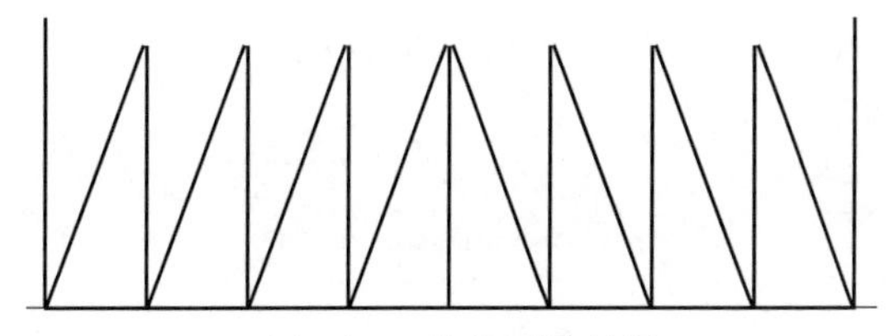

图 5.44 桁架删除效果

删除桁架族后，桁架各构件会保持删除族前的类型和位置，此时可单独对局部杆件进行修改，以满足实际工程需要。

第6章
结构分析模型与数据交换

本章要点

结构分析模型的创建

Revit 与广厦结构设计软件的数据交换

Revit 与 PKPM 结构设计软件的数据交换

Revit 与 YJK 结构设计软件的数据交换

Revit 与广联达的数据交换

Revit 平台上的探索者数据中心

Revit 并不能直接进行专业化的结构分析计算，需要借助第三方软件如 Robot、PKPM、YJK、SAP2000 等进行力学分析计算，但在结构建模的过程中，可以完成结构分析模型的建立，对结构内容进行承载和管理。本章主要介绍从 Revit 结构模型建模的过程及 Revit 与结构设计、施工常用软件的数据共享。

6.1 结构分析模型

BIM 技术应用是否成功，在一定程度上取决于在不同阶段、不同专业所产生的模型信息数据能否顺利地在工程的其他生命周期中实现有效交换与共享。比如，设计阶段的建筑和结构模型之间可否实现数据信息的有效集成与共享就是一个衡量标准。结构 BIM 模型与建筑 BIM 模型、施工 BIM 模型之间数据信息的传递关系如图 6.1 所示。

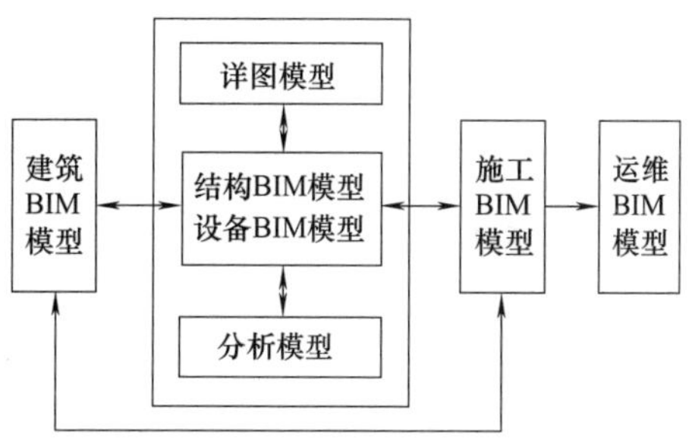

图 6.1　BIM 模型间的数据信息传递图

6.1.1 结构设置信息录入

在 Revit 界面中单击“管理”选项卡→“设置”面板→“结构设置”。在打开的如图 6.2 所示的“结构设置”对话框中进行符号表示法设置、荷载工况、荷载组合、分析模型设置、边界条件设置等荷载信息录入。

如果连接类型、支座边界族符号未正确载入，需先载入相应的族符号。

(1) 荷载

① 添加荷载工况。结构承受的荷载分为点荷载、线荷载以及面荷载，添加荷载首先需要进行荷载工况的编辑，包括荷载的名称、编号、性质和类别。图 6.3 所示为 Revit 2018 默认的荷载工况。荷载性质是指恒载、活载、风载、地震作用等。

② 创建荷载组合。添加荷载组合类型及相关系数和公式。根据荷载规范，进行荷载组合类型的编辑，具体方法是，选择“荷载组合”选项卡，如图 6.4 所示，单击对话框右侧的“添加”按钮，修改组合名称，如“基本组合 1”，类型对单一组合一般选择“叠加”，对多种组合选取最不利组合则选择“包络”；在下方的“编辑所选公式”里选择工况或组合，如图 6.5 所示，再修改相应的组合系数，完成一种工况或组合的设定后，继续单击“添加”按钮，编辑该组合的其他工况或组合。完成后，相应的组合将显示在上方的“荷载组合”栏目中。

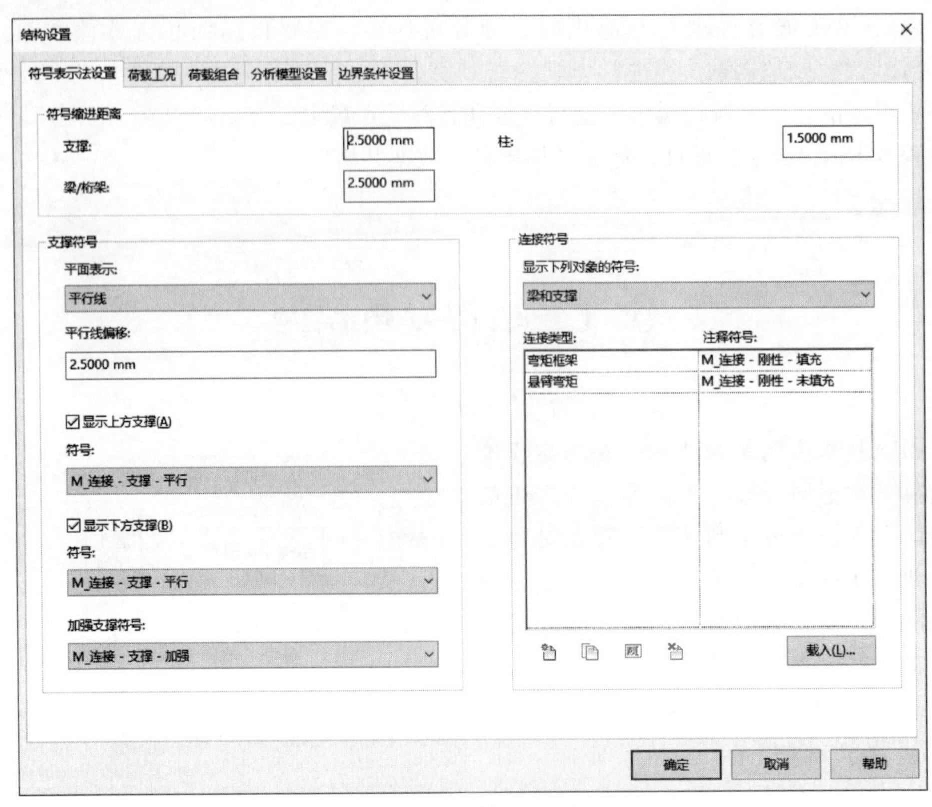

图 6.2 “结构设置”对话框

荷载工况(C)

	名称	工况编号	性质	类别
1	DL1	1	恒	恒荷载
2	LL1	2	活	活荷载
3	WIND1	3	风	风荷载
4	SNOW1	4	雪	雪荷载
5	LR1	5	屋顶活	屋顶活荷载
6	ACC1	6	偶然	偶然荷载
7	TEMP1	7	温度	温度荷载
8	SEIS1	8	地震	地震荷载

复制(U)
删除(L)

图 6.3 荷载工况

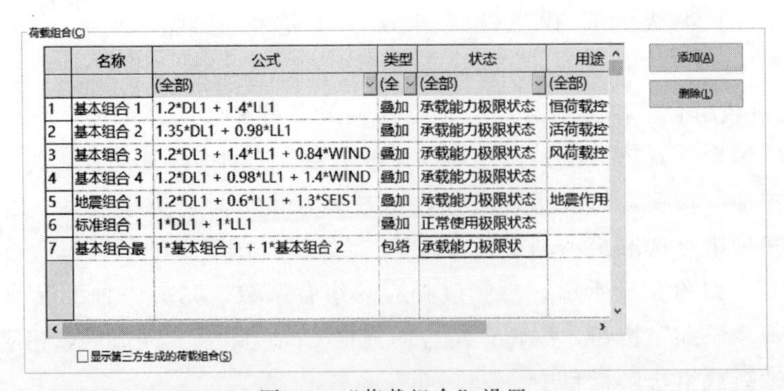

荷载组合(C)

	名称	公式	类型	状态	用途
		(全部)	(全	(全部)	(全部)
1	基本组合 1	1.2*DL1 + 1.4*LL1	叠加	承载能力极限状态	恒荷载控
2	基本组合 2	1.35*DL1 + 0.98*LL1	叠加	承载能力极限状态	活荷载控
3	基本组合 3	1.2*DL1 + 1.4*LL1 + 0.84*WIND	叠加	承载能力极限状态	风荷载控
4	基本组合 4	1.2*DL1 + 0.98*LL1 + 1.4*WIND	叠加	承载能力极限状态	
5	地震组合 1	1.2*DL1 + 0.6*LL1 + 1.3*SEIS1	叠加	承载能力极限状态	地震作用
6	标准组合 1	1*DL1 + 1*LL1	叠加	正常使用极限状态	
7	基本组合最	1*基本组合 1 + 1*基本组合 2	包络	承载能力极限状	

添加(A)
删除(L)
显示第三方生成的荷载组合(S)

图 6.4 “荷载组合”设置

设置荷载组合状态：有“正常使用极限状态”以及“承载能力极限状态”。将荷载组合状态设置为“承载能力极限状态”以反映结构的承载力是否安全可靠，而“正常使用极限状态”反映结构在正常或预期荷载下的位移、变形、裂缝等是否影响结构功能的正常使用。

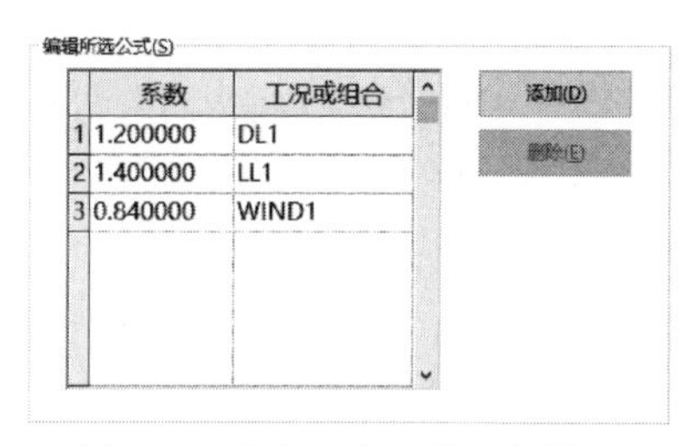

图 6.5 基本组合 3 的编辑设置

设置荷载组合用途：该项为用户定义参数，用于对荷载组合的用途进行必要的说明。

(2) 分析模型设置 物理模型中，每个结构构件（柱、梁等）都必须具有点支撑（支撑构件与被支撑构件有一个点相交）。

柱必须至少有一个点支撑。柱的有效支撑包括其他柱、独立基础或连续基础、梁、墙、楼板或坡道。墙必须至少有两个点支撑或一个线支撑。墙的有效支撑包括柱、连续基础或独立基础、梁楼板或坡道。梁必须具备下列支撑条件之一：至少两个点支撑，其中一个必须是释放条件设置为固定一端的点支撑；一个面支撑。梁的有效支撑包括柱、连续基础或独立基础、梁或墙。

支撑必须只有两个点支撑。支撑的有效支撑包括柱、连续基础或独立基础、梁、楼板、墙或坡道。楼板必须具备下列支撑条件之一：至少三个点支撑；两个线支撑和一个不位于该线上的点支撑；两个不共线的线支撑或者一个面支撑。楼板的有效支撑包括柱、连续基础或独立基础、梁或墙。

操作：“管理”→“结构设置”→“结构设置”，打开“结构设置”对话框，选择“分析模型设置”选项卡。

“构件支座”：选择此框可检查支撑功能。Revit 将对所有不受支撑的结构图元支撑（不受其他结构图元支撑的结构图元）发出警告。

“分析/物理模型一致性”：选择此框可启用分析模型一致性。Revit 将自动检查构件支座中或者分析模型和物理模型之间存在的不一致，如图 6.6 所示。

图 6.6 自动检查“构件支座”和“分析/物理模型一致性”

Revit 通过应用程序编程接口（application programming interface，API）将结构 BIM 模型及相应的分析模型链接到分析和设计软件。在 API 中，可以修改模型的尺寸和几何图形，这些修改包括删除构件、重新定位构件或添加构件。在分析软件中确认这些修改后，可以将这些修改导回 Revit，包括结构平面、立面、剖面和详图图纸在内的所有视图都会根据导入 Revit 的修改模型进行更新。另外，Revit 中的柱分为结构柱与建筑柱，建筑柱主要展示柱子的装饰外形与非核心层类型，而结构柱是主要的结构构件，可在其属性中输入相关的结构信息，也可以绘制三维钢筋。Revit 中建筑柱可以直接套在结构柱上，而结构柱服务于结构分析与施工。

6.1.2 结构分析模型的创建

(1) 结构分析模型的视图 新建项目时选择结构样板，则自动形成结构平面以及相应的分析平面。在 Revit 中，结构分析平面视图属于结构视图的一种，只不过应用的视图样板不同。结构平面视图应用的是“结构框架平面”视图样板，而结构分析平面视图应用的是“单独结构分析”视图样板，如图 6.7 所示。新增的楼层标高及对应的结构视图生产时并不能自动形成对应的结构分析平面视图，形成结构分析平面视图的操作如下。

复制相应的结构平面视图：在要复制的结构平面视图上单击鼠标右键→“复制视图”→“复制作为相关”，将增加结构平面视图的相关视图。也可直接选择“复制”，则生成的视图与同层结构平面视图在相同的层级上。选择相关视图进行复制并修改为分析视图可简化视图级别。

修改视图名称并更改视图样板：在新增的相关视图上单击鼠标右键→“重命名”→修改视图名为分析视图，右键单击改名后的视图名称→“应用样板属性”→在图 6.7 所示的视图样板中选择“单独结构分析”→“确定”即可，如图 6.8 所示。

修改后的项目浏览器中视图级别如图 6.9 所示，图中列出了两种复制形成分析视图后的层级。“1 层顶-分析”“2 层顶-分析”采用直接复制视图的方式形成，而“地梁-分析”和“屋顶-分析”采用“复制作为相关”方式复制形成。

三维视图里的“分析模型”视图也可采用类似方式复制并修改形成。

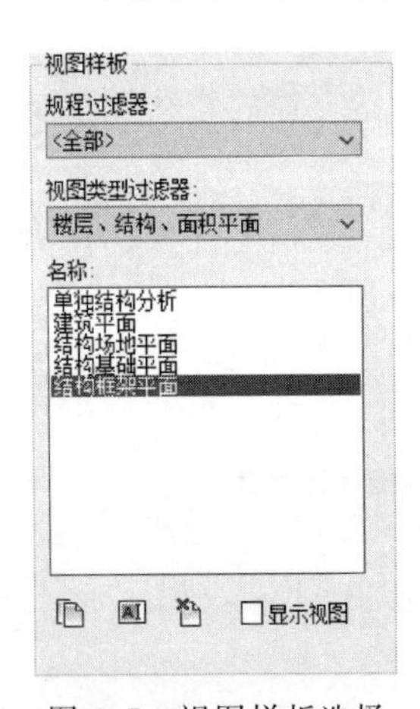

图 6.7 视图样板选择

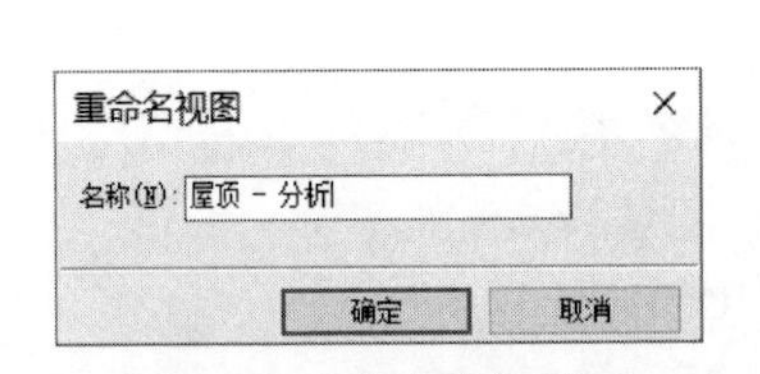

图 6.8 重命名结构平面视图为分析平面视图

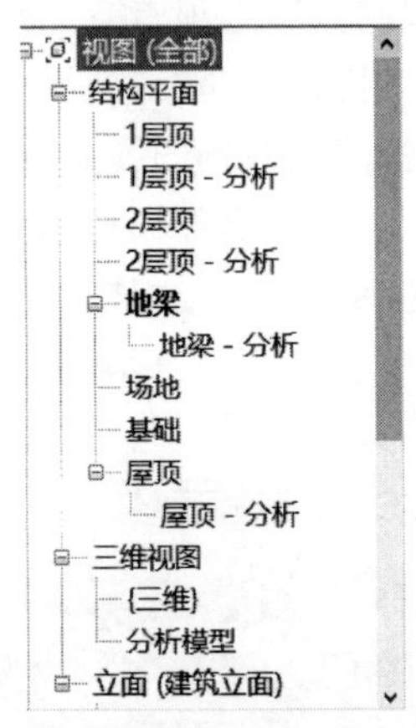

图 6.9 修改后的项目浏览器中视图级别

(2) 结构模型的边界条件输入 完成结构模型的基本输入后，Revit 可自动进行必要的“构件支座”检查，以及“分析/物理模型一致性”检查，自动形成结构分析模型，两者的三维视图如图 6.10 所示。

要形成完整的结构分析模型，需要添加必要的边界条件（支座）信息。

操作：在 3D 结构分析视图中，主菜单选择“分析”→“边界条件”→工具栏右侧选择“点”→选项栏选择“状态”为“固定”，再点击柱端部布置固定端支座，如图 6.11 所示。

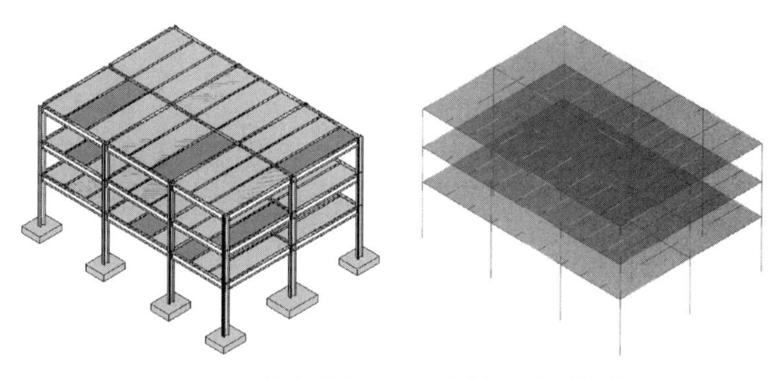

图 6.10 结构模型与自动形成结构分析模型

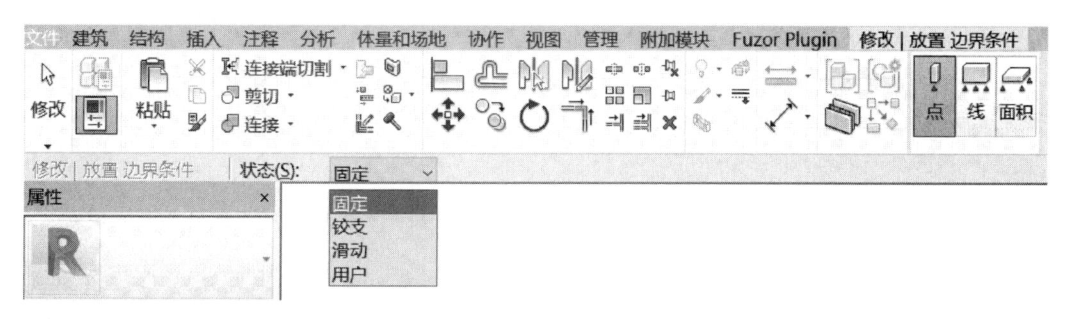

图 6.11 固定端支座的设置

完成后的柱固定端支座如图 6.12 所示。

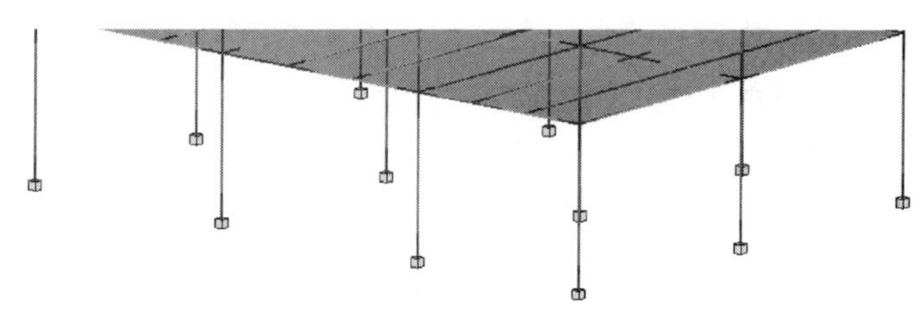

图 6.12 完成后的柱固定端支座

(3) 结构荷载的输入

① 板面荷载输入。楼板面荷载包括恒载与活载，以均布面荷载的方式输入。以 1 层顶板面荷载恒载 2.5kN/m^2、活载 3.5kN/m^{2}为例，介绍面荷载的输入。

操作：在“1 层顶-分析”视图中，在主菜单选择“分析”→“荷载”→“面荷载”，在属性控制面板中输入“荷载工况-DL1”“力 Fz”为−2.5kN/m^2，输入负号表示与 Z 轴正向相反，竖直向下作用（图 6.13），再采用与楼板建模同样的

结构分析	
荷载工况	DL1 (1)
性质	恒
定向到	项目坐标系
投影荷载	☐
力	
Fx 1	0.00 kN/m²
Fy 1	0.00 kN/m²
Fz 1	-2.50 kN/m²
Fx 2	0.00 kN/m²
Fy 2	0.00 kN/m²
Fz 2	0.00 kN/m²
Fx 3	0.00 kN/m²
Fy 3	0.00 kN/m²

结构分析	
荷载工况	LL1 (2)
性质	活
定向到	项目坐标系
投影荷载	☐
力	
Fx 1	0.00 kN/m²
Fy 1	0.00 kN/m²
Fz 1	-3.50 kN/m²
Fx 2	0.00 kN/m²
Fy 2	0.00 kN/m²
Fz 2	0.00 kN/m²
Fx 3	0.00 kN/m²
Fy 3	0.00 kN/m²

图 6.13 恒、活荷载设置

方式创建该面荷载的边界范围，形成封闭面后点击“√”完成输入（图 6.14）。完成面荷载输入的“1 层顶-分析”模型如图 6.15 所示。

除了绘制面荷载边界的方式外，也可采用沿主体构件直接布置面荷载的方式。具体操作是：在主菜单选择“分析”→“荷载”→“主体面荷载”，再选择楼板即可沿整个楼板面布置均布荷载。

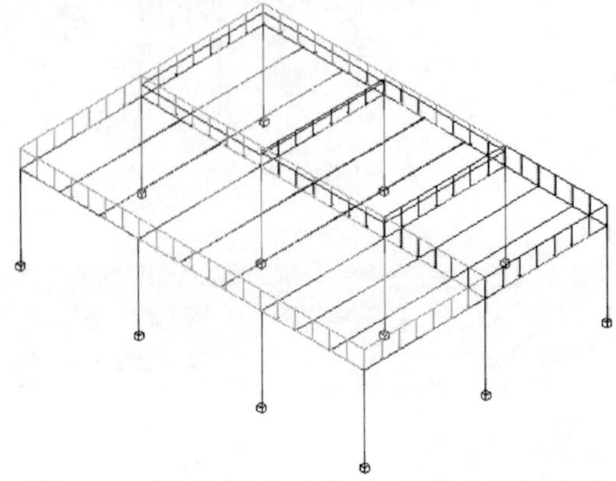

图 6.14　创建面荷载边界范围

图 6.15　输入面荷载后的“1 层顶-分析”模型

② 梁上线荷载输入。梁上荷载主要有填充墙自重等恒荷载，以均布线荷载较为常见。梁上一般不必输入导算后的板面荷载。梁间荷载也可能有设备活荷载等局部荷载，以集中力或局部分布荷载输入。以 1 层顶梁线荷载恒载 6.5kN/m 为例，介绍线荷载的输入。

操作：在“1 层顶-分析”视图中，在主菜单选择“分析”→“荷载”→“线荷载”，在属性控制面板中输入“荷载工况-DL1”“均布负荷-√”“力 Fz”为−6.5kN/m，输入负号表示向下，再采用类似绘制梁的方式绘制线荷载作用即可。完成线荷载输入的“1 层顶-分析”模型见图 6.16。Revit 分析模型中，线荷载不一定依赖于梁存在，也可在板上布置线荷载。

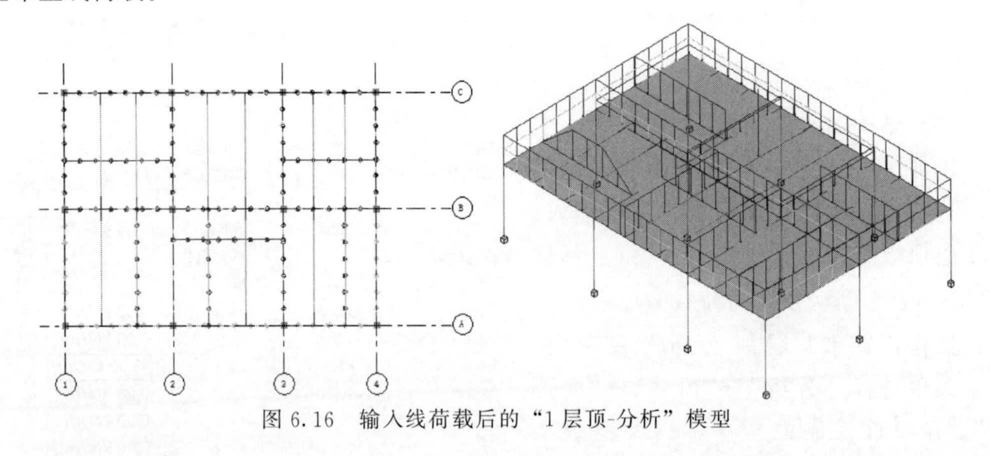

图 6.16　输入线荷载后的“1 层顶-分析”模型

除了绘制线荷载的方式外，也可采用沿主体构件直接布置线荷载的方式。具体操作是：在主菜单选择“分析”→“荷载”→“主体线荷载”，在属性控制面板中输入“荷载工况-DL1”“均布负荷-√”“力 Fz”为−6.5kN/m，输入负号表示向下，再选择梁即可直接布置沿梁分布的线荷载。

对于局部作用荷载可以采取分段布置不均匀荷载的方式进行组合，可以组合出三角形、梯形、局部均布等不同形式的荷载。

梁上的集中荷载可以采用“点荷载”输入，操作方法类似，本节不再赘述。

6.2 广厦与 Revit Structure 的数据交换

6.2.1 Revit 模型转换为广厦结构计算模型

广厦设置了 Revit 转换接口，可实现广厦→Revit 数据交换。广厦的 Revit 接口插件安装非常简单，只需打开广厦主菜单（图 6.17），点击“Revit 转换”按钮即可自动完成插件安装，安装完成后在 Revit 中出现相应面板和图标，如图 6.18 所示。

注意：广厦安装时若不使用默认路径进行安装，则需要进入广厦安装目录，将其中“Revit 文件夹”复制到“c：\gscad\Revit\”路径下，否则插件将无法找到广厦族库文件夹，如图 6.19 所示。

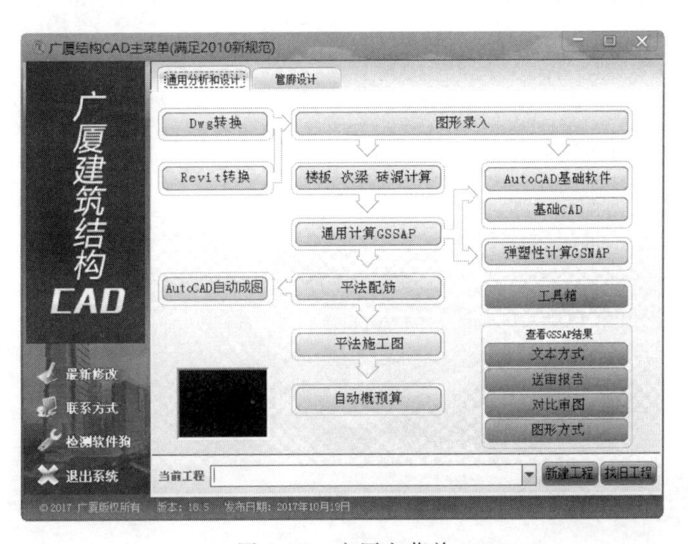

图 6.17　广厦主菜单

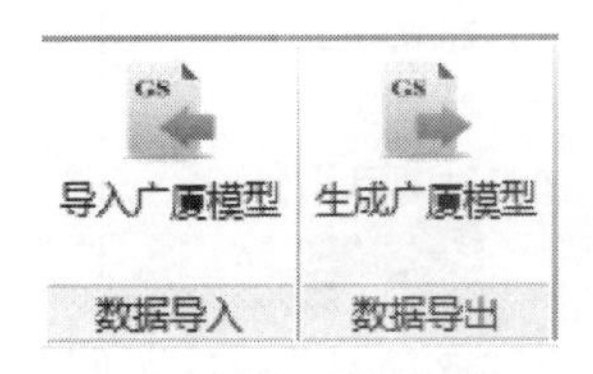

图 6.18　广厦数据接口

图 6.19　无法找到族库文件夹警告框

从 Revit 导入广厦的操作：

① 打开广厦主菜单→点击“新建工程”→选择文件夹新建工程项目。由于导出路径会自动选择为最近广厦新建的项目路径，故需要进行这一步操作。

② 用 Revit 打开需要转换的 Revit 项目→点击“广厦数据接口”命令面板点击“生成广厦模型”按钮。

③ 在“导出选项”命令面板（图 6.20）中选择导出构件类型，同时删除不必要的楼层，注意是删除，不是取消勾选，否则程序会将不勾选的楼层合并到相邻楼层中，对此，广厦的转换界面上亦有相应的警告。

④ 在“截面匹配”命令面板（图 6.21）中检查截面匹配情况，对于常规矩形构件系统会自动匹配。

图 6.20 “导出选项”命令面板

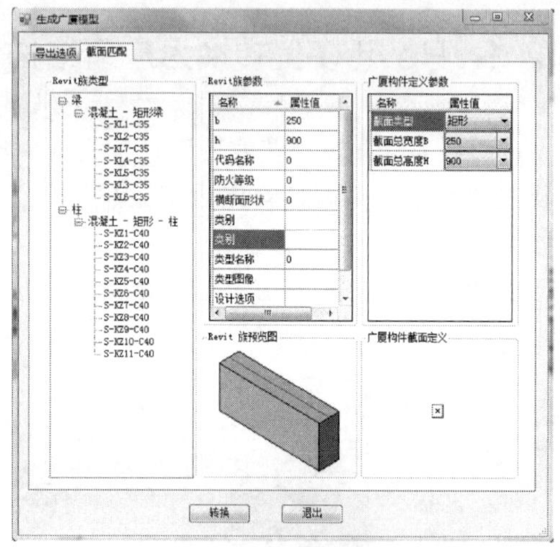

图 6.21 “截面匹配”命令面板

⑤ 点击“转换”完成数据转换。

模型转换完成后广厦模型效果如图 6.22 所示，几何构件尺寸及位置与原 Revit 模型一致，可满足常规工程使用需求。但应注意，转换后每个自然层均作为一个标准层，如图 6.23 所示，且没有结构楼板。

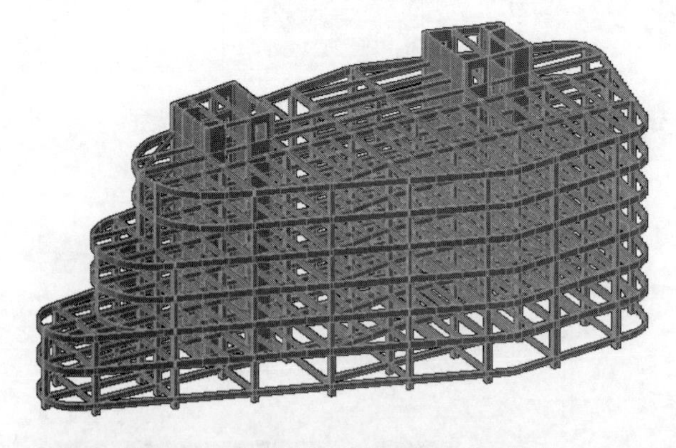

图 6.22 模型转换完成后广厦模型效果

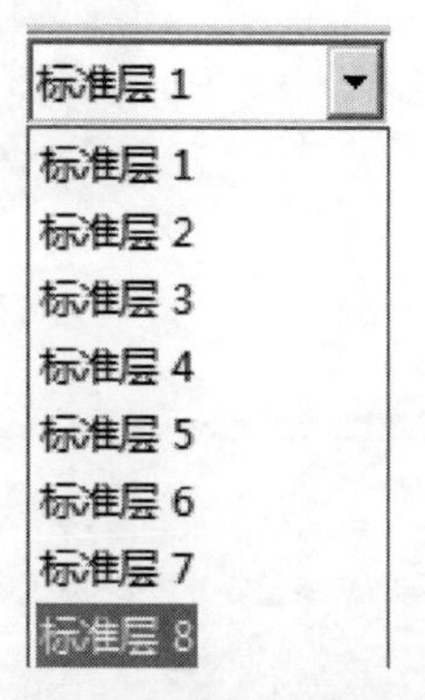

图 6.23 转换后的标准层

6.2.2 广厦结构计算模型转换为 Revit 模型

广厦模型导入 Revit 的操作：打开广厦主菜单→将工程路径设置为转换项目所在路径→打开 Revit→新建“结构样板”→“广厦数据接口”命令面板→修改参数或选择导入楼层→点击“转换”按钮。

注意： 结构软件对楼层号的定义与 Revit 不同，结构软件层号从 1 开始排起，通过在总信息中填入地下室层数来定义地下室，而 Revit 通过定义楼层名称为负数来定义地下室，因此转换前应先正确设置建筑楼层和结构楼层的对应关系，系统默认“建筑二层为结构录入的 2 层”，此时录入首层将作为一层地下室导入 Revit。若无地下室则该层应修改为 1 层，楼层对应关系会自动修改。实际应用时，由于软件会根据输入的层号自动算出层底标高，用户通过检查标高即可知道输入的层号是否正确。

广厦结构模型和导入 Revit 后的模型结构构件尺寸及位置均保持一致，可满足类似工程转换的需求。此外，该接口能适应斜梁及斜板的模型导入。但应注意，该插件不支持导入组合构件，不支持导入异形柱和异形梁。同时 Revit 最好采用系统自带的“结构样板”，使用用户自己的模板可能会出现局部构件无法导入的问题。

总而言之，广厦 Revit 导入接口基本上能满足常规框架、框架及剪力墙结构的模型导入，能够满足常规工程的导入需求。

6.3 PKPM 与 Revit Structure 的数据交换

作为目前被国内设计行业广泛采用的结构分析、设计软件，中国建筑科学研究院自主研发的 PKPM 系列软件有自成系统的 PKPM-BIM 协同设计系统，且其结构模块能够实现与 Revit Structure 的数据交换，其做法是在 PKPM 结构模块中行程导入 Revit 的中间文件，利用其接口程序，在 Revit Structure 中完成模型数据的转换，生成 Revit 结构模型。如果利用 PKPM-BIM 协同设计系统，则可将结构模型经由 PKPM-BIM 导出“ifc”文件，再在 Revit 中导入“ifc”文件，即可实现 PKPM-Revit 的模型转换。

从 Revit Structure 导出模型到 PKPM，也可采用 PKPM-BIM 协同设计系统，否则需要借助第三方软件，如北京探索者软件股份有限公司开发的基于 Revit 平台的 BIM 系列软件，因为 PKPM-Revit 接口程序并未提供 PKPM-Revit 模型的转换功能。

6.3.1 PKPM 结构计算模型导入 Revit

利用 PKPM-Revit 接口程序，PKPM 结构计算模型导入 Revit 相对简单。其具体做法如下。

(1) PKPM 端　选择 PKPM 主菜单的“结构”→“数据转换-接口和 TCAD”→“改变

目录”，选择工作目录→“6. PMCAD 转 REVIT”，如图 6.24 所示，双击或者点击右下角“应用”按钮，弹出文件选择对话框，选择要转换的 PKPM 结构模型文件 *.jws。

图 6.24　PKPM 导入 Revit 的主菜单

选择文件后，点击对话框右下角的“打开”按钮，程序将打开 PKPM 文件，并生成导入 Revit 的中间文件。其文件位置仍在 PKPM 的 *.jws 文件相同目录中，文件为 *_MDB.txt。

(2) Revit 端　第一次使用 PKPM-Revit 接口程序需安装 Revit 端接口，具体做法是在 PKPM 程序的安装文件夹内找到“\Ribbon\P-TRANS\Revit 插件安装包”子目录，选择合适的 Revit 版本安装相应的接口程序，PKPM 提供 Revit2014～2016 版本的接口程序。安装完成后启动 Revit，即可在主菜单内找到“数据转换”。

单击“数据转换”→“PKPM 数据接口”中的“导入 PKPM 数据”按钮，弹出文件选择对话框，找到 PKPM 端生成的导入中间数据文件，点击对话框右下角的“打开”，弹出图 6.25 所示的对话框。在“导入模型构件选项”中，提供了各类构件的填充颜色选择及是否命名轴线选择，并可选择是否按层分别生成链接文件，对大模型应选择该选项，以分层或分段生成链接文件，减少主文件容量，并便于按层或分段拆分模型。单击“开始导入”按钮，程序自动导入 PKPM 模型数据文件，并形成 Revit 模型。

导入 Revit 后的模型如图 6.26 所示。由图可知，PKPM-Revit 接口程序可完成 PKPM 结构模型导入 Revit，能自动匹配结构构件族类型，能实现斜梁、斜柱及斜板的正确导入。但接口程序可选择的参数很少，不能完成荷载及施工图的导入。

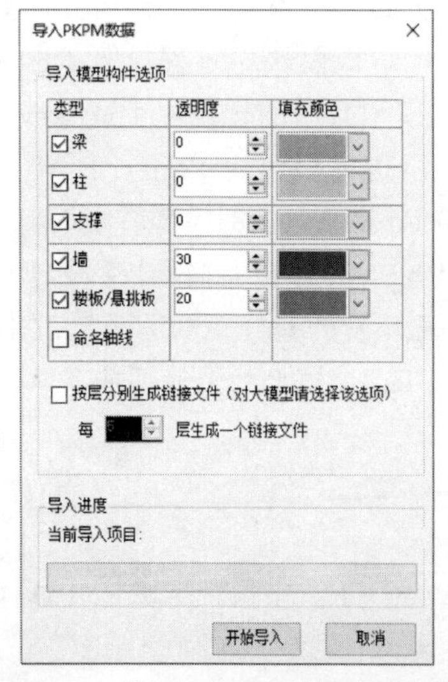

图 6.25　“导入 PKPM 数据”对话框

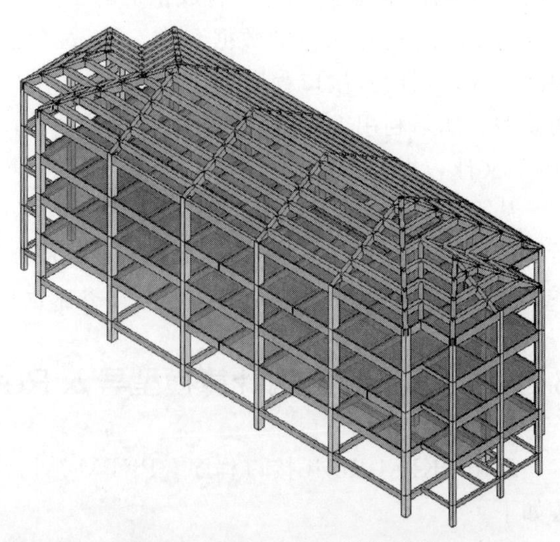
图 6.26　导入 Revit 后的模型

6.3.2 Revit 模型转换为 PKPM 结构计算模型

PKPM-Revit 数据接口程序目前并未提供 Revit 模型转换为 PKPM 结构计算模型的功能。可通过第三方软件实现两者的转换，如 6.6 节介绍的探索者数据中心平台。

6.4 盈建科与 Revit Structure 的数据交换

盈建科（YJK）与 Revit Structure 之间的数据可以实现互相交换，盈建科官网提供了 Revit 接口程序，可自行下载安装，在已经获得 YJK 主程序授权的前提下，第一次使用接口程序时需再次输入授权信息。目前盈建科官网“产品下载”中，针对 1.8.1 版本的 YJK，提供了 YJK-Revit2015、YJK-Revit2016、YJK-Revit2017 三个版本的接口程序，针对 1.8.2 版本的 YJK，新增了 YJK-Revit2018 版本的接口程序，用户可以根据 Revit 版本选择合适的转换接口进行安装。安装接口程序时，要修改 Revit 软件的安装内容，故需保持 Revit 为关闭状态。

盈建科的 Revit 接口程序可以将 YJK 上部结构和基础结构各类构件的截面和几何定位信息转入 Revit 当中，目前的版本可以支持 YJK 中定义的所有截面类型及国标型钢库中的钢结构类型；设有族库管理，可以导入用户自定义构件族，以适应用户对个性化构件族的需求；上部结构可以实现楼层叠加转换的功能；可以实现上部结构墙、梁、板、柱的构件合并功能；提供参数供用户自由选择转换后构件材质的颜色、透明度和表面填充样式；基础转换时上部结构最底层的构件可实现自动探伸直至和基础构件相接；可将 Revit 模型中的结构部分转换到 YJK 当中。

YJK-Revit 接口程序安装完毕之后，打开 YJK 软件，在 YJK 主界面中点击“Revit 接口”，可在弹出的页面中进行接口管理，安装或卸载接口程序；也可进行模型的导入/导出操作。如图 6.27 所示。

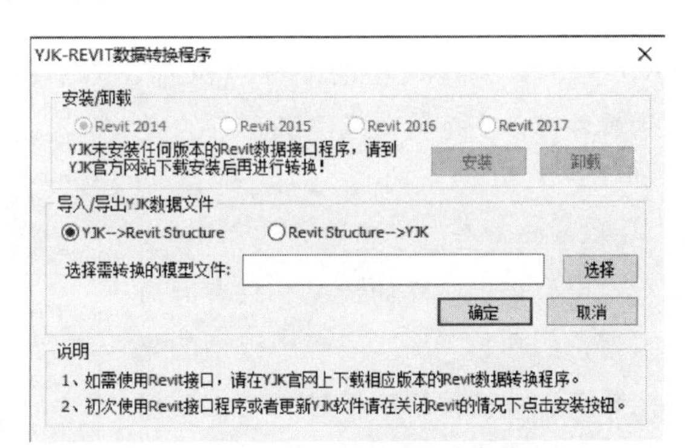

图 6.27 “YJK-REVIT 数据转换程序”对话框

目前盈建科新版的 Revit 接口已经不需要在 YJK 主界面中进行导出操作了，安装新版 YJK-Revit 接口程序后，在 Revit 主菜单中增加“YJK-建模助手”“YJK-结构模型”“YJK-施工图”三个模块，单击“YJK-结构模型”即可导入 YJK 模型。

6.4.1 盈建科结构计算模型导入 Revit

YJK 结构计算模型导入 Revit 的操作步骤如下。

(1) 标高设置 在 YJK 模型的楼层组装中，按照实际情况修改楼层的层底标高，以保证导入 Revit 后标高正确，这一步至关重要，关系到模型的标高定位，在与建筑等其他专业进行协同设计时，标高必须一致。注意，楼层结构标高应在建筑标高的基础上扣减建筑面层厚度。

(2) 生成中间文件 在 YJK 的主界面中，点击“Revit 接口”，在弹出的对话框中，在“导入/导出 YJK 数据文件”下选择“YJK→Revit Structure”，然后单击“选择”，找到需要转换的模型文件（*.YJK），最后点击“确定”，完成 YJK→Revit Structure 中间文件的生成。也可打开 Revit 软件，选择“结构样板”创建新项目→在 Revit 主菜单中选择“YJK _ 结构模型”→“设置关联”，打开“加载 YJK 模型文件”对话框→单击模型路径“选择”按钮，选择 YJK 模型路径→单击上部结构“生成”按钮，生成上部结构 YJK 模型的接口中间文件，单击基础结构“生成”按钮，可以生成基础的 YJK 模型接口中间文件。如图 6.28、图 6.29 所示。

图 6.28 “YJK _ 结构模型”菜单

(3) 创建 Revit 模型 “YJK _ 结构模型”菜单中单击“基点对位”，匹配 Revit 模型和 YJK 模型的坐标点位置，因为软件可以支持转换模型和用户自建两种 Revit 模型，因此 YJK 模型和 Revit 模型经常会由于建模方式的不同，而存在定位点不一样的情况。只有通过基点对位的参数正确匹配两个模型的坐标定位点，才能使结构信息和施工图信息的转换正确进行。完善必要的“项目信息”，单击“上部转换（新）→模型参数”，在图 6.30 所示对话框中调整各构件之间的剪切次序。单击“上部转换

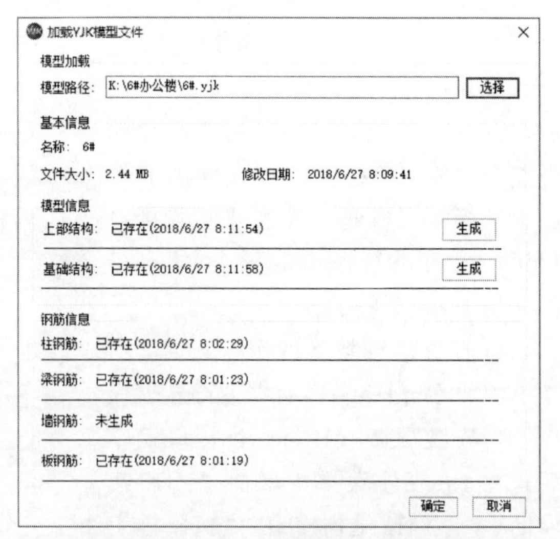

图 6.29 “加载 YJK 模型文件”对话框

(新)→模型导入”，弹出如图 6.31 所示对话框，选择“自然层转换”，调整“材料”“族”“族类型”的命名规则，并选择要转换的楼层，单击底部的“确定”，即可转换并创建 Revit 模型。YJK 导入 Revit 接口可实现分批导入的功能，当模型层数大于 20 层时系统会弹出图 6.30 所示的对话框进行提醒。由于 Revit 在进行复杂模型转换时，经常因为内存使用上限或者警告提示过多的原因导致转换不成功，YJK 提供楼层叠加转换机制，可以采用分楼层转换的方法，对部分楼层转换并保存后再进行其余楼层的转换，直至全部完成转换。

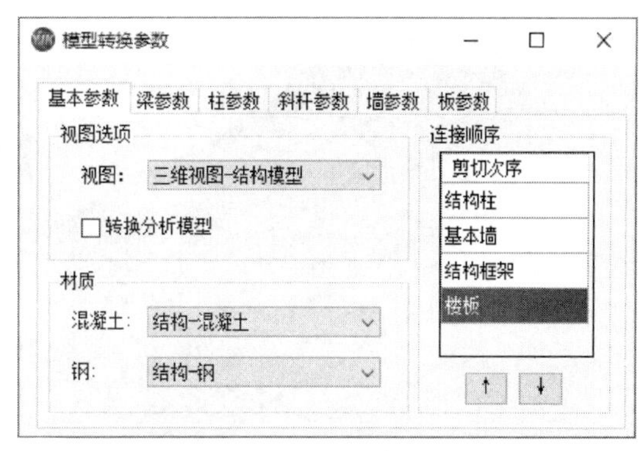

图 6.30 “模型转换参数”对话框

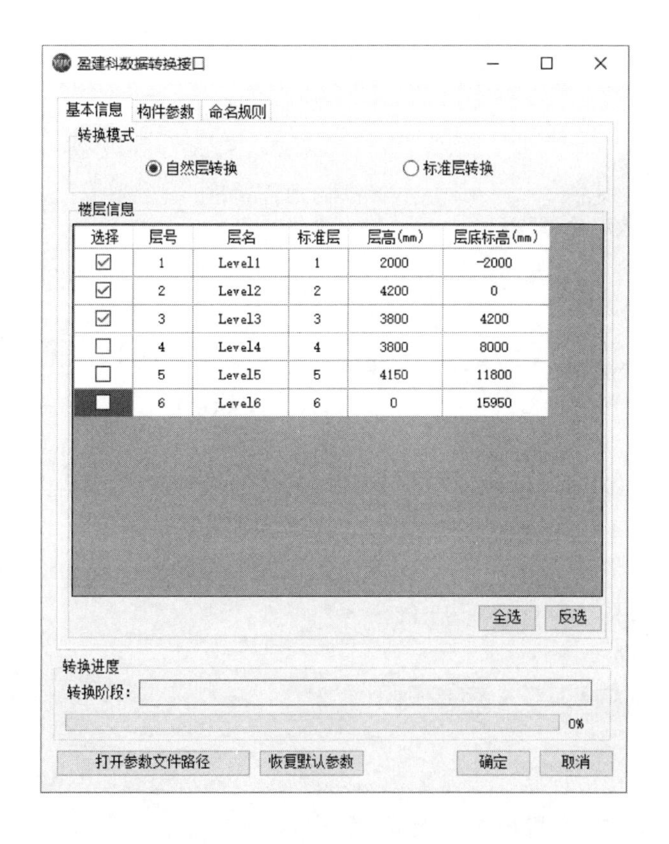

图 6.31 “盈建科数据转换接口”对话框

第二批导入选择“上部转换（旧)→模型导入”，选择导入楼层后继续上述步骤即可。转换完成后的模型与 YJK 模型如图 6.32 所示。

对比盈建科结构软件中的模型和导入 Revit 后的模型，可发现两模型的构件尺寸及

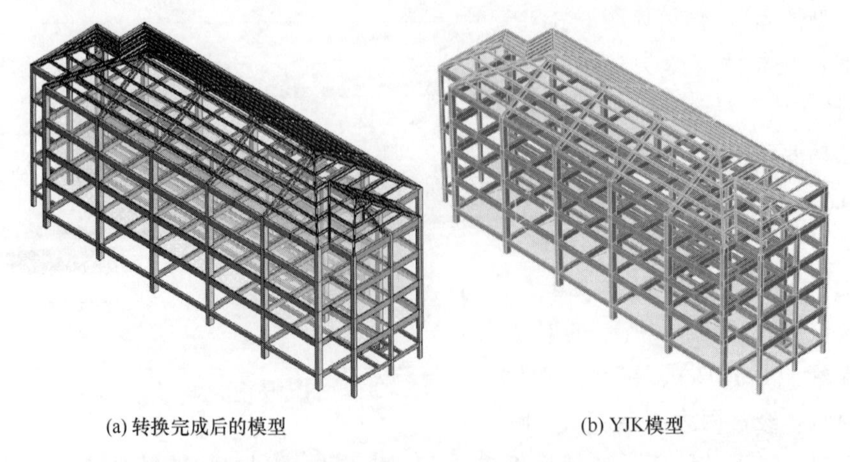

(a) 转换完成后的模型　　　(b) YJK模型

图 6.32　转换完成后的模型与 YJK 模型

位置完全一致。转换接口可完成斜梁、斜板的导入。该接口程序还可以实现 YJK 模型的更新导入，即 YJK 模型局部修改计算后可重新导入，接口程序自动判断修改的构件，并进行局部更新而保留大部分未修改构件不动，以减少不必要的重复工作量。

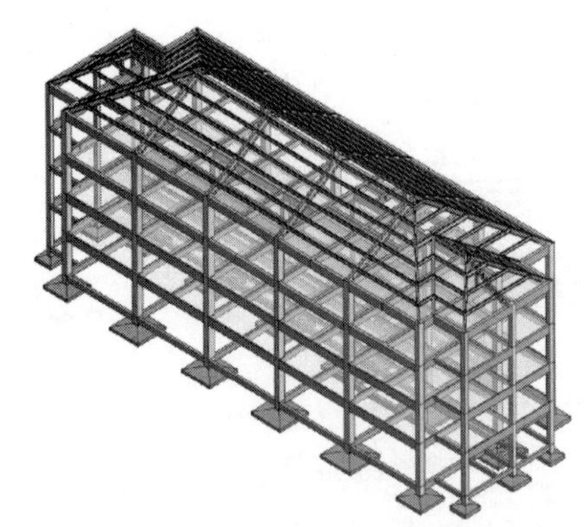

图 6.33　基础导入并创建完成后的 Revit 模型

基础模型的导入：YJK 完成基础建模分析后，Revit 可导入基础模型，并根据基础模型的标高自动连接底部柱墙构件。在“设置关联”菜单中已经完成基础模型中间文件的生成，就可在“YJK _结构模型”菜单“基础模型”中单击“模型导入”进行基础模型的导入并创建 Revit 模型。完成后的 Revit 模型如图 6.33 所示。

利用接口程序中的“YJK _施工图”模块，可将盈建科各类施工图导入 Revit 中，结构标注自动由相应的注释族表示。也可实现分构件或分层导入梁、板、柱墙钢筋模型，选择整层导入时要注意，如果构件过多，而计算机性能不行，可能导致导入时间很长，且显示拖动困难。

6.4.2 Revit 模型导入盈建科

YJK 的 Revit 接口程序可实现将 Revit 模型的上部结构转换至 YJK 计算软件中。利用 Revit 中的“YJK _结构模型”菜单“上部信息”中的“生成结构模型”，可导出 Revit 模型，生成可接 YJK 的模型信息文件 *.yjk，再在盈建科软件中利用导入外部数据的功能完成 Revit 模型导入 YJK。

“项目信息”对话框如图 6.34 所示。

生成结构模型的主要功能是将 Revit 模型中的结构构件提取出来，生成 YJK 的结构建模模型。程序会自动识别 Revit 模型中的结构构件，并且通过判断构件之间的空间位置来构造出构件的连接关系，最大程度上实现生成模型的可用性。

操作流程如下所述。

Revit 部分的操作：打开需要生成结构模型的 Revit 文件。

① 进行截面匹配。将 Revit 中的族匹配成 YJK 可以识别的截面形式，在“YJK _ 结构模型”菜单的“模型信息”中单击“项目信息”，进行截面匹配，只有进行匹配的截面才进行转换，不匹配不转换。如果匹配成功则条目颜色将变成绿色，具体方法是选择左侧项目用到的截面，例如 YJK-矩形柱-混凝土，在右侧的匹配信息中将截面类型选择为“矩形”，截面总宽度选择为“b”，截面总高度选择为“h”，完成该截面的匹配，具体如图 6.34 所示。

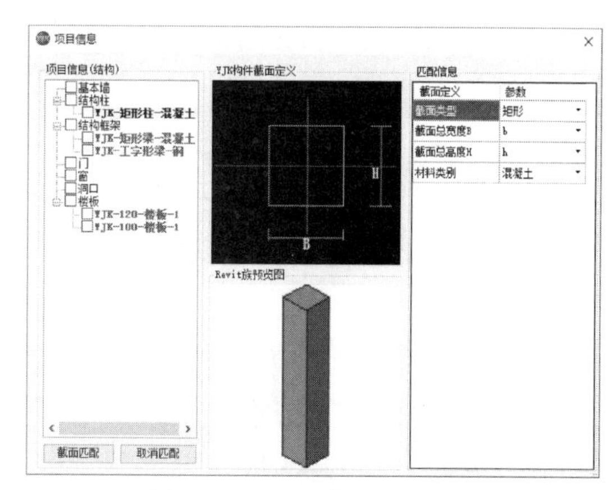

图 6.34 “项目信息”对话框

② 在生成结构模型时调整标高及构件归并等参数，如图 6.35 所示。

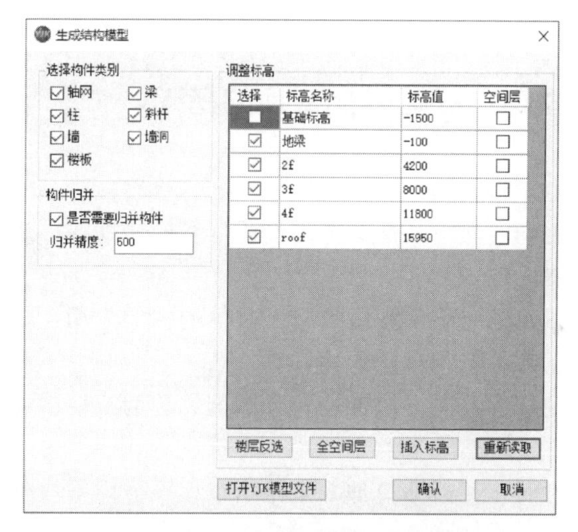

图 6.35 “生成结构模型”对话框

③ 参数设定完成后点击“确认”按钮，模型转换成功后将弹出“模型转换完毕”提示框，导出文件默认放置在“我的电脑—文档”目录下生成一个 *.ydb 文件（YJK 的数据库文件）作为导入文件。

YJK 部分的操作：新建一个 YJK 工程，进入主窗口后，在左上角点带文件标识且往左的箭头图标，如图 6.36 所示，执行数据导入命令，加载 Revit 中生成的 YJK 文件即可创建 YJK 结构模型。

注意：由于屋顶是坡顶，必须选择“空间层”按钮，以保证斜梁、斜柱及斜板的导入。以上的模型将 roof 层后的空间层选中后生成结构模型数据并导入 YJK 后形成的结构模型如图 6.37 所示。Revit 模型转换至 YJK 后，每个自然层均会生成一个标准层。

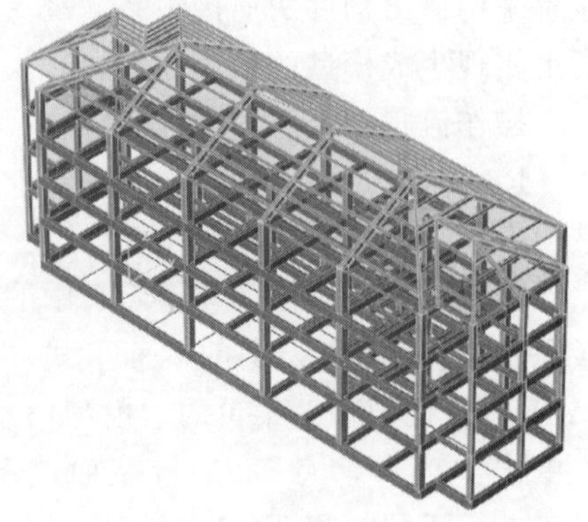

图 6.36　YJK 主窗口

图 6.37　导入 YJK 后形成的结构模型

6.5　Revit Structure 与广联达的数据交换

6.5.1　Revit 模型与广联达数据交换的基础

(1) 常用术语

构件：构件是对建筑工程中某一具体构件所具有的属性的描述，是预先定义的某类建筑图元描述的集合体。

构件图元：构件图元是建筑工程中实际的具体构件的应用，软件产品中表现为绘图界面的模型，每个图元都对应有自己的构件。

线性构件：可以在长度方向上拉伸的构件图元，称为线性构件，如墙、梁、条形基础等。

面式构件：厚度方向不可以被拉伸，水平可以多个方向被拉伸的构件图元，称为面式构件，如现浇板。

点式构件：本身断面不能被拉伸，高度可以被修改的构件图元，称为点式构件，如柱、独立基础。

不规则体：不能判断为可编辑的点、线、面构件的图元体，称为不规则体。不规则体导入到广联达土建算量 BIM 专版 GCL2013 后，在 GCL2013 中不能编辑和修改。

(2) 构件命名规则　专业 (A/S)-名称/尺寸-混凝土标号/砌体强度-GCL 构件类型字样。

举例：S-厚 800-C35P10-筏板基础，表示结构专业 800mm 厚 C35 防水等级 P10 的混凝土筏板基础。

命名中，专业代码 A 代表建筑专业，S 代表结构专业；名称/尺寸代表填写构件名称或者构件尺寸（如：厚 800）；混凝土标号/砌体强度代表填写混凝土或者砖砌体的强度标号（如：C40）；GCL 构件类型字样，见表 6.1。

表 6.1　GCL 与 Revit 结构构件对应样例表

GCL 构件类型	对应 Revit 族名称	Revit 族类型		Revit 族类型样例
		必须包含字样	禁止出现字样	
筏板基础	结构基础/楼板	筏板基础		S-厚 800-C35P10-筏板基础
条形基础	条形基础			S-TJ1-C35
独立基础	独立基础		承台/桩	S-DJ1-C30
基础梁	梁族	基础梁		S-DL1-C35-基础梁
垫层	结构板/基础楼板	＊＊-垫层		S-厚 150-C15-垫层
集水坑	结构基础	＊＊-集水坑		S-J1-C35-集水坑
桩承台	结构基础/独立基础	桩承台		S-CT1-C35-桩承台
桩	结构柱/独立基础	＊＊-桩		S-Z1-C35-桩
现浇板	结构板/建筑板/楼板边缘		垫层/桩承台/散水/台阶/挑檐/雨篷/屋面/坡道/天棚/楼地面	S-厚 150-C35 S-PTB150-C35 S-TR150-C35
柱	结构柱		桩/构造柱	S-KZ1-C35
构造柱	结构柱	构造柱		S-GZ1-C20-构造柱
柱帽	结构柱/结构连接	柱帽		S-ZM1-C35-柱帽
墙	墙/面墙	弧形墙/直形墙	保温墙/栏板/压顶/墙面/保温层/踢脚	S-厚 400-C35-直形墙 A-厚 200-M10
梁	梁族		连梁/圈梁/过梁/基础梁/压顶/栏板	S-KL1-C35
连梁	梁族	连梁		S-LL1-C35-连梁
圈梁	梁族	圈梁		S-QL1-C20-圈梁
过梁	梁族	过梁		S-GL1-C20-过梁

（3）图元绘制要求

① 同一种类构件不应重叠。墙与墙不应平行相交；梁与梁不应平行相交；板与板不应相交；柱与柱不应相交。

② 线性图元封闭性。线性图元（墙、梁等）只有中心线相交，才是相交，否则算量软件中都视为没有相交，无法自动执行算量扣减规则。

③ 附属构件和依附构件。附属构件和依附构件必须绘制在他们所附属和依附的构件上，否则会因为找不到父图元而无法计算工程量（如：门、窗、过梁必须依附在墙体上，集水坑必须绘制到筏板基础上）。

6.5.2　Revit 模型导出到广联达软件进行结构工程量计算

广联达与 Revit 的数据交换通过 BIM 算量插件 GFC 进行。GFC 插件可在广联达官网下载，并自行安装。

广联达土建算量一般操作流程：新建工程→新建楼层→新建轴网→绘图输入→汇总查看报表。

将 Revit 模型导入广联达土建算量软件的操作步骤如下：

① 打开广联达土建算量主菜单→点击“新建工程”→编辑工程名称，选择所需的清单、定额计算规则及清单库和定额库→工程信息输入→编制信息。

注意： 信息修改过程中标识蓝色字体的信息应仔细阅读，并对其进行修改。黑色字体可根据需求进行相应的改动。

② 下载安装BIM算量插件GFC，申请在线试用，打开已有Revit工程，在菜单栏点击“广联达BIM算量”，然后点击“导出GFC”（图6.38）。

图6.38 Revit广联达土建菜单

③ 点击广联达土建算量中“BIM应用”，点击“导入GFC”文件，选择需要导入的数据，导入前后的模型如图6.39、图6.40所示。

④ 点击工程设置中“楼层设置”命令，对其中的楼层信息进行修改。

⑤ 进行“绘图输入”命令，观察整栋建筑是否完整，是否有大面积丢失，点击“视图”命令中的“构件图元显示设置”，选择所有构件，进行当前楼层或整栋建筑的观察。

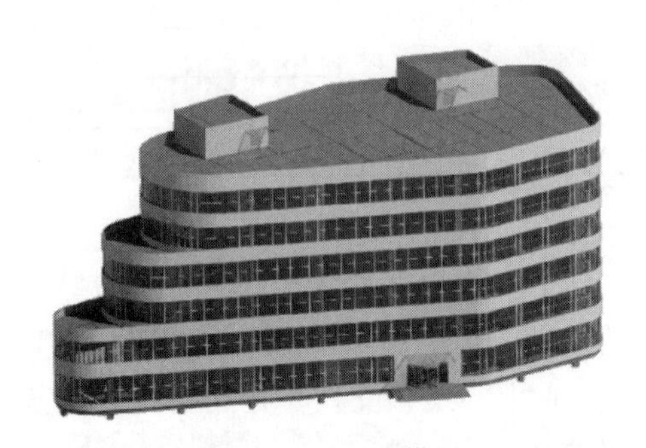

图6.39 Revit模型

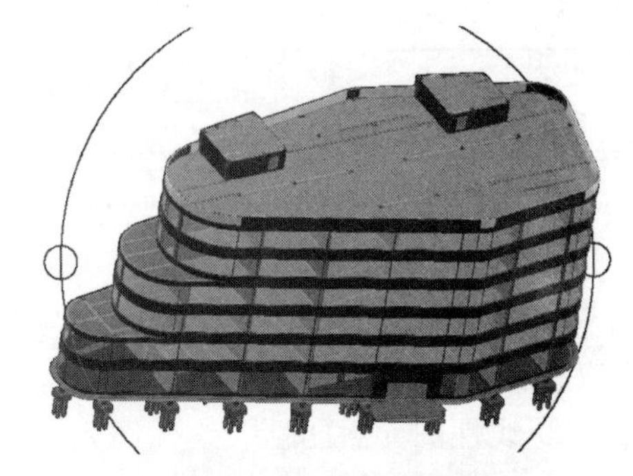

图6.40 广联达GCL模型

⑥ 将导入的模型进行检查及修改，最后套用所需的清单定额。

以柱构件为例：在绘图输入中的“柱”文件夹下，对之前根据交互规范命名好的柱“KZ-1”进行编辑：添加清单→添加定额。

注意： 可通过查询匹配清单/查询清单库、查询匹配定额/查询定额库找到所需的清单定额，其中涉及换算处可通过“查询”命令进行修改；注意单位的检查，如未定义单位，在后期工程量汇总时将会丢失；在其他构件与当前构件清单定额一致时，可采用格式刷进行复制。选中所需复制的清单定额→格式刷→选择要粘贴的构件。

⑦ 将所有清单定额套用完成后，进行汇总计算，如若出现错误需要对其进行修改再汇总，然后切换到报表预览界面，选择所需的清单定额表并导出。

6.6 探索者数据中心平台

探索者数据中心平台是北京探索者软件股份有限公司在Revit平台上开发的Revit与其他计算软件间的数据转换和查看平台。软件支持多种常用计算软件的接口，实现了Revit与计算软件间的模型和计算数据的双向互导，避免了设计师的二次建模，提高了工作效率。

该平台实现了Revit与PKPM、YJK、Midas Building、Midas Gen、Sap2000、Staad Pro、3D3S、ETABS、Bently和PDMS等软件间的模型及计算数据的双向互导和增量更新。安装后启动数据中心平台将自动打开Revit软件，并在Revit主菜单下增加"数据中心"模块。如图6.41所示。除"数据中心"模块外，还提供了"楼层/轴网""柱/墙""梁/楼板"等辅助建模模块，显著提升了结构建模的效率。

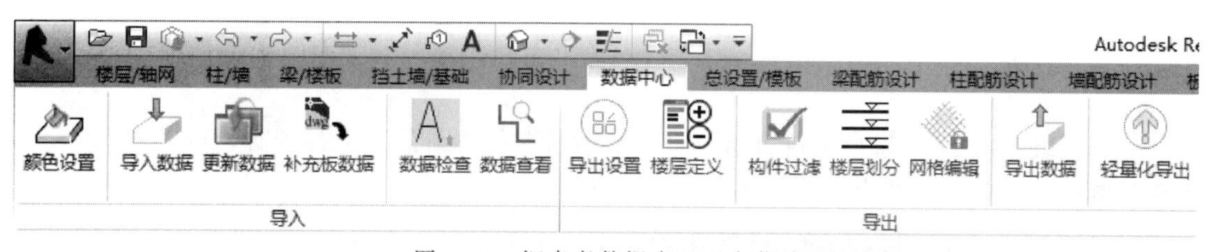

图6.41 探索者数据中心平台菜单

其具体功能如下：

(1)"导入" 其主要命令包括："颜色设置""导入数据""更新信息""导入dwg数据""数据检查"和"数据查看"。

①"颜色设置"。对数据中心导入的墙、梁、柱、板、斜杆、基础和桩等结构构件进行颜色和透明度的设置，并将混凝土构件和钢结构构件进行了区分，如图6.42所示。

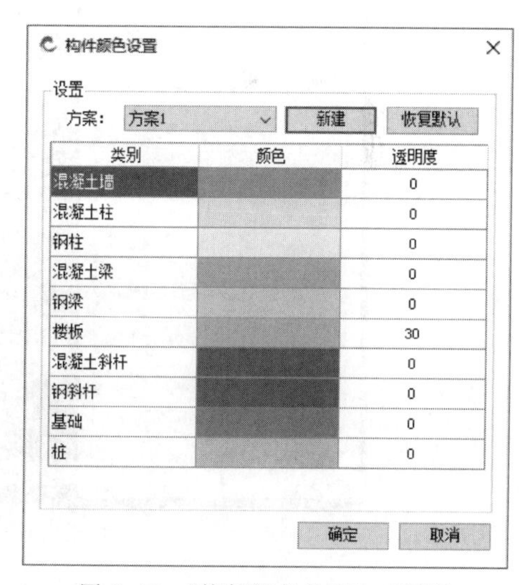

图6.42 "构件颜色设置"对话框

②"导入数据"。将计算软件中的模型和计算数据导入Revit中生成三维模型；对Revit中已有模型做增量更新，并可对前后模型的变化进行查看，以及对添加、删除和修改的构件状态进行编辑；准确指定导入的模型在Revit中的位置和角度；可选择性的导入部分楼层和构件。导入模型时，对PKPM和YJK软件的配筋数据支持wpj文本文件和dwg图形文件两种格式。模型可进行自动导入，一键完成模型和计算数据的导入。"导入数据"对话框如图6.43所示。从接口支持的分析软件种类来看，从左到右依次为

PKPM、YJK、Midas Building、Midas Gen、Sap2000、STAAD Pro、TDCPbinary，单击右侧的齿轮图标可设置常用接口，后边还有 3D3S、Etabs、Bently 等数据接口，接口非常丰富。

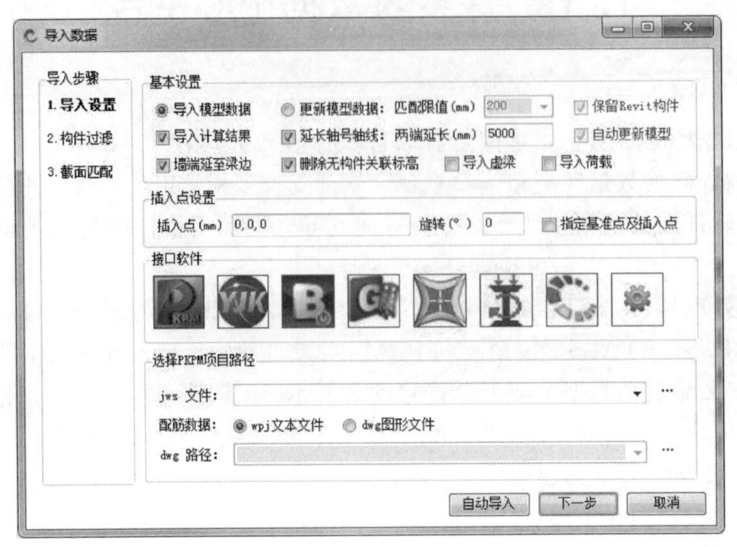

图 6.43 “导入数据”对话框

③“更新信息”。模型增量更新后，对前后模型的更新信息进行查看，以及对添加、删除和修改的构件的状态进行编辑，如图 6.44 所示。

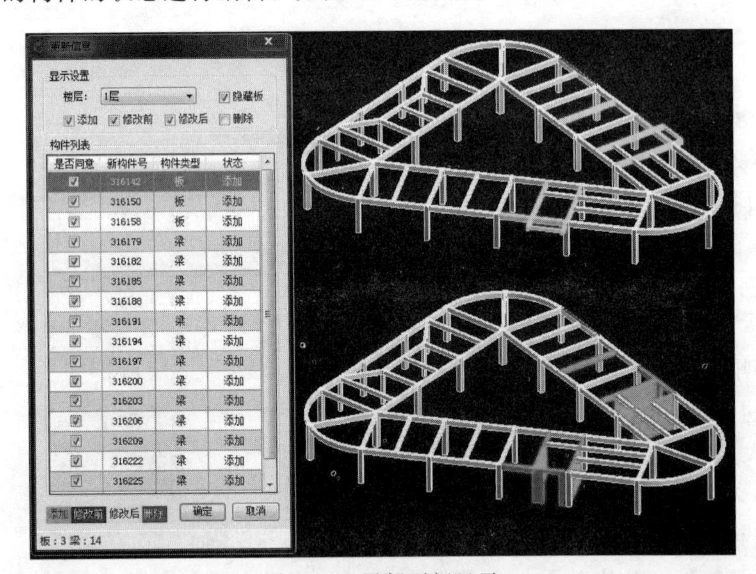

图 6.44 局部更新显示

④“导入配筋数据”。将构件的 dwg 配筋数据或 wpj 文本数据导入 Revit 中与构件进行匹配。

⑤“数据检查”。对墙、梁、柱、板和斜杆是否有配筋数据进行检查，并可对没有配筋数据的构件进行查看。

⑥“数据查看”。对墙、梁、柱、板和斜杆的计算数据和配筋数据进行查看。

(2) 导出 其主要命令包括：“导出设置”“构件过滤”“楼层划分”“网格编辑”和“导出数据”。

①“导出设置”。对导出软件和路径进行设置，而对 PKPM 和 YJK 软件增加了楼层信息的查看和编辑功能。其对话框如图 6.45 所示，选择输出文件后可进行楼层定义。

图 6.45 “导出设置”对话框

②“构件过滤”。将 Revit 模型中不需要导出的构件进行过滤。可以按项目、楼层、族类型和构件进行过滤，可在整体、单层三维视图和平面视图下进行快速、准确的选择，并可对过滤的构件进行隐藏，这样对导出的构件就有了一个直观的查看，如图 6.46 所示。

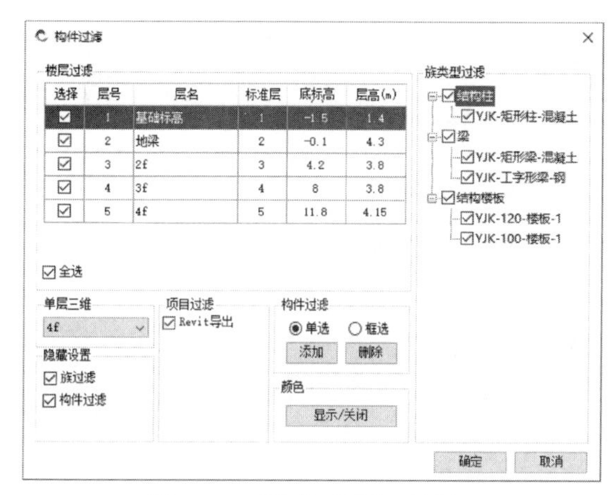

图 6.46 “构件过滤”对话框

③“楼层划分”。主要针对 PKPM 和 YJK 软件，对各个构件所在的楼层进行查看和编辑。可通过颜色和单层三维的方式来查看构件所在的楼层。

④“网格编辑”。主要针对 PKPM 和 YJK 软件，其主要功能：对构件的网格和节点进行处理，并通过标准层进行查看和编辑。

⑤“导出数据”。根据定义的楼层信息和网格节点等，将 Revit 模型、荷载和计算参数等信息进行导出。

探索者提供的数据中心平台对导入的模型在保证模型和计算数据完整的条件下，又对计算软件中简化的构件做了参数化的调整，使模型更符合实际工程。模型和配筋数据的匹配度较高，给出图设计提供了准确的数据。模型的导入导出功能，避免了用户二次建模，模型的增量更新，减少了用户对模型的二次修改。

第7章 出图与打印

本章要点

Revit 中图纸的创建与导出

Revit 的打印控制与输出

7.1 创建图纸

在“项目浏览器”中找到“图纸（全部）”，点击鼠标右键，在弹出的菜单中点击“新建图纸”，如图 7.1 所示。

在弹出的“新建图纸”对话框中选择图框，默认为 A1 公制，如需其他尺寸的图幅，则单击“载入…”，在“标题栏”目录下选择其他尺寸图幅的族载入。例如选择名称为“A2 公制：A2”的图框，点击“确定”，如图 7.2 所示。若用户自己创建了图框，则可选择相应的用户自定义图框。

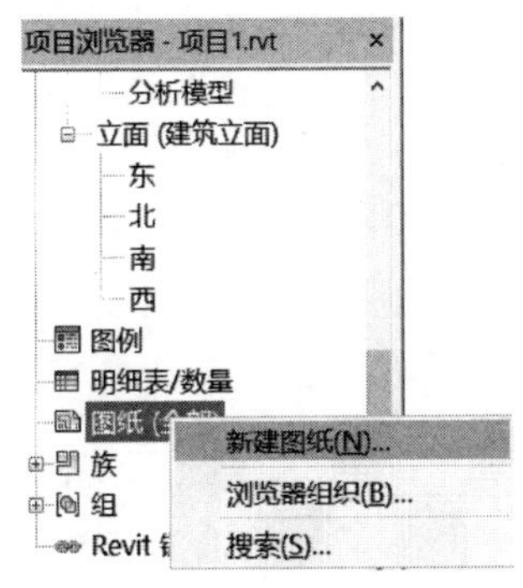

图 7.1 新建图纸

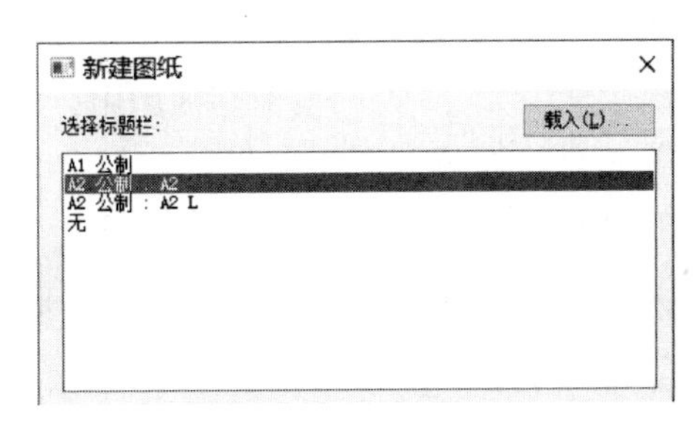

图 7.2 选择图幅

此时，视图变为“图纸”视图，同时，“项目浏览器”中“图纸（全部）”一栏，出现刚刚新建的图纸，默认名称为“S. 2-未命名”，表示图幅为 A2 的结构未命名图纸，如图 7.3 所示。

在“S. 2-未命名”上单击鼠标右键→“重命名”，在弹出的“图纸标题”对话框中修改编号和名称，如数量改为“结施 G01-004”，名称改为“一层顶结构平面布置图”，如图 7.4 所示。

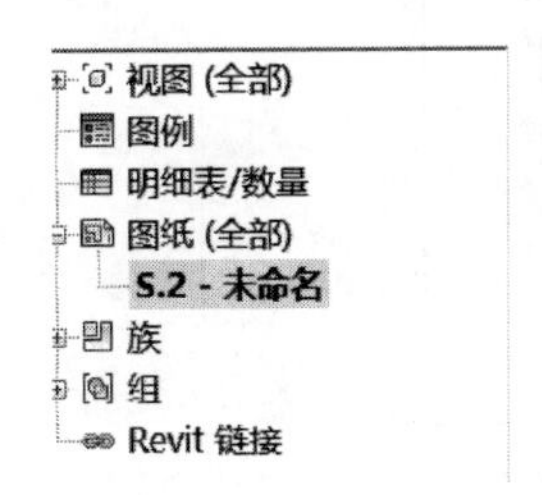

图 7.3 完成图纸新建

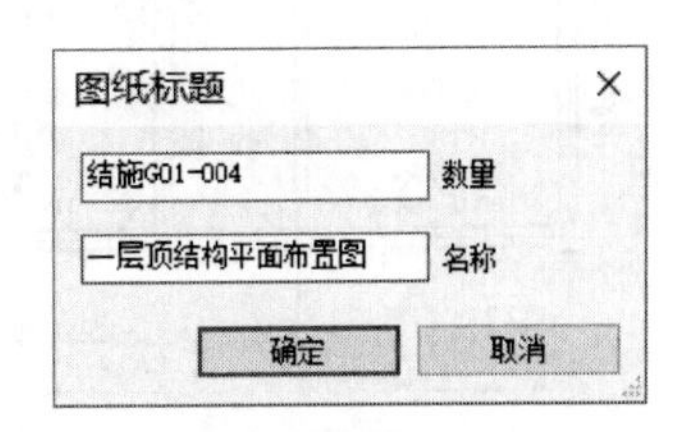

图 7.4 修改图纸编号和名称

创建图纸时，最好按照图纸编号的顺序依次进行，因为 Revit 会识别用户自定义的图纸编号，在创建下一张图纸时，自动进行递增编号。若第一张图纸编号用户修改为“结施 G01-004”，则创建下一张图纸时，默认的编号为“结施 G01-005”。

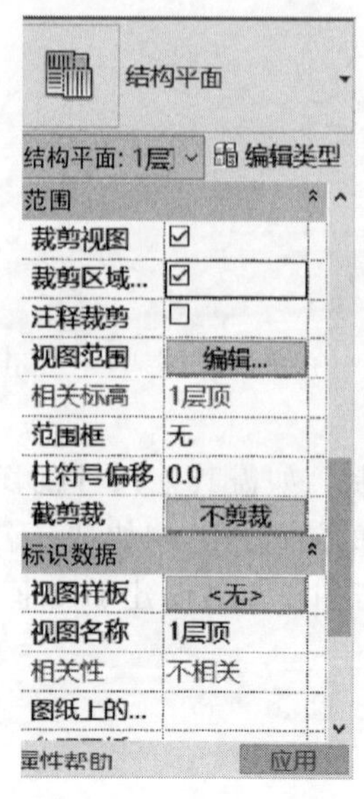

图 7.5 设置裁剪区域

刚刚新建的图纸视图中只有图框，需要在图纸中添加相应的视图。这部分的操作和 AutoCAD 的图纸空间创建图纸类似。

为了使添加到图纸中的视图仅显示用户需要的范围，在视图添加到图纸前，应先进入相应的视图窗口，对视图的边界进行设置。

在“项目浏览器”中选择“1 层顶”进入结构平面视图，在属性栏中勾选“裁剪视图”和“裁剪区域可见”，如图 7.5 所示。此时绘图窗口出现视图的边界线，点击边界线，边界线变成蓝色，可拖动边界上的小圆点，对视图范围进行修改，如图 7.6 所示。

定义好视图边界范围后，便可将视图添加到图纸集中。双击“项目浏览器”→“图纸(全部)”→“结施 G01-004”进入图纸视图，在“项目浏览器”→“视图”中选择“1 层顶”结构平面视图，鼠标左键按住不放，拖到图纸中适当位置即可添加该视图到图纸中。也可在“项目浏览器”→“图纸(全部)”→“结施 G01-004”上，单击鼠标右键，选择“添加视图”，在弹出的“视图”对话框中选择相应的视图，单击“在图纸中添加视图”完成视图添加。

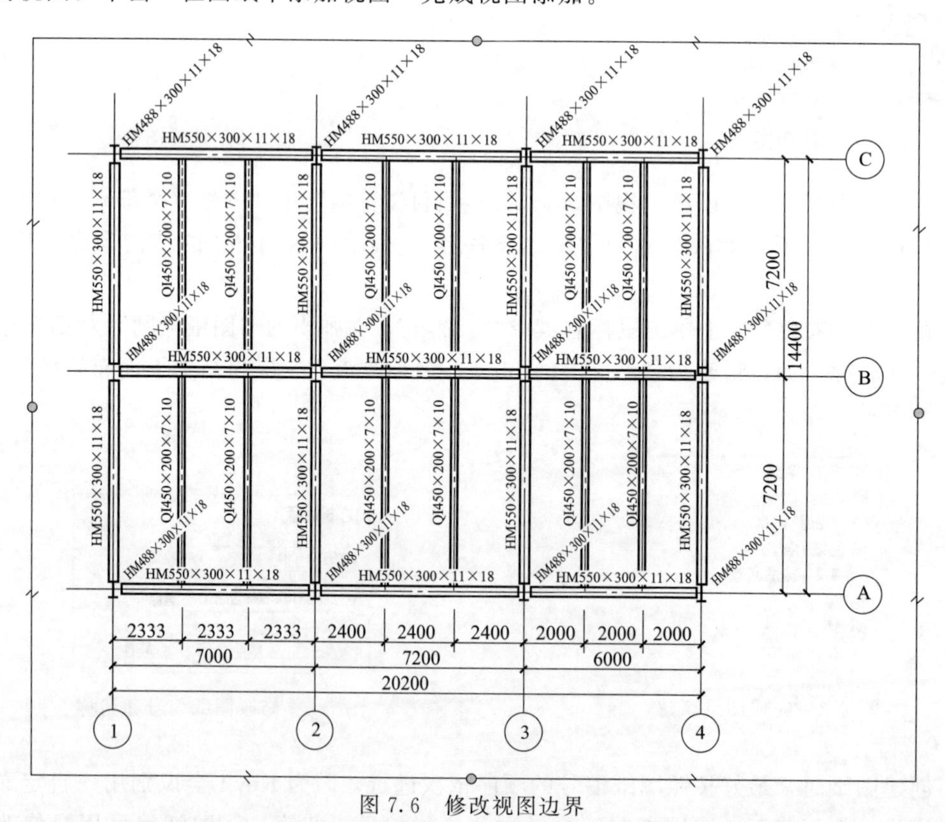

图 7.6 修改视图边界

视图名称一般以标高命名，布图时需要修改为图纸名称，具体做法是：鼠标左键单击图纸中的“视口”，在下方的图名上单击可更改视图名称为图纸名，如“一层顶结构平面布置图”。也可单击视口，选择“属性”→“标识数据”→“图纸上的标题”项，修改为相应的标题名。更改图纸名称的做法与之类似，单击图纸，选择“属性”→“标识数据”→“图纸名称”项，修改为相应的图纸名。具体如图 7.7、图 7.8 所示。

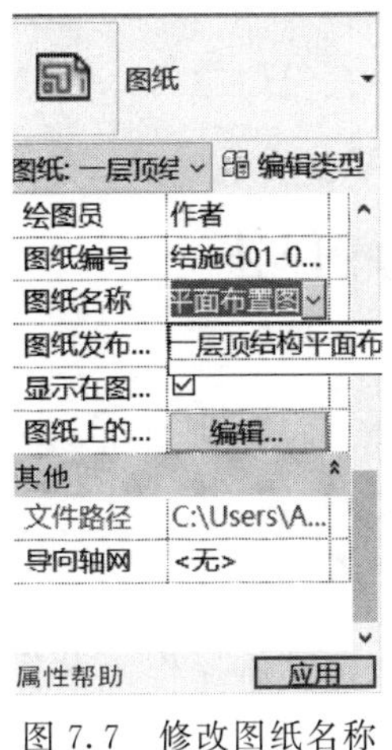

图 7.7　修改图纸名称

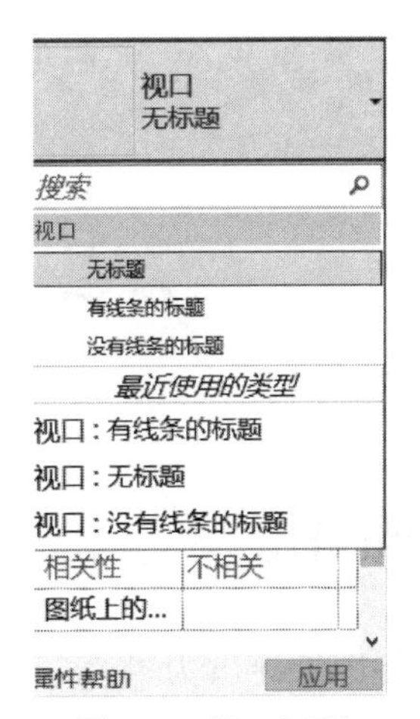

图 7.8　视口标题

一般图纸中需要添加必要的文字说明。Revit 中一般采用新建图例视图来写说明，这样可以将说明文字放到多个图纸中，而且可以添加各种图例、填充等内容。若在图纸中使用“注释”→“文字”来添加说明，则说明中的内容仅限于文字，且不方便用于其他图纸。

图例添加文字说明的操作：在主菜单中选择“视图”→“图例”→“图例”创建图例视图，在弹出的新图例视图对话框中给图例视图命名，如命名为“结构平面布置说明”。在新加的图例视图下，在主菜单中选择“注释”→“文字”，将说明文字添加到图例视图中。也可根据需要在图例视图增加填充样例、线型示意等内容完成图例视图。使用与添加平面视图同样的方法在图纸中添加完成的图例视图。

视口可选择不显示其标题。比如图例视图用于说明时，可选择不显示视口标题。做法是：在图纸中，单击“视口”，在“属性”面板中选择“编辑类型”，在“类型属性”对话框中，选择类型为“无标题”即可。

“一层顶结构平面布置图”布置完成，在图纸中可以看到视图框，可以在视图属性中取消勾选“裁剪范围可见”，使得

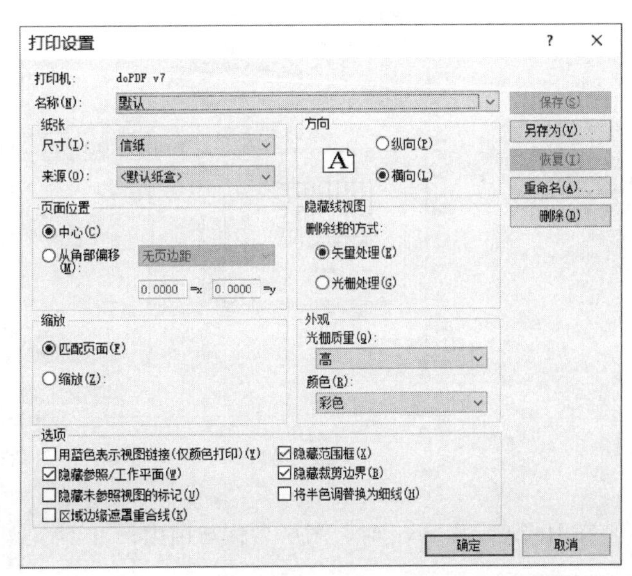

图 7.9　打印设置示例

视图框不可见。也可在打印设置中通过设置“隐藏范围框”和“隐藏裁剪边界”使得视图框不被打印出来。具体做法是：主菜单选择“文件”→“打印”→“打印设置”，勾选“隐藏范围框”和“隐藏裁剪边界”。图7.9所示为打印设置示例。

如需要导入dwg图纸（如详图节点等），可单独新建绘图视图，导入dwg后再以视图形式放进图纸中。

7.2 图纸导出与打印

7.2.1 图纸导出

Revit可将图纸导出为dwg/dxf等CAD兼容格式。具体操作：主菜单“文件”→“导出”→“CAD格式”→“DWG”，在弹出的“DWG导出”对话框中进行“导出设置”，选择“要导出的视图和图纸”，完成后点击“下一步”，选择导出文件保存目录及文件类型等，再单击“确定”按钮完成图纸导出。

(1) 导出设置 图纸导出设置对话框如图7.10所示。在“导出”下拉框中选择“仅当前视图/图纸”“任务中的视图/图纸集”或者单击以“新建”一个打印视图/图纸集。在“选择导出设置”下拉列表的右侧，单击以“修改导出设置”。弹出“修改DWG/DXF导出设置”对话框，如图7.11所示。

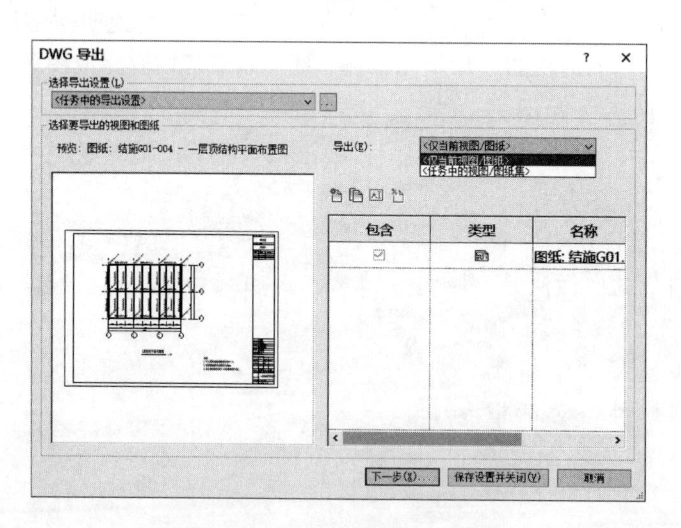

图7.10 “DWG导出”对话框

在Revit导出dwg时，图层名称与国内标准不一致，需要修改图层设置。在“修改DWG/DXF导出设置”对话框中，单击左下角以“新建”一个导出设置，然后对它进行导出文件的设置。在“导出图层选项”中将各类型对应的图层改成自己需要的名称，也可导入图层设置的文本文件以快速完成图层的修改，如图 7.12 所示。其他设置选项包括“线型”“填充图案”“文字和字体”“颜色”“三维实体”“单位和坐标”以及“常规”。具体的设置可以根据自己的需要调整。

图 7.11　“修改 DWG/DXF 导出设置”对话框

图 7.12　导入图层设置的文本文件

(2) 导出的 dwg 文件　图 7.13 所示为导出的 dwg 文件列表，导出的 dwg 文件将图纸中的每个视口进行单独导出，一张图纸包含若干个导出文件，其中一个是以图纸名称命名的，打开这个文件可以看到全部内容，但图纸中的视口是以外部引用的方式导入的，需要导出的其他视口文件才能正确显示图纸内容。

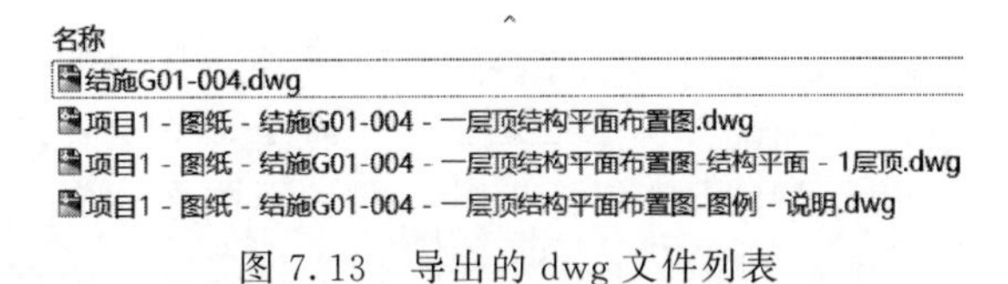

图 7.13　导出的 dwg 文件列表

以上方式虽层次明确，但操作并不方便，文件构造复杂。Revit 提供了导出文件的另一种选择，可在导出设置的最后一步选择导出文件保存位置及名称时，不勾选窗口底部的“将图纸上的视图和链接作为外部参照导出”选项，还可修改命名规则，则导出的 dwg 文件将在一个文件中包含全部图纸内容。

7.2.2　图纸打印

图纸打印：在主菜单选择“文件”→“打印”，弹出的“打印”对话框如图 7.14 所示。

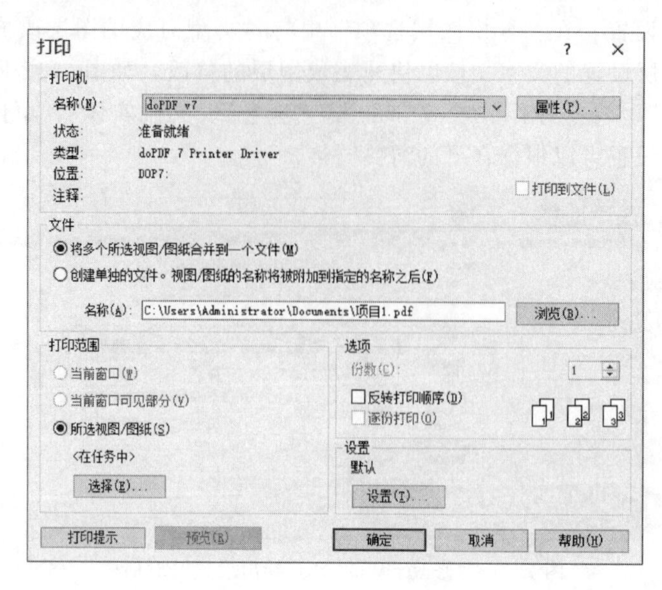

图 7.14 “打印”对话框

打印机可选择系统安装好的设备，如各种实体打印机或者虚拟打印机。虚拟打印机一般使用 Adobe Acrobat 将视图/图纸打印到 PDF 文件，该软件打印功能齐全，打印稳定性好，但不免费使用。也可使用免费的 PDF 打印机，如 doPDF、PDF Creator、Foxit Reader PDF Printer 等。doPDF 会安装成一个虚拟的打印机，所以安装完成后会出现在控制台里的打印机和传真中，可将文件送至 doPDF 打印，就可以将文件转换为 PDF 文件。选择使用 doPDF 打印，程序会询问你要将 PDF 文件存放在那个文件夹，转换完成后会使用 PDF 阅读程序打开 PDF 文件。

打印范围可选择“当前窗口”“当前窗口可见部分”或“所选视图/图纸”，后者可选择多张视图/图纸进行批量打印。注意，打印范围选择为“所选视图/图纸”时，“文件”选项会自动选择“创建单独的文件”，这是 Revit 的默认设置。若需将打印的图纸都合并到一个文件里，需选择“将多个所选视图/图纸合并到一个文件”。还需注意的是，选择图纸集批量打印时，不同图幅的图纸不能一起打印，因为打印设置中的纸张尺寸只能选择 A1、A2 等固定尺寸，不能自动匹配图幅大小。如需对不同图幅的图纸进行批量打印操作，需将图纸按不同图幅分别建立图纸集，然后对每个图纸集分别批量打印即可。

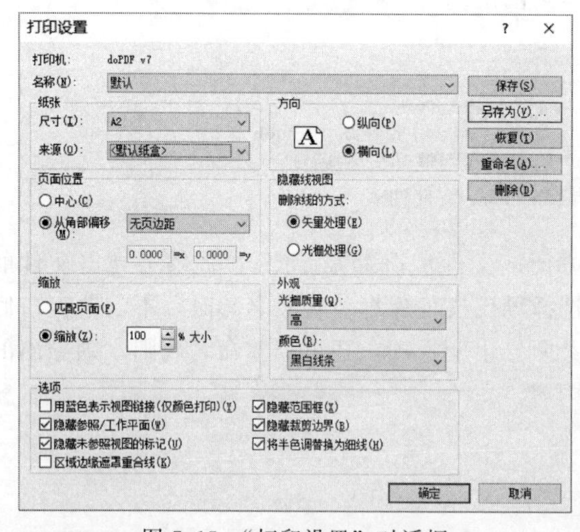

图 7.15 “打印设置”对话框

打印对话框中单击“设置”即可打开“打印设置”对话框，也可在主菜单选择“文件”→“打印”→“打印设置”打开相应的对话框，如图 7.15 所示。

(1) **“名称”** 当前打印设置的名称。当对打印设置有修改时，可在修改后点击“保存”进行修改，也可点击“另存为”创建新的打印设置，以备下次打印时直接选用。新建的打印设置名称宜添加图幅大小以备选择。

(2) **“纸张”和“方向”** 选择打印所用的纸张大小，最好选择比图框尺寸略大的纸张，并设置页面位置为“中心”，以确保图框四边均可打印出来。选择打印方向为“横向”或者“纵向”，必须与图框方向匹配。

(3) **“页面位置”** 选择“中心”以实现图纸在页面居中布置，或选择“从角部偏移”以从图纸角部适当位置开始布置图纸。可选择“无页边距”以保证纸张大小与图幅一致时，四边均能完整打印。

(4) **“隐藏线视图”** 选择隐藏线的处理方式，一般选择“矢量处理”可满足结构出图的要求。

(5) **“缩放”** 选择是将图纸与纸张大小匹配，还是缩放到原始大小的某个比例。当使用“匹配页面”时，图纸与页面自动按比例缩放，由于比例自动调整，故一般用于草图打印或者内部交流。正式交付的图纸应选择“缩放”→“100%”大小进行打印，并选择匹配的打印纸张大小以保证全图 100%打印成图。

(6) **“外观”** “光栅质量”控制传送到打印设备的分辨率。质量越高，打印时间越长，一般选择“高”质量。“颜色”控制打印颜色为“彩色”“黑白线条”或者“灰度”。“彩色”选项会保留打印项目中的颜色设置，一般匹配彩色打印机，或者彩色 PDF 文本；“黑白线条”将所有文字、非白色线、填充图案和边缘以黑色打印，所有光栅图像、实体填充图案以灰度打印；“灰度”则所有的颜色、文字、图像和线以灰度进行打印。

(7) **“选项”** “用蓝色表示视图链接（仅颜色打印）”强制用蓝色打印视图链接，不勾选则为黑色打印视图链接。“隐藏参照/工作平面”“隐藏未参照视图的标记”“隐藏范围框”和“隐藏裁剪边界”四个选项一般勾选，以减少图面无用的绘图标记。“区域边缘遮罩重合线”使遮罩区域和填充区域的边缘覆盖与之重合的线。“将半色调替换成细线”用于将视图中半色调显示的图元打印成细线。

参考文献

[1] 李鑫. 中文版 Revit 2016 完全自学教程 [M]. 北京：人民邮电出版社，2016.

[2] 王言磊，张祎男，陈炜. BIM 结构：Autodesk Revit Structure 在土木工程中的应用 [M]. 北京：化学工业出版社，2016.

[3] 焦柯，杨远丰. BIM 结构设计方法与应用 [M]. 北京：中国建筑工业出版社，2016.

[4] 欧特克公司. Autodesk Revit 2018 帮助文档 [M]. 2017.

[5] 王文栋，等. 混凝土结构构造手册 [M]. 第五版. 北京：中国建筑工业出版社，2016.

[6] 王茹. BIM 结构模型创建与设计 [M]. 西安：西安交通大学出版社，2017.

[7]《钢结构设计手册》编辑委员会. 钢结构设计手册 [M]. 北京：中国建筑工业出版社，2004.

[8] 廖小烽，王君峰. Revit 2013/2014 建筑设计火星课堂 [M]. 北京：人民邮电出版社，2014.

[9] 卫涛，等. 基于 BIM 的 Revit 建筑与结构设计案例实战 [M]. 北京：清华大学出版社，2017.

[10] 中国建筑标准设计研究院. 混凝土结构施工图平面整体表示方法制图规则和构造详图（现浇混凝土框架、剪力墙、梁、板）[M]. 北京：中国计划出版社，2011.

[11] 中国建筑标准设计研究院. 混凝土结构施工图平面整体表示方法制图规则和构造详图（现浇混凝土板式楼梯）[M]. 北京：中国计划出版社，2011.

[12] 中国建筑标准设计研究院. 混凝土结构施工图平面整体表示方法制图规则和构造详图（独立基础、条形基础、筏形基础及桩基承台）[M]. 北京：中国计划出版社，2011.

[13] 中华人民共和国住房和城乡建设部，中华人民共和国国家质量监督检验检疫局. 建筑结构制图标准，GB/T 50105—2010. 北京：中国建筑工业出版社，2010.